高等职业教育教学改革系列规划教材·电子信息类

模拟电子技术应用基础

王　川　主　编

崔群凤　黄　京　副主编

魏汉勇　主　审

電子工業出版社

Publishing House of Electronics Industry

北京·BEIJING

内容简介

本书内容充分考虑了高职培养目标和高职学生目前的知识层次与接受能力的实际情况，突出应用性、针对性，淡化电路内部结构和工作原理的阐述，深入浅出、通俗易懂，注重培养学生的实际应用能力。

本书共分为 5 个模块，内容包括：常用半导体器件、基本放大电路、模拟集成电路、波形发生电路、集成稳压器等。每个模块中都有若干任务引领，以“课题”、“任务”为支撑，将知识点融入其中，由浅入深，层层展开，完成任务导向的教学目标。

本书既可作为高等职业院校电子信息类专业教材，同时也可作为电子工程技术人员及电子爱好者的学习参考书。

图书在版编目（CIP）数据

模拟电子技术应用基础/王川主编．—北京：电子工业出版社，2011.1
高等职业教育教学改革系列规划教材．电子信息类
ISBN 978-7-121-12204-0

Ⅰ．①模…　Ⅱ．①王…　Ⅲ．①模拟电路—电子技术—高等学校：技术学校—教材　Ⅳ．①TN710

中国版本图书馆 CIP 数据核字（2010）第 216394 号

策划编辑：田领红
责任编辑：夏平飞　　特约编辑：郭茂威
印　　刷：
装　　订：北京京师印务有限公司
出版发行：电子工业出版社
　　　　　北京市海淀区万寿路 173 信箱　邮编　100036
开　　本：787×1 092　1/16　印张：10.75　字数：272 千字
印　　次：2011 年 1 月第 1 次印刷
印　　数：4 000 册　　定价：22.00 元

凡所购买电子工业出版社图书有缺损问题，请向购买书店调换。若书店售缺，请与本社发行部联系，联系及邮购电话：（010）88254888。

质量投诉请发邮件至 zlts@phei.com.cn，盗版侵权举报请发邮件至 dbqq@phei.com.cn。

服务热线：（010）88258888。

前　言

依据《国务院关于大力推进职业教育改革与发展的决定》，结合《教育部关于加快发展职业教育的意见》，根据“以服务为宗旨、以就业为导向、以能力为本位”的指导思想，在深入开展任务驱动教学的基础上，编写了电子信息类专业的“电路基础”、“模拟电子技术”、“数字电子技术”等3门专业基础课程模块式教材。《模拟电子技术应用基础》是本系列教材之一。

“模拟电子技术”课程是一门理论与应用较强的专业基础课程，本教材的突出特点是理论教学与实际应用并重，教学的设计思路采用模块化任务导向式的教学方法，课程通过任务的引领，将知识点融入其中，提高课程和教学的工作指向性，达到理论与实际应用的结合，使学生能够学以致用，满足高职人才培养的要求。

在内容叙述上力求深入浅出，将知识点与能力有机结合，注重培养学生的工程应用能力和解决现场实际问题的能力。书中对所涉及的器件内部结构与电路原理没有做太多的阐述，而是通过各种应用实例熟悉器件在电子系统中的具体应用。

本书共分为5个模块，内容包括：常用半导体器件、基本放大电路、模拟集成电路、波形发生电路、集成稳压器等。每个模块中都有若干任务引领，以“课题”、“任务”为支撑，将知识点融入其中，由浅入深，层层展开，完成课题任务目标。

本书参考学时为80～90学时，使用者可根据具体情况增减学时。

本书由武汉职业技术学院王川主编，崔群凤、黄京副主编。其中：模块1中的课题1、模块2由崔群凤编写；模块1中的课题2、模块3、模块5由王川编写；模块4由黄京编写。全书由王川统稿，武汉职业技术学院魏汉勇副教授和深圳德普施科技公司高级工程师王吉连审阅，本书由魏汉勇担任主审。

本书在编写过程中，得到了武汉职业技术学院电信工程学院任课老师的大力支持，并对编写大纲进行了审定；在修订过程中，郭守田副教授和彭芬副教授提出了许多宝贵意见，蔡静老师对书稿进行了认真的校对，在此一并表示衷心的感谢。由于对基于工作过程的教学理念的学习不够，加上时间紧和编者水平所限，书中难免存在不足和错误，恳请广大读者批评指正。

编　者

2010年7月

目 录

模块 1

常用半导体器件

晶体二极管和三极管

任务 1 延时照明开关电路的设计

1.1 任务目标

- 知道二极管、三极管的主要外特性。
- 掌握二极管的特性并运用于电路中。
- 知道复合管的特点。
- 知道场效应管的主要特性。
- 设计一个延时照明开关电路。

1.2 知识积累

1.2.1 半导体基本知识

导电能力介于导体和绝缘体之间的物质称为半导体，常用的半导体材料主要有硅、锗、硒和一些氧化物、硫化物等。纯净的、具有完整晶体结构的半导体称为本征半导体。

半导体的导电能力受外界影响很大，主要表现在：

① 热敏性　半导体的导电能力对温度很敏感。当环境温度升高时，其导电能力增强。利用这种特性可以制成各种热敏器件，如热敏电阻等，可用来检测温度的变化以及对电路进行控制等。

② 光敏性　半导体的导电能力随光照的不同而不同，当光照加强时，其导电能力增强。利用这种特性可以制成各种光敏器件，如光电管、光电池等。

③ 掺杂特性　如果在纯净的半导体中掺入微量的某些有用杂质，其导电能力将大大增加，可以增加几十万倍甚至几百万倍。利用这种特性可制成半导体二极管、晶体管、场效应管及晶闸管等很多不同用途的半导体器件。

本征半导体掺入微量元素后就成为杂质半导体。由于掺入的杂质不同，杂质半导体可分为N型半导体和P型半导体。N型半导体参与导电的多数载流子为带负电的“自由电子”，P型半导体参与导电的多数载流子为带正电的“空穴”。

1.2.2 PN结及其单向导电性

在一块纯净的本征半导体中，通过不同的掺杂工艺，使其一边成为 N 型半导体，另一边成为 P 型半导体，那么就会在这两种半导体的交界处形成 PN 结，如图 1-1 所示，PN 结是构成各种半导体器件的基础。

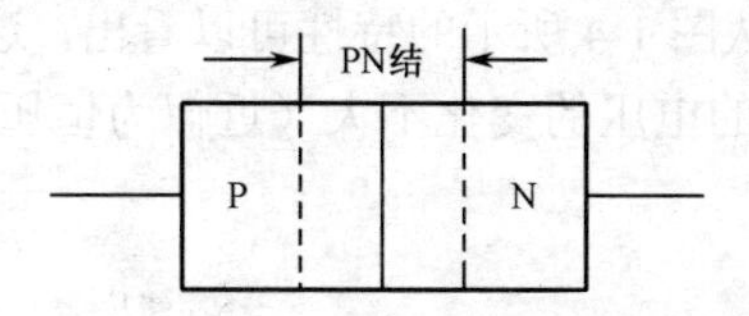

图 1-1　PN 结的内部结构示意图

PN 结具有单向导电性。当 P 区接电源正极，N 区接电源负极时，称为 PN 结正向偏置。这时，PN 结呈现很小的正向电阻，有较大的正向电流，PN 结处于导通状态，如图 1-2（a）所示。当 P 区接电源负极，N 区接电源正极时，称为 PN 结反向偏置。这时，PN 结呈现很大的反向电阻，有很小的反向电流，PN 结处于截止状态，如图 1-2（b）所示。所以，PN 结正偏时导通，PN 结反偏时截止，这就是 PN 结的单向导电性。

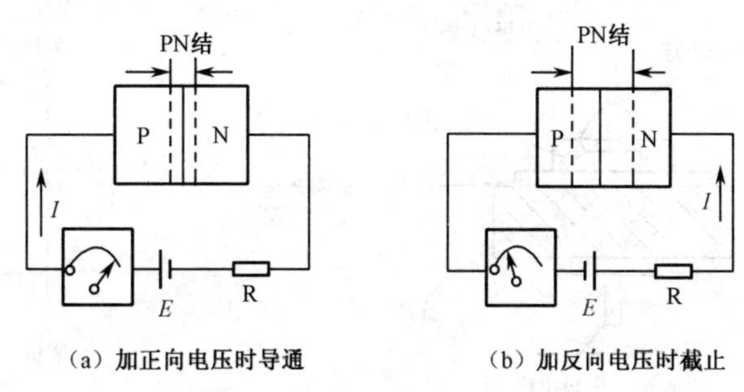

（a）加正向电压时导通　　（b）加反向电压时截止

图 1-2　PN 结的单向导电性

1.2.3　半导体二极管

1. 二极管的基本结构

半导体二极管也叫晶体二极管，简称二极管。它是由一个 PN 结加上电极和引线用管壳封装而成的。按照制造二极管的材料不同，分为硅二极管和锗二极管；按照结构形式不同，分为点接触型二极管和面接触型二极管两类。

（1）点接触型二极管

点接触型二极管的结构如图 1-3（a）所示，其特点是 PN 结面积小，因而结电容小，适用于高频（几百兆赫兹）工作，但不能通过很大的电流，常用于高频检波、脉冲电路和小电流整流。

（2）面接触型二极管

面接触型二极管的结构如图 1-3（b）所示。其特点是 PN 结面积大，因而允许通过较大的正向电流，但其结电容也大，只能在较低频率下工作。二极管的符号如图 1-3（c）所示。

2. 二极管的特性

（1）正向特性

在二极管两端加以正向电压，就会产生正向电流。但是，当起始电压很低时，正向电流很小，几乎为零，管子呈高阻状态，这段区域称为死区。正向电压增大，使二极管导通的临界电压称为死区电压（又称门槛电压）。在常温下，硅管的死区电压一般约为 0.5V，而锗管则约为 0.2V。当二极管两端的电压大于死区电压后，管子开始导通，正向电流随着电压增加而迅速增大，管子呈低阻状态。从图 1-4 所示的特性可以看出，这时二极管的正向电流在相当大的范围内变化，而二极管两端的电压的变化不大（近似为恒压特性），小功率硅管约为 0.6～0.8V，锗管约为 0.2～0.3V。

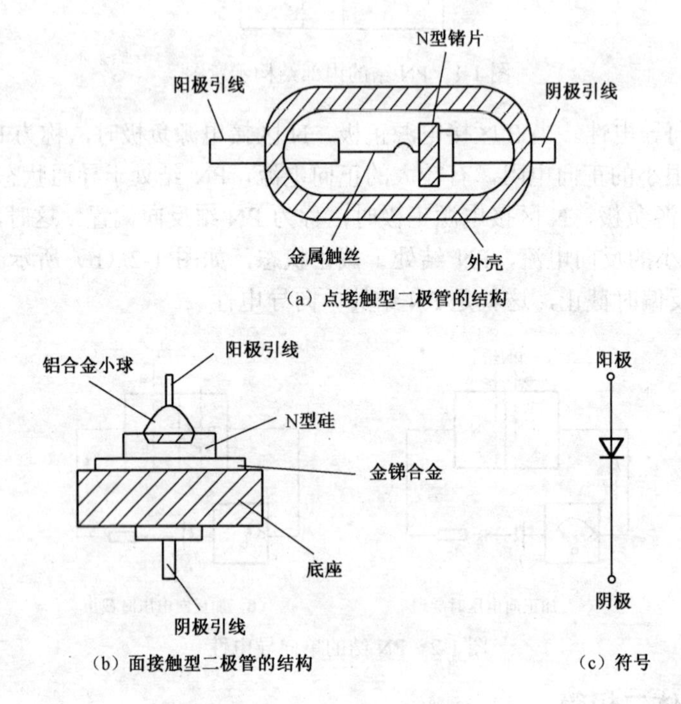

图 1-3　二极管的结构及符号

（2）反向特性

在二极管两端加以反向电压，由于 PN 结的反向电阻很高，所以反向电压在一定范围内变化时，反向电流非常小，且基本不随反向电压而变化，这个电流称为反向饱和电流（正常情况下可忽略不计），此时管子处于截止状态。

反向饱和电流是二极管的一个重要参数，反向饱和电流越大，说明管子的单向导电性能越差。硅二极管的反向饱和电流比锗二极管小，一般为纳安（nA）数量级；锗二极管的反向饱和电流为微安数量级。另外，反向饱和电流随温度的上升而急剧增长，通常，温度每增加 10℃，其值约增加 1 倍。

（3）击穿特性

在图 1-4 中，当二极管的反向电压增大到一定数值后，其反向电流会突然增大，这种现象称为反向击穿。发生击穿时的电压称为反向击穿电压，用 U_{BR} 表示。二极管的击穿现象有电击穿与热击穿之分；发生了电击穿，如果将反向电压降至击穿电压以下，二极管仍能正常工作；发生了热击穿，二极管则会烧坏。在实际使用中，一般不允许二极管工作在击穿状态，但利用电击穿现象可以制成稳压二极管。

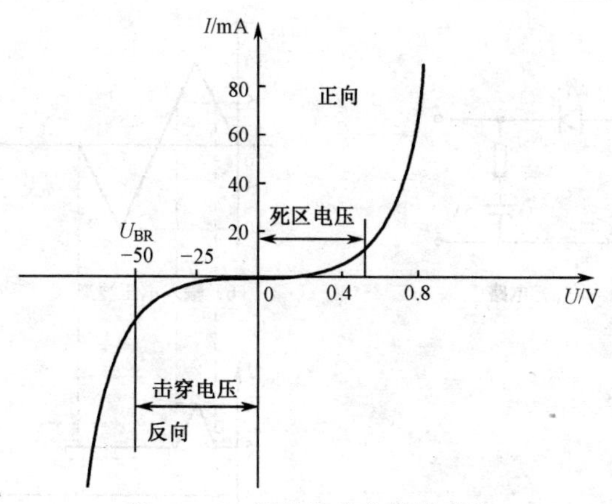

图 1-4　二极管的伏安特性曲线

（4）温度对特性的影响

由于半导体的导电性能与温度有关，所以二极管对温度很敏感，温度升高时，二极管正向特性曲线向左移动，反向特性曲线向下移动，如图 1-5 所示，变化的规律是：在室温附近，温度每升高 1℃，正向电压减小 2～2.5mV，即温度系数约为−2.5mV/℃；温度每升高 10℃，反向电流约增大 1 倍。击穿电压也下降较多。

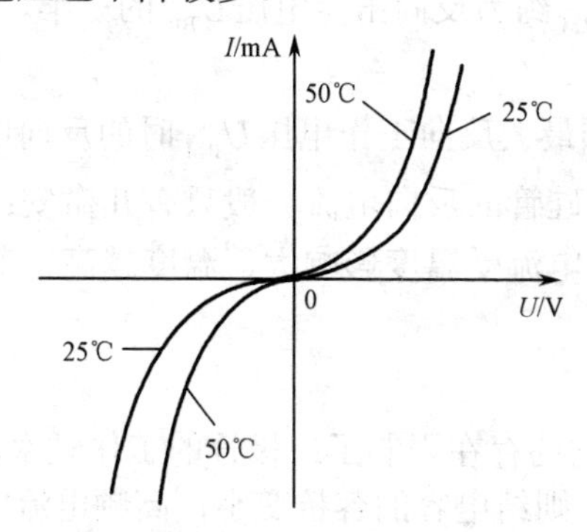

图 1-5　温度对二极管特性的影响

【例 1-1】 电路如图 1-6（a）所示，输入电压波形如图 1-6（b）所示，设二极管为理想二极管，试绘出输出电压 u_o 的波形。

解： 当理想二极管加正向电压时，二极管导通，其两端呈现的电阻为 0；加反向电压时，二极管截止，其两端呈现的电阻为∞。所以当 $u_i>5V$ 时，二极管导通，$u_o=u_i$；当 $u_i<5V$ 时，二极管截止，u_o=5V。输出电压（u_o）波形如图 1-6（c）所示。该电路利用二极管的开关作用，把输入电压 $u_i<5V$ 的部分掩盖了，所以此电路称为削波电路，也称为下限限幅电路。如果改变二极管的连接极性，还可以构成上限限幅电路。

3. 二极管的主要参数

二极管的参数是表征二极管的性能及其适用范围的数据，是选择和使用二极管的重要参考依据。二极管的主要参数有以下几个。

（1）最大整流电流 I_F

最大整流电流 I_F 是指二极管长期运行时，允许通过二极管的最大正向平均电流。二极管在使用时不能超过此值，否则将使二极管过热而损坏。

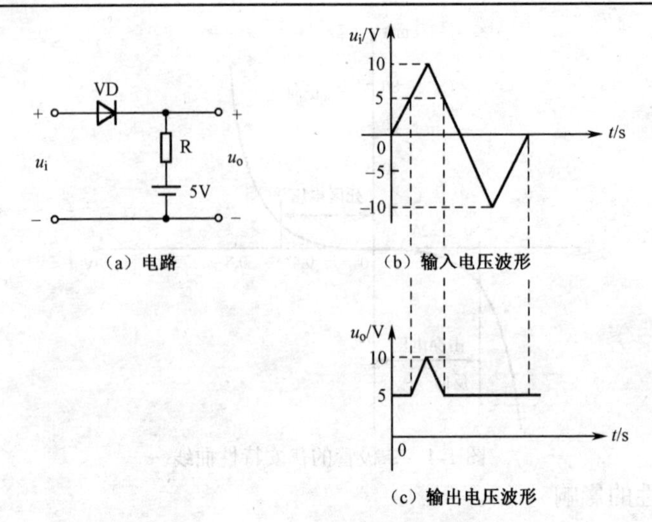

图 1-6 例 1-1 的电路图和电压波形

（2）最大反向工作电压U_{RM}

最大反向工作电压U_{RM}是指二极管工作时两端所允许加的最大反向电压。为保证二极管安全工作，不被击穿，通常U_{RM}约为反向击穿电压U_{BR}的一半。

（3）反向电流I_R

反向电流I_R是指二极管加最大反向工作电压U_{RM}时的反向电流。反向电流越小，管子的单向导电性能越好。常温下，硅管的反向电流一般只有几微安；锗管的反向电流较大，一般在几十至几百微安之间。反向电流受温度影响大，温度越高，其值越大，故硅管的温度稳定性比锗管好。

（4）最高工作频率f_M

由于 PN 结存在结电容，它的存在限制了二极管的工作频率。如果通过二极管的信号频率超过管子的最高工作频率f_M，则结电容的容抗变小，高频电流将直接从结电容上通过，管子的单向导电性变差。

1.2.4 半导体三极管

1. 三极管的结构及符号

与二极管相比，三极管是由两个 PN 结构成的，其基本特性是具有电流放大作用。三极管按其结构不同，分为 NPN 型和 PNP 型两种。相应的结构示意图及电路符号如图 1-7 所示。

三极管的内部结构分为发射区、基区和集电区，相应引出的电极分别为发射极 e、基极 b 和集电极 c。发射区和基区之间的 PN 结称为发射结，集电区和基区之间的 PN 结称为集电结。在电路符号中，发射极的箭头方向表示三极管在正常工作时发射极电流的实际方向。

在制作三极管时，其内部的结构特点是：

① 发射区掺杂浓度高；

② 基区很薄，且掺杂浓度低；

③ 集电结面积大于发射结面积。

以上特点是三极管实现放大作用的内部条件。

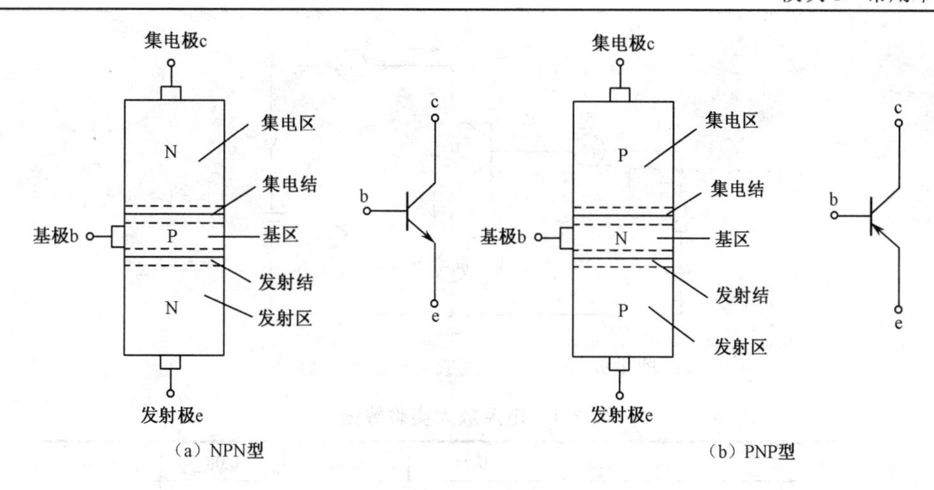

图 1-7　三极管的结构及符号

另外，三极管按其所用半导体材料不同，分为硅管和锗管；按用途不同，分为放大管、开关管和功率管；按工作频率不同，分为低频管和高频管；按耗散功率大小不同，分为小功率管和大功率管等。一般硅管多为 NPN 型，锗管多为 PNP 型。

2. 三极管的电流放大作用

（1）三极管的电流放大条件

三极管要实现电流放大除满足内部条件外，还应满足外部偏置条件，即发射结正偏、集电结反偏，如图 1-8 所示。

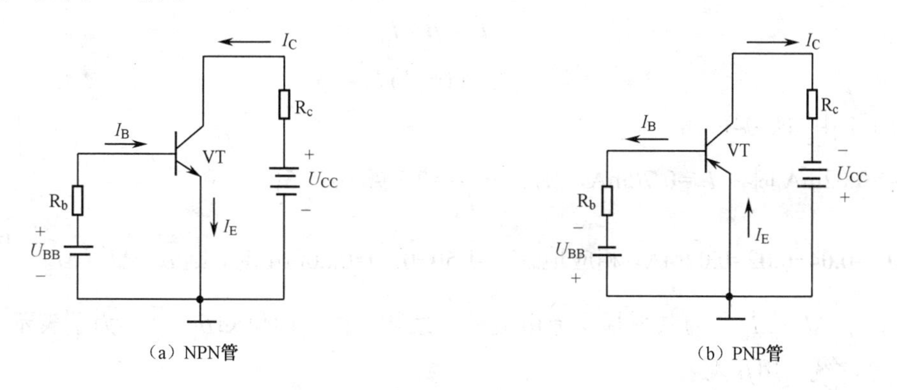

图 1-8　三极管放大的外部偏置条件

若用三极管三个电极电位的高低来判断三极管是否处于放大状态，对于 NPN 管，发射结正偏时 $U_B > U_E$，集电结反偏时 $U_C > U_B$，则各电极电位之间的关系是 $U_C > U_B > U_E$；对于 PNP 型管，发射结正偏时 $U_B < U_E$，集电结反偏时 $U_C < U_B$，则各电极之间的关系是 $U_C < U_B < U_E$。

（2）电流分配关系

三极管电流放大实验电路如图 1-9 所示。电路中三极管的偏置满足发射结正偏，集电结反偏。调节基极偏置电阻 R_b，改变 I_B 的大小，得出相应的 I_C 和 I_E 的数据，见表 1-1。

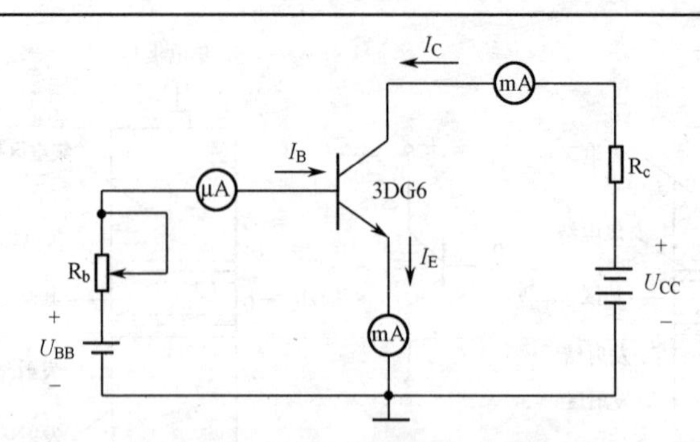

图 1-9　三极管电流放大的实验电路

表 1-1　电流放大实验数据

I_B（mA）	0	0.02	0.04	0.06	0.08	0.10
I_C（mA）	<0.001	0.70	1.50	2.30	3.10	3.95
I_E（mA）	<0.001	0.72	1.54	2.36	3.18	4.05

由表 1-1 可知：

① 三极管的基极电流 I_B，集电极电流 I_C 和发射极电流 I_E 之间符合基尔霍夫定律，即

$$I_E = I_B + I_C \tag{1-1}$$

同时，$I_B \ll I_C$，所以 $I_E \approx I_C$。

② 晶体管具有电流放大作用。从表 1-1 可看出，I_C 与 I_B 的比值近似为常数。通常，$\overline{\beta} = \frac{I_C}{I_B}$ 称为共射极直流电流放大系数，所以有

$$I_C = \overline{\beta} \times I_B \tag{1-2}$$

$$I_E = (1+\overline{\beta})\, I_B \tag{1-3}$$

由表 1-1 中的数据可知

当 I_B=0.02mA 时，I_C=0.70mA，则 $\overline{\beta} = \frac{I_C}{I_B}$=0.70/0.02=35；

当 ΔI_B=0.04−0.02=0.02mA，相应地 ΔI_C=1.50−0.70=0.80mA 时，则 $\overline{\beta} = \Delta I_C / \Delta I_B = \frac{0.80}{0.02}$=40。

通常，$\beta = \Delta I_C / \Delta I_B$ 称为共射极交流电流放大系数。由上面可知 $\beta \approx \overline{\beta}$。为了表示方便，以后不加区分，统一用 β 表示。

（3）放大作用的实质

由上述实验结果可知，当 I_B 有微小变化时，能引起 I_C 较大的变化，这种现象称为三极管的电流放大作用。电流放大作用的实质是通过改变基极电流 I_B 的大小，达到控制 I_C 的目的，而不是真正把微小电流放大了，因此三极管也称为电流控制型器件。

3. 三极管的特性曲线及工作区域

三极管的各电极电压和各电极电流之间的关系曲线称为三极管的伏安特性曲线。三极管放大交流信号时有共发射极、共集电极和共基极三种接法。下面介绍常用的 NPN 管共射电路的特性曲线，其测试电路如图 1-10 所示。

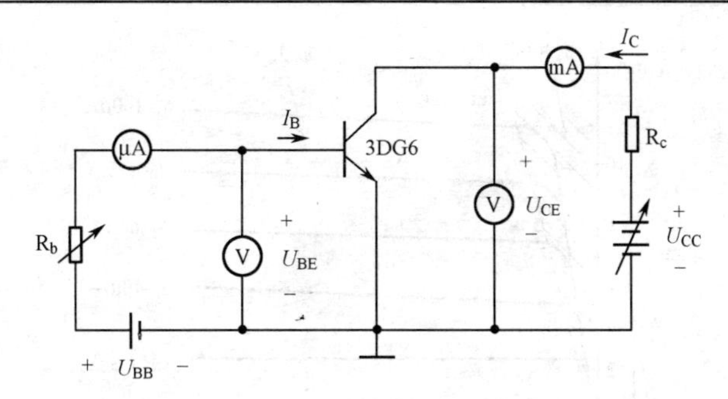

图 1-10　三极管共射特性曲线测试电路

（1）输入特性曲线

图 1-10 所示电路为三极管共射特性曲线测试电路。当集电极和发射极之间的电压 u_{CE} 一定时，基极和发射极之间的电压 u_{BE} 与基极电流 I_B 之间的关系曲线称为输入特性曲线，如图 1-11 所示，即 $I_B = f(U_{BE})\big|_{U_{CE}}$ =常数。

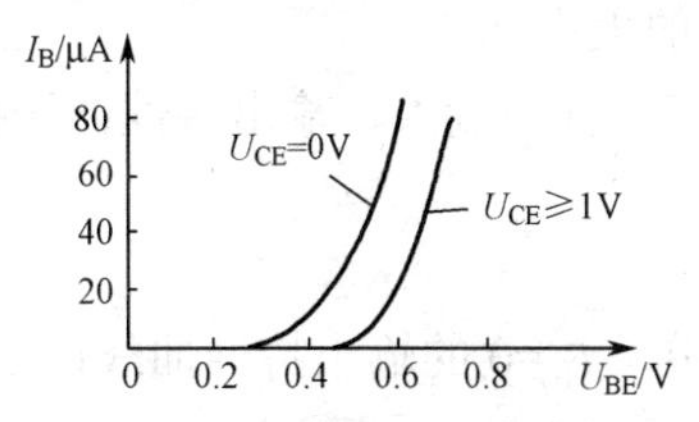

图 1-11　三极管的输入特性曲线

当 U_{CE}=0 时，发射结和集电结均为正偏，相当于两个二极管并联，此时的特性曲线相当于二极管的正向伏安特性曲线。

随着 U_{CE} 的增大，曲线右移。U_{CE} ≥1V 以后，曲线右移不明显，基本重合在一起。此时，集电结反偏电压足够强，足以使注入基区的绝大多数自由电子被吸收到集电区，即使再增大 U_{CE}，也不会引起 I_B 减少了。所以，用 U_{CE} =1V 的那条输入特性曲线表示 U_{CE} ≥1V 的情况。

由图 1-11 所示的输入特性曲线可以看出如下两点特性：

① 曲线是非线性的，存在一段死区，当外加电压 U_{BE} 小于死区电压时，三极管不能导通，处于截止状态。

② 三极管正常工作时，U_{BE} 变化不大。对于硅管，U_{BE} 为 0.7V 左右；对于锗管，U_{BE} 为 0.3V 左右。因此，在对三极管放大电路进行分析时，常把 U_{BE} 视为常数。在此电压附近，曲线陡直，若 U_{BE} 稍有变化，I_B 迅速变化，也将引起 I_C 的迅速变化。

（2）输出特性曲线

当基极电流 I_B 一定时，集电极和发射极之间的电压 U_{CE} 与集电极电流 I_C 之间的关系曲线称为输出特性曲线，即 $I_C = f(U_{CE})\big|_{I_B}$ =常数。

当 I_B 取值不同时，就有不同的输出特性曲线，如图 1-12 所示。

由图 1-12 所示的输出特性曲线可以看出如下三点特性：

① 曲线的起始部分较陡，且不同的 I_B 曲线的上升部分几乎重合，表明当 U_{CE} 较小时，只要 U_{CE} 略有增大，I_C 就迅速增加，但 I_C 几乎不受 I_B 的影响。

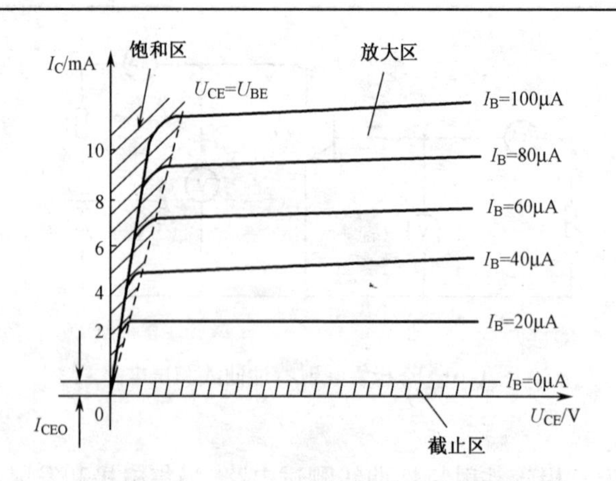

图 1-12　三极管的输出特性曲线

② 当U_{CE}较大（例如大于 1V）后，曲线比较平坦，表明此时I_C主要取决于I_B，而与U_{CE}关系不大。曲线间的间隔反映β的大小。

③ 曲线是非线性的。由于三极管的输入、输出特性曲线都是非线性的，所以它是非线性器件。

（3）三极管的三个工作区

① 在三极管输出特性曲线中，I_B=0 的输出特性曲线以下，横轴以上的区域称为截止区。其特点是，发射结和集电结均为反偏，各极电流很小，相当于一个断开的开关，此时的三极管没有电流放大作用。

② 在输出特性曲线中，截止区以上的平坦段组成的区域称为放大区。其特点是，发射结正偏，集电结反偏。此时，I_C受控于I_B（受控特性），且I_C与U_{CE}基本无关，可近似看成恒流（恒流特性）。放大区的三极管具有电流放大作用。

③ 在输出特性曲线中，$U_{CE} \leqslant U_{BE}$的区域，即曲线的上升段组成的区域称为饱和区。饱和时的U_{CE}称为饱和压降，用U_{CES}表示，一般U_{CES}=0.3V。将每条输出特性曲线上对应$U_{CE}=U_{BE}$时的点连成虚线，即为饱和区和放大区的分界线，叫做临界饱和线。饱和区的特点是，发射结和集电结均为正偏。U_{CES}很小，三极管相当于一个闭合的开关，且没有电流放大作用。

从上述分析可以看出，三极管工作在饱和区与截止区时，具有“开关”的特性，相当于一个无触点的开关；而工作在放大区时，具有电流放大作用。所以三极管有“开关”和“放大”两大功能。

4．晶体管的主要参数

（1）电流放大系数β

电流放大系数β是指输出电流与输入电流的比值，它是衡量晶体管电流放大能力的参数。由于制造工艺的分散性，即使是同一型号的晶体管，β值也有很大差别。但对一个给定的晶体管，β值是一定的。一般β值为 20～200。选用晶体管时，β值太大，则稳定性差；β值太小，则电流放大能力弱。

（2）穿透电流I_{CEO}

穿透电流I_{CEO}是指基极开路时集-射极之间的电流。由于这个电流似乎是从集电区穿过基区流至发射区，所以称穿透电流。这个电流越小，表明晶体管的质量越好。

（3）集电极最大允许电流

集电极电流过大时，β 值明显下降，当β 值下降到正常值的 2/3 时的集电极电流I_C，称为集电极最大允许电流I_{CM}。作为放大管使用时，I_C不宜超过I_{CM}，超过时会引起β 值下降，以及输出信号失真，过大时还会烧坏管子。

（4）集-射极反向击穿电压$U_{(BR)CEO}$

集-射极反向击穿电压$U_{(BR)CEO}$是指基极开路时加在集-射极之间的最大允许电压。当晶体管的集-射极电压大于此值时，I_{CEO}大幅度上升，说明晶体管已经被击穿。电子器件手册上一般给出的是常温（25℃）时的值，在高温下，其反向击穿电压将会降低，使用时应特别注意。

（5）集电极最大允许耗散功率P_{CM}

由于集电极电流在流经集电结时要产生功率损耗，使集电结温度升高，引起晶体管参数的变化，使管子性能下降，甚至损坏。所以晶体管在工作时，其允许耗散的功率有限制值，晶体管允许消耗的最大功率称为集电极最大允许耗散功率P_{CM}。

$$P_{CM}=I_C U_{CE}$$

工作时，应使$P_C < P_{CM}$。

1.3　任务实施过程

1.3.1　任务分析

根据任务目标，绘制延时照明开关电路原理框图，如图 1-13 所示。

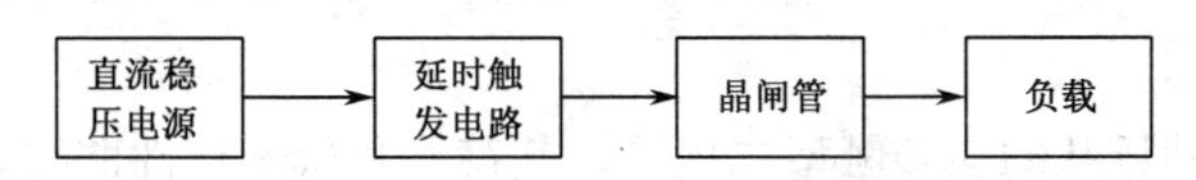

图 1-13　延时照明开关电路原理框图

如图 1-13 所示的框图包括直流稳压电源、延时触发电路和晶闸管三个部分，直流稳压电源为电路提供直流电压，延时触发电路为晶闸管提供触发电流，晶闸管起交流开关作用。

1.3.2　任务设计

根据任务目标，设计延时照明开关电路，如图 1-14 所示。

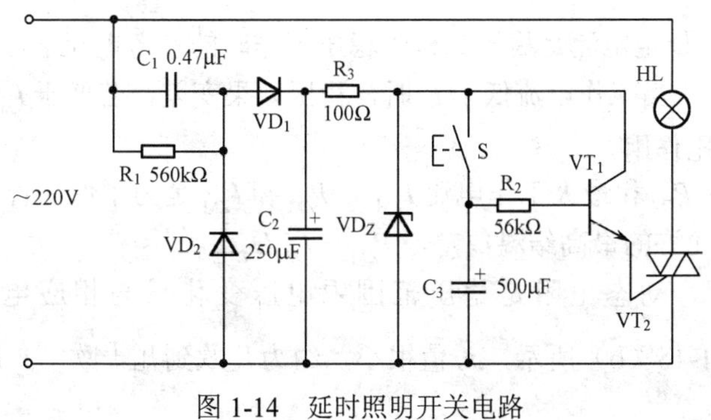

图 1-14　延时照明开关电路

图 1-14 所示的延时照明开关电路主要由二极管、三极管和晶闸管构成。VD_1 为整流二极管，VD_Z 为稳压二极管，VT_1 为晶体管，VT_2 为双向晶闸管。

1.3.3 任务实现

1. 直流稳压电路

在市网电压正常供电时，交流 220V 电压经 R_1、C_1 降压，二极管 VD_1 整流，电容 C_2 滤波，VD_Z 稳压，为晶体管 VT_1 提供 7V 的直流电源电压。

2. 延时触发电路

当按下按钮 S 时，电容器 C_3 被充电，终值电压可达 7V。在充电过程中，当电容上的电压达到晶体管基-射间电压 $U_{be}=0.7V$ 时，晶体管导通，由发射极输出电流触发双向晶闸管 VT_2 导通，灯泡被点亮。松开 S 以后，电容 C_3 经 R_2 放电，继续维持晶体管 VT_1 导通，晶闸管也导通，灯泡继续发光。当 C_3 上的电压降到 0.7V 以下时，晶体管发射极输出的电流不足以触发晶闸管导通，则交流电压过零时，晶闸管自行关断，灯泡熄灭，晶闸管起交流开关作用。延时时间由 C_3 或 R_2 的数值决定，只要改变 C_3 或 R_2 的数值，就可以改变延时时间。

这种延时照明开关电路非常适用于楼道夜间照明，避免电能的浪费。

1.4 知识链接

1.4.1 特殊二极管

1. 稳压二极管

稳压二极管是一种特殊的面接触型二极管，其符号和伏安特性曲线如图 1-15（a）所示，它的正向特性曲线与普通二极管相似，而反向击穿特性曲线很陡。正常情况下，稳压二极管工作在反向击穿区，由于曲线很陡，反向电流在很大范围内变化时，端电压变化很小，因而具有稳压作用。只要反向电流不超过其最大稳定电流，就不会形成破坏性的热击穿。因此，在电路中应与稳压二极管串联适当阻值的限流电阻。

稳压二极管的主要参数有：

① 稳定电压 U_Z　稳定电压指流过规定电流时二极管两端的反向电压值，其值决定于稳压二极管的反向击穿值。

② 稳定电流 I_Z　稳定电流是稳压二极管稳压工作时的参考电流值，通常为工作电压等于 U_Z 时所对应的电流值，当工作电流低于 I_Z 时，稳压效果变差，若低于 I_{min} 时，由图 1-15（b）可知稳压管将失去稳压作用。

③ 最大耗散功率 P_{ZM} 和最大工作电流 I_{ZM}　P_{ZM} 和 I_{ZM} 是为了保证管子不被热击穿而规定的极限参数，由管子允许的最高结温决定，$P_{ZM}=I_{ZM}U_Z$。

④ 动态电阻 r_Z　动态电阻是稳压范围内电压变化量与相应电流变化量之比，即 $r_Z=\Delta U_Z/\Delta I_Z$，如图 1-15（b）所示，$r_Z$ 值很小，约为几欧到几十欧。r_Z 越小，反向击穿电压

特性越陡，稳压性能就越好。

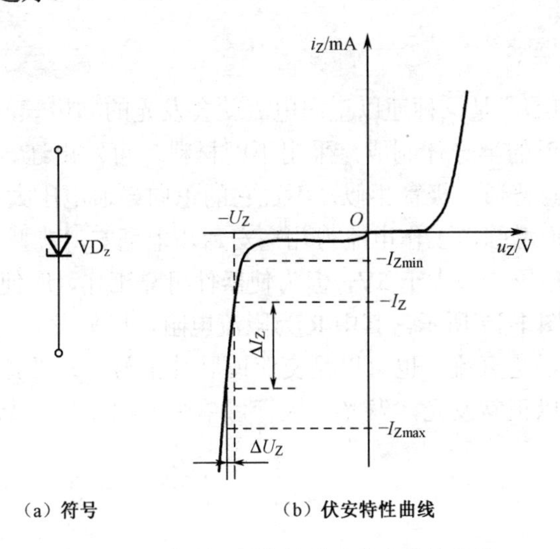

（a）符号　　（b）伏安特性曲线

图 1-15　稳压二极管符号及伏安特性曲线

⑤ 电压温度系数 C_T　电压温度系数指温度每增加 1℃时，稳定电压的相对变化量，即

$$C_T = \frac{\Delta U_Z / \Delta I_Z}{\Delta T} \times 100\%$$

【例 1-2】由稳压二极管组成的简单稳压电路如图 1-16 所示，R 为限流电阻，试分析输出电压 U_O 稳定的理由。

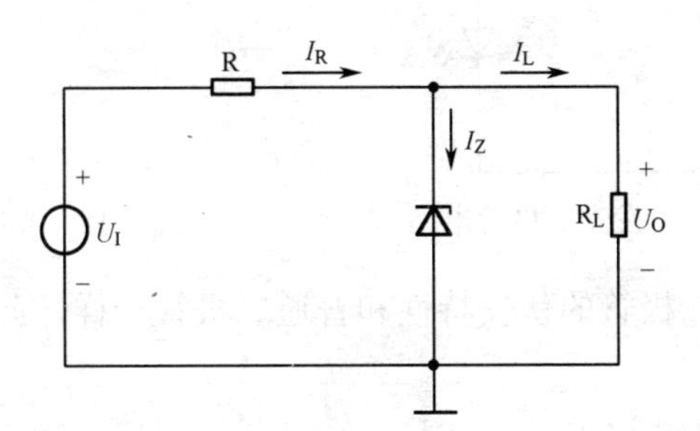

图 1-16　由稳压二极管组成的简单稳压电路

解：由图 1-16 可知，当稳压二极管正常稳压工作时，可得

$$U_O = U_I - I_R R = U_Z \tag{1-4}$$

$$I_R = I_Z + I_L \tag{1-5}$$

若 U_I 增大，U_O 将会随着上升，加于稳压二极管两端的反向电压增加，使电流 I_Z 大大增加，由式（1-5）可知，I_R 也随之显著增加，从而使限流电阻上的压降 $I_R R$ 增加，其结果是，U_I 增加量绝大部分都降落在限流电阻 R 上，从而使输出电压 U_O 基本维持恒定。反之，U_I 下降时 I_R 减小，R 上压降减小，从而维持 U_O 基本恒定。

若负载 R_L 增大（即负载电流 I_L 减小），输出电压 U_O 将会随着增大，则流过稳压管的电流 I_Z 大大增加，致使 $I_R R$ 增大，使输出电压 U_O 下降；同理，若 R_L 减小，使 U_O 下降，则 I_Z 显著减小，致使$I_R R$减小，使U_O上升，从而维持了输出电压的稳定。

2. 发光二极管

发光二极管简称 LED，是一种通以正向电流就会发光的二极管，它用某些自由电子和空穴复合时就会产生光辐射的半导体制成，采用不同材料，可发出红、橙、黄、绿、蓝色光。发光二极管的伏安特性与普通二极管相似，不过它的正向导通电压大于 1V，同时发光的亮度随通过的正向电流增大而增强，工作电流为几毫安到几十毫安，典型工作电流为 10mA 左右。发光二极管的反向击穿电压一般大于 5V，但为使器件可靠工作，应使其工作电压在 5V 以下。

发光二极管电路如图 1-17 所示，其中 R 为限流电阻，以使发光二极管正向工作电流在额定电流内。电源电压可以是直流，也可以是交流或脉冲信号，只要流过发光二极管的正向电流在正常范围内，就可以正常发光，发光二极管可单个使用，也可制成七段数字显示器以及矩阵式器件。

3. 光电二极管

光电二极管的结构与普通二极管类似，使用时，光电二极管 PN 结工作在反向偏置状态，在光的照射下，反向电流随光照强度的增加而上升（这时的反向电流叫光电流），所以，光电二极管是一种将光信号转为电信号的半导体器件，其电路符号如图 1-18 所示。另外，光电流还与入射光的波长有关。

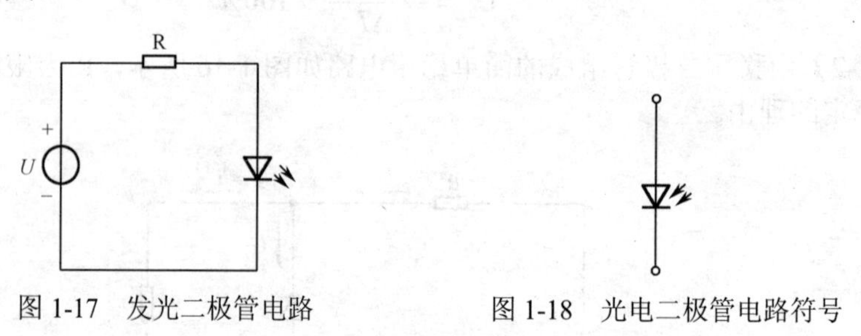

图 1-17　发光二极管电路　　　　图 1-18　光电二极管电路符号

在无光照射时，光电二极管的伏安特性和普通二极管一样，此时的反向电流叫暗电流，一般在几微安，甚至更小。

1.4.2　场效应管

场效应管是一种电压控制型器件，它利用改变电场的强弱来控制固体材料的导电能力。由于场效应管的输入电流很小，所以它具有很高的输入电阻（$10^7 \sim 10^{15}\Omega$），此外它还具有热稳定性好、噪声低、抗辐射能力强、制造工艺简单、便于集成等优点，因此场效应管在电子电路中得到了广泛的应用。

场效应管按其结构的不同可分为结型场效应管和绝缘栅型场效应管两种类型。后者由于制造工艺简单，目前广泛地应用于集成电路和数字电路中。本书仅简单介绍绝缘栅型场效应管（简称 MOS 管）。

1. 增强型绝缘栅场效应管

图 1-19（a）所示是 N 沟道增强型 MOS 管的图形符号，有三个电极：栅极 G、源极 S 和

漏极D，B为衬底。栅极与源极、漏极以及衬底之间是绝缘的，所以称为绝缘栅场效应管。漏、源之间用断虚线表示增强型，说明在一定条件下，漏极D和源极S之间才能形成导电沟道。箭头方向表示由P（衬底）指向N（沟道）。若箭头方向由P（沟道）指向N（衬底），则表示P沟道增强型绝缘栅场效应管，如图1-19（b）所示。

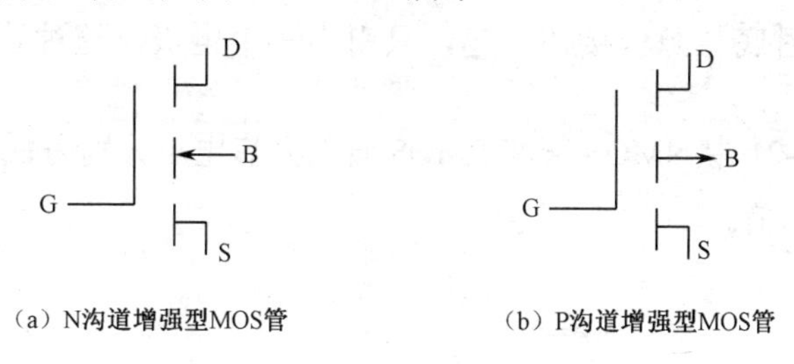

（a）N沟道增强型MOS管　　（b）P沟道增强型MOS管

图1-19　增强型MOS管符号

对于增强型MOS管，$I_G \approx 0$。在漏源电压U_{DS}作用下，只有当U_{GS}增强到某一临界电压时，才会形成导电沟道，产生漏极电流I_D，MOS管处于导通状态。这个临界电压称为开启电压，用符号$U_{GS(th)}$表示。当漏源电压U_{DS}一定时，栅源电压U_{GS}越大，导电沟道越宽，漏极电流I_D就越大。可见，MOS管漏极电流I_D随栅源电压U_{GS}的变化而改变，它是一个电压控制器件。

2. 耗尽型绝缘栅场效应管

图1-20（a）所示为N沟道耗尽型MOS管符号，漏源之间用实线表示耗尽型，箭头方向意义与增强型MOS管相同。

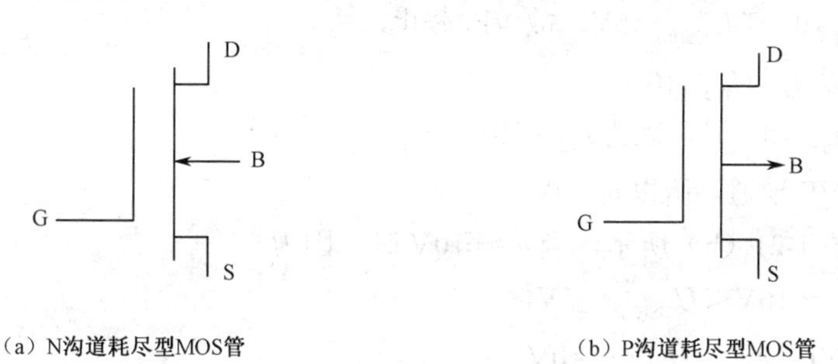

（a）N沟道耗尽型MOS管　　（b）P沟道耗尽型MOS管

图1-20　耗尽型MOS管符号

N沟道耗尽型MOS管由于制作工艺的不同，在$U_{GS}=0$时，导电沟道就已经存在，所以只要在漏源之间加上正向电压U_{DS}，就有漏极电流I_D产生。当$U_{GS}>0$时，I_D增大；当$U_{GS}<0$时，I_D减小。当U_{GS}低到等于夹断电压$U_{GS(off)}$时，$I_D=0$。由此可见，耗尽型MOS管不论栅源电压是正还是负或是零值都能控制漏极电流I_D。这是耗尽型MOS管的一个重要特点。这一特点使得它的应用具有较大的灵活性。

3. 使用MOS管时应注意的事项

① 由于MOS管栅源之间的电阻很高，极间电容很小，使得栅极的感应电荷不易泄放，因此电荷的累积会产生瞬时的高压而使绝缘栅极击穿。所以保存MOS管时应使三个电极短接，

避免栅极悬空。焊接时，电烙铁的金属外壳应有良好的接地，或烧热电烙铁后切断电源再焊。测试 MOS 场效应管时，应先接好线路再去除电极之间的短接，测试结束后应先短接各电极。测试仪器应有良好的接地。

② 有些场效应管将衬底引出，故有 4 个引脚，这种管子漏极与源极可互换使用。但多数场效应管在内部已将衬底与源极接在一起，只引出三个电极，这种管子的漏极与源极不能互换。

【例 1-3】已知图 1-21 中 NMOS 管和 PMOS 管的开启电压分别为 $U_{GS(th)}$=5V，$U_{GS(th)}$=−5V，求各管工作状态及 u_o 的值。

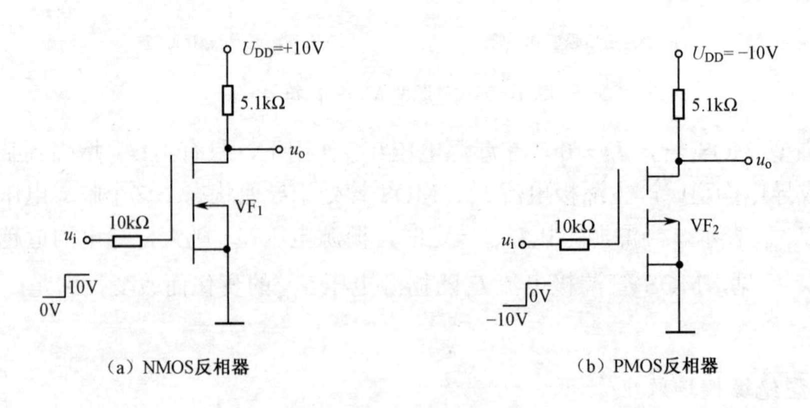

(a) NMOS反相器　　(b) PMOS反相器

图 1-21　例 1-3 的电路图

解：(1) 如图 1-21 (a) 所示，当 u_i=0V 时，因为

u_{GS}=0V＜$U_{GS(th)}$=5V，故 VF_1 截止，

所以 $u_o=U_{DD}$=10V

当 u_i=10V 时，因为 u_{GS}=10V＞$U_{GS(th)}$

故 VF_1 导通，所以 u_o=0V

(2) 如图 1-21 (b) 所示，当 u_i=−10V 时，因为

u_{GS}=−10V＜$U_{GS(th)}$=−5V，

故 VF_2 导通，所以 u_o=0V

当 u_i=0V 时，因为 u_{GS}=0V＞$U_{GS(th)}$，

故 VF_2 截止，所以 $u_o=U_{DD}$=−10V

由上述分析可知，图 1-21 (a)、(b) 所示中的两电路在输入低电平时，输出高电平；输入高电平时，输出低电平，具有反相功能。

1.4.3　复合管

互补对称放大电路要求输出管为一对特性相同的异型管，这往往很难实现，在实际电路中常采用复合管来实现异型管子的配对。

所谓复合管，就是由两只或两只以上的三极管按照一定的连接方式，组成一只等效的三极管。复合管的类型与组成该复合管的第一只三极管相同，而其输出电流、饱和压降等基本特性，主要由最后的输出三极管决定。图 1-22 所示为由两只三极管组成复合管的四种情况，图 1-22（a）、（b）为同型复合，图 1-22（c）、（d）为异型复合，可见复合后的管型与第一只三极管相同。

复合管的电流放大系数近似为组成该复合管的各三极管β 值的乘积，其值很大。由图 1-22（a）可得

$$\beta = \frac{i_c}{i_b} = \frac{i_{c1}+i_{c2}}{i_{b1}} = \frac{\beta_1 i_{b1}+\beta_2 i_{b2}}{i_{b1}} = \frac{\beta_1 i_{b1}+\beta_2(1+\beta_1)i_{b1}}{i_{b1}} = \beta_1+\beta_2+\beta_1\beta_2 \quad (1-6)$$

由图 1-22（a）可得同型复合管的输入电阻为

$$r_{be} = \frac{u_b}{i_b} = \frac{i_{b1}r_{be1}+i_{b2}r_{be2}}{i_{b1}} = r_{be1}+(1+\beta_1)r_{be2} \quad (1-7)$$

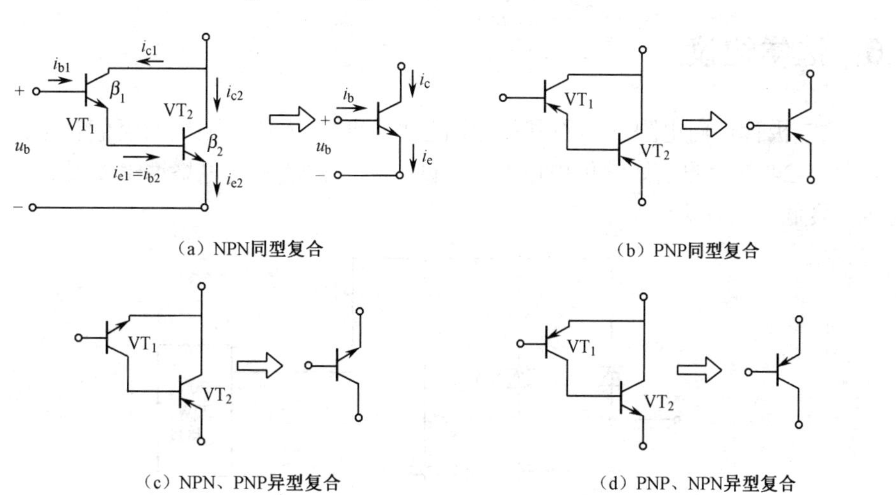

（a）NPN同型复合　　（b）PNP同型复合

（c）NPN、PNP异型复合　　（d）PNP、NPN异型复合

图 1-22　复合管接法

由图 1-22（c）、（d）可得异型复合管的输入电阻，它与第一只三极管的输入电阻相同，即

$$r_{be} = r_{be1} \quad (1-8)$$

复合管虽有电流放大倍数高的优点，但它的穿透电流较大，且高频特性变差。这是因为复合管中第一只晶体管的穿透电流会进入下级晶体管放大，致使总的穿透电流比单管穿透电流大得多。为了减小穿透电流的影响，常在两只晶体管之间并接一个泄放电阻 R，如图 1-23 所示，R 可将 VT_1 管的穿透电流分流，电阻 R 的值越小分流作用越大，总的穿透电流越小，当然电阻 R 的接入同样会使复合管的电流放大倍数下降。

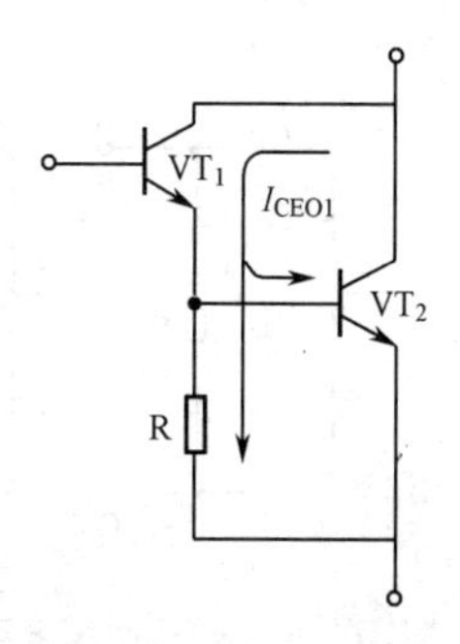

图 1-23　接有泄放电阻的复合管

1.5 阶段小结

PN 结的重要特性是单向导电性，它是构成半导体器件的基本结构。二极管就是具有一个PN 结的半导体器件，其伏安特性曲线体现了二极管的单向导电性和反向击穿性。

晶体管有 NPN 和 PNP 两种结构，它是一种电流控制器件，即用较小的基极电流控制较大的集电极电流。要使晶体管具有放大作用，必须保证晶体管的发射结正偏、集电结反偏。晶体管有三个工作区：放大区、截止区和饱和区。在放大电路中，晶体管有电流放大作用，晶体管应工作于放大区。在数字电路中，晶体管常用做开关元件，工作在截止区和饱和区。

场效应管是电压控制器件，它利用栅源电压控制漏极电流。MOS 管由于栅源之间是绝缘的，故输入电阻很高。

1.6 边学边议

1．测试二极管正向电阻，用不同的电阻量程挡时，为什么测试的阻值有差异？

2．在图 1-24 所示的电烙铁供电电路中，试分析哪种情况下电烙铁温度最高？哪种情况下电烙铁温度最低？为什么？

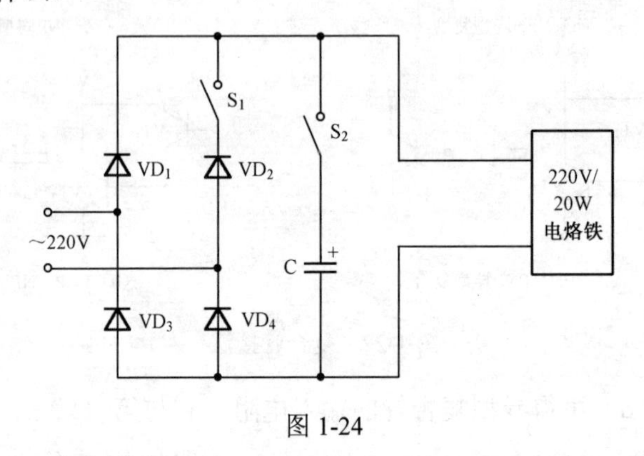

图 1-24

3．二极管电路如图 1-25 所示，判断图中的二极管是导通还是截止，并求 A、O 两点间的电压 U_o。图 1-25 中二极管为理想二极管。

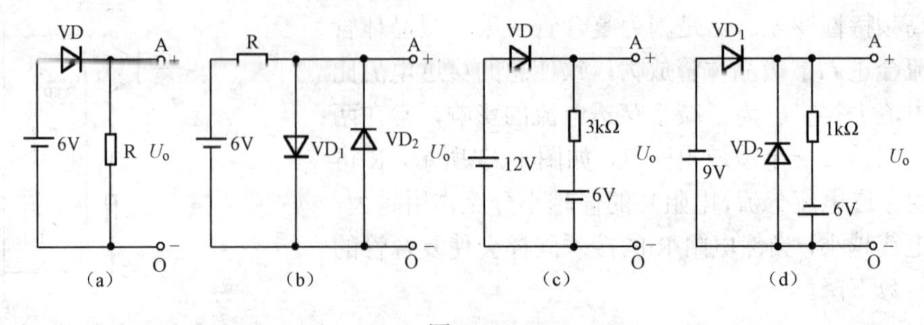

图 1-25

4．图 1-26 所示的各电路图中，u_i =10sinwt，E=5V，试分别画出输出电压 u_o 的波形，二极管的正向压降可忽略不计。

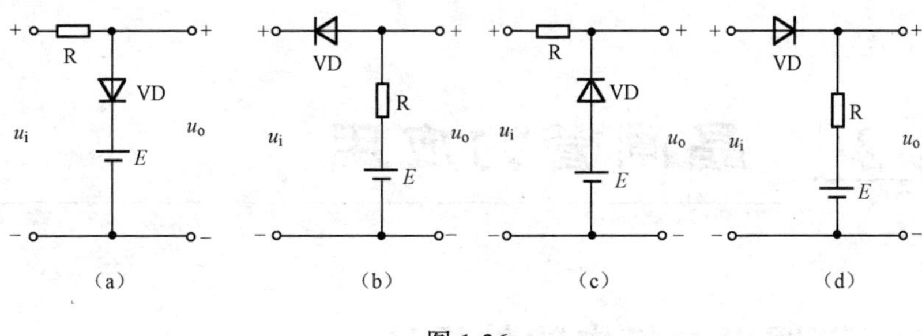

图 1-26

5．某晶体管三个电极中，1 脚流出电流为 3mA，2 脚流进电流是 2.95mA，3 脚流进电流为 0.05mA，判断各引脚名称，并指出管型。

6．测得晶体管各电极对地的电位如图 1-27 所示，其中 PNP 型晶体管为锗管，NPN 型晶体管为硅管。试判断晶体管的工作状态。

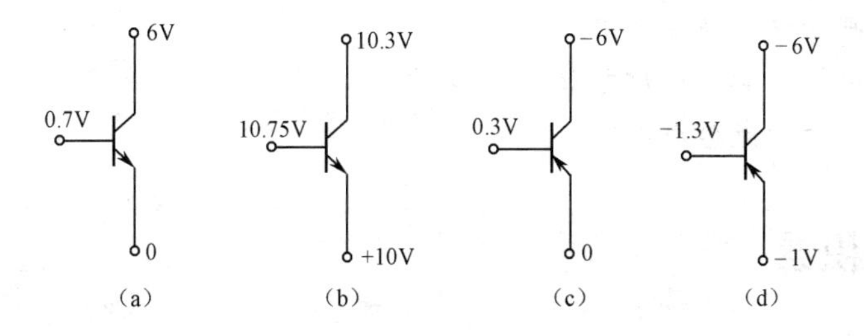

图 1-27

晶闸管的应用

任务 2　可调光台灯电路的设计

2.1　任务目标

- 知道晶闸管的基本结构、工作原理及特性。
- 能使用晶闸管设计逆变电路。
- 用晶闸管设计可调光台灯电路。
- 能组装和调试调光台灯电路。

2.2　知识积累

2.2.1　晶闸管

1. 晶闸管的结构、外形与符号

晶闸管的结构、外形、符号如图 2-1 所示。

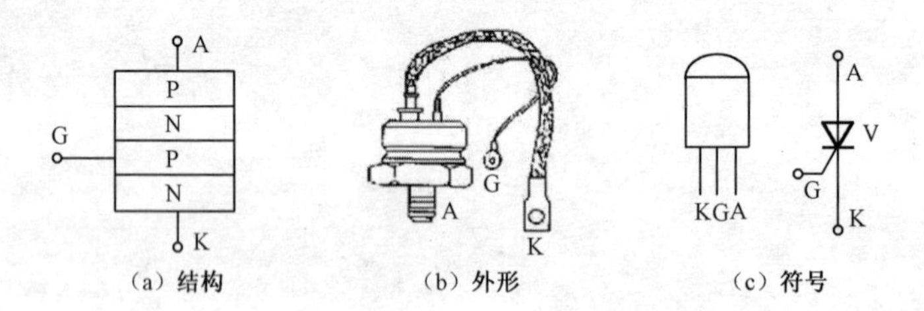

图 2-1　晶闸管的结构、外形、符号

为了说明晶闸管的导电原理，可按图 2-2 所示的电路做一个简单的实验。

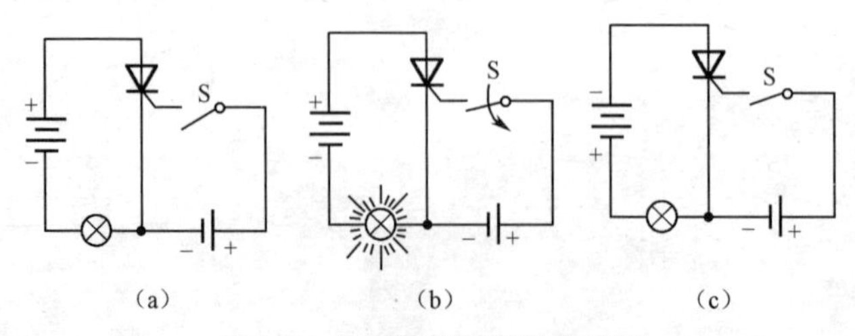

图 2-2　晶闸管导通实验电路图

① 晶闸管阳极接直流电源的正端，阴极经灯泡接电源的负端，此时晶闸管承受正向电压。控制极电路中开关 S 断开（不加电压），如图 2-2（a）所示，这时灯不亮，说明晶闸管不导通。

② 晶闸管的阳极和阴极间加正向电压，控制极相对于阴极也加正向电压，如图 2-2（b）所示，这时灯亮，说明晶闸管导通。

③ 晶闸管导通后，如果去掉控制极上的电压，即将图 2-2（b）中的开关 S 断开，灯仍然亮，这表明晶闸管继续导通，即晶闸管一旦导通后，控制极就失去了控制作用。

④ 晶闸管的阳极和阴极间加反向电压，如图 2-2（c）所示，无论控制极加不加电压，灯都不亮，晶闸管截止。

⑤ 如果控制极加反向电压，晶闸管阳极回路无论加正向电压还是加反向电压，晶闸管都不导通。

从上述实验可以看出，晶闸管导通必须同时具备两个条件：

① 晶闸管阳极电路加正向电压；

② 控制极电路加适当的正向电压（实际工作中，控制极加正触发脉冲信号）。

2. 伏安特性

晶闸管的导通和截止这两个工作状态是由阳极电压 U_A、阳极电流 I_A 及控制极电流 I_G 决定的，而这几个量又是互相联系的。在实际应用上常用实验曲线来表示它们之间的关系，这就是晶闸管的伏安特性曲线。图 2-3 所示的伏安特性曲线是在 I_G=0 的条件下作出的。

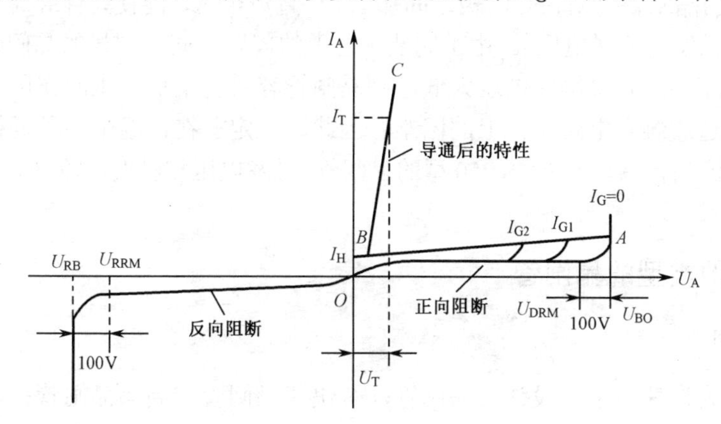

图 2-3　晶闸管的伏安特性曲线

当晶闸管的阳极和阴极之间加正向电压时，由于控制极未加电压，晶闸管内只有很小的电流流过，这个电流称为正向漏电流。这时，晶闸管阳极和阴极之间表现出很大的内阻，处于阻断（截止）状态，如图 2-3 第 I 象限中曲线的下部所示。当正向电压增加到某一数值时，漏电流突然增大，晶闸管由阻断状态突然导通。晶闸管导通后，就可以通过很大电流，而它本身的管压降只有 1V 左右，因此特性曲线靠近纵轴而且陡直。晶闸管由阻断状态转为导通状态所对应的电压称为正向转折电压 U_{BO}。在晶闸管导通后，若减小正向电压，正向电流就逐渐减小。当电流小到某一数值时，晶闸管又从导通状态转为阻断状态，这时所对应的最小电流称为维持电流 I_H。

当晶闸管的阳极和阴极之间加反向电压时（控制极仍不加电压），其伏安特性与二极管类似，电流也很小，称为反向漏电流。当反向电压增加到某一数值时，反向漏电流急剧增大，使晶闸管反向导通，这时所对应的电压称为反向转折电压 U_{RB}。

从图 2-3 的晶闸管的正向伏安特性曲线可见，当阳极正向电压高于转折电压时元件将导通。但是这种导通方法很容易造成晶闸管的不可恢复性击穿而使元件损坏，在正常工作时是不采用的。晶闸管的正常导通受控制极电流 I_G 的控制。为了正确使用晶闸管，必须了解其控制极特性。

当控制极加正向电压时，控制极电路就有电流 I_G，晶闸管就容易导通，其正向转折电压降低，特性曲线左移。控制极电流越大，正向转折电压越低，如图 2-4 所示。

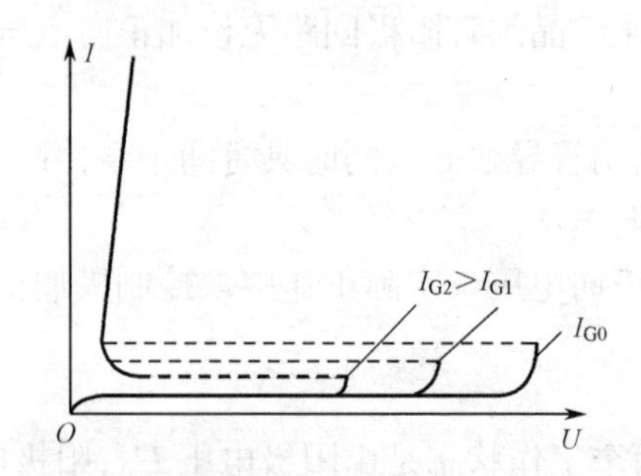

图 2-4　控制极电流对晶闸管转折电压的影响

实际规定，当晶闸管的阳极与阴极之间加上 6V 直流电压，能使元件导通的控制极最小电流（电压）称为触发电流（电压）。由于制造工艺上的问题，同一型号的晶闸管的触发电压和触发电流也不尽相同。如果触发电压太低，则晶闸管容易受干扰电压的作用而造成误触发；如果太高，又会造成触发电路设计上的困难。因此，规定了在常温下各种规格的晶闸管的触发电压和触发电流的范围。例如对 KP50 型的晶闸管，触发电压和触发电流分别为≤3.5V 和 8～150mA。

2.2.2　其他类型的晶闸管

1. 快速晶闸管

包括所有专为快速应用而设计的晶闸管，有快速晶闸管和高频晶闸管；对管芯结构和制造工艺进行了改进，开关时间以及 du/dt 和 di/dt 特性参数都有明显改善；普通晶闸管关断时间为数百微秒，快速晶闸管为数十微秒，高频晶闸管为 10ms 左右；高频晶闸管的不足在于其电压和电流定额都不易高；由于工作频率较高，选择通态平均电流时不能忽略其开关损耗的发热效应。

2. 双向晶闸管

双向晶闸管可认为是一对反向并联连接的普通晶闸管的集成。如图 2-5 所示，有两个主电极 T_1 和 T_2，一个门极 G；正反两方向均可触发导通，所以双向晶闸管在第 I 和第 III 象限有对称的伏安特性；与一对反向并联晶闸管相比是经济的，且控制电路简单，在交流调压电路、固态继电器（Solid State Relay，SSR）和交流电动机调速等领域应用较多。

通常用在交流电路中，因此不用平均值而用有效值来表示其额定电流值。

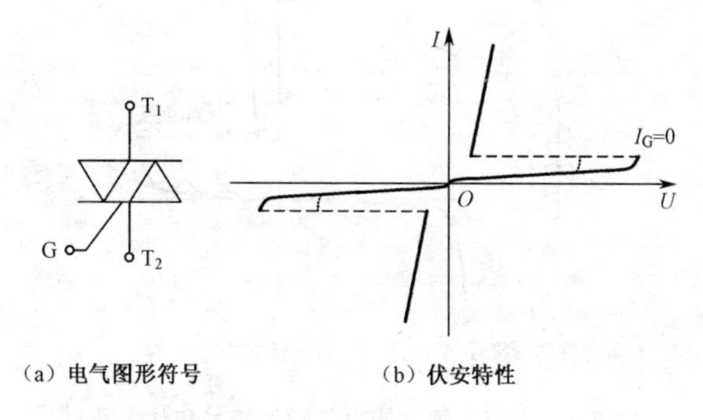

（a）电气图形符号 （b）伏安特性

图 2-5 双向晶闸管的电气图形符号和伏安特性

3. 逆导晶闸管

逆导晶闸管（Reverse-Conducting Thyristor，RCT）也称反向导通晶闸管。逆导晶闸管是将晶闸管反向并联一只二极管，制作在同一管芯上的功率集成器件。由于在晶闸管的阳极与阴极之间反向并联一只二极管，使阳极与阴极的发射结均呈短路状态。由于这种特殊电路结构，使之具有正向压降小、关断时间短、高温特性好、额定结温高、通态电压低等优良性能。例如，逆导晶闸管的关断时间仅为几微秒，工作频率达几十千赫兹，优于快速晶闸管（FSCR）。该器件适用于开关电源、UPS 不间断电源中，一只逆导晶闸管即可代替晶闸管和续流二极管各一只，不仅使用方便，而且能简化电路设计。逆导晶闸管的额定电流有两个：一个是晶闸管电流，另一个是反向并联二极管的电流，如图 2-6 所示。其伏安特性具有不对称性，正向特性与普通晶闸管相同，而反向特性与硅整流管的正向特性相同（仅坐标位置不同）。

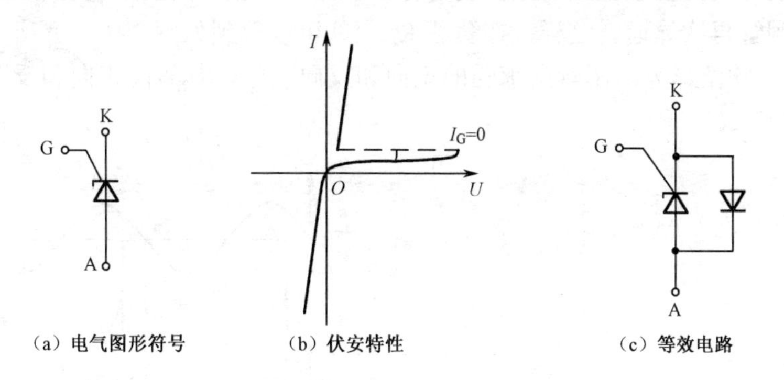

（a）电气图形符号 （b）伏安特性 （c）等效电路

图 2-6 逆导晶闸管的电气图形符号和伏安特性

4. 光控晶闸管

光控晶闸管又称光触发晶闸管，是利用一定波长的光照信号触发导通的晶闸管；小功率光控晶闸管只有阳极和阴极两个端子，如图 2-7 所示。大功率光控晶闸管则还带有光缆，光缆上装有作为触发光源的发光二极管或半导体激光器。

光触发保证了主电路与控制电路之间的绝缘，且可避免电磁干扰的影响，因此目前在高压大功率的场合，如高压直流输电和高压核聚变装置中，占据重要的地位。

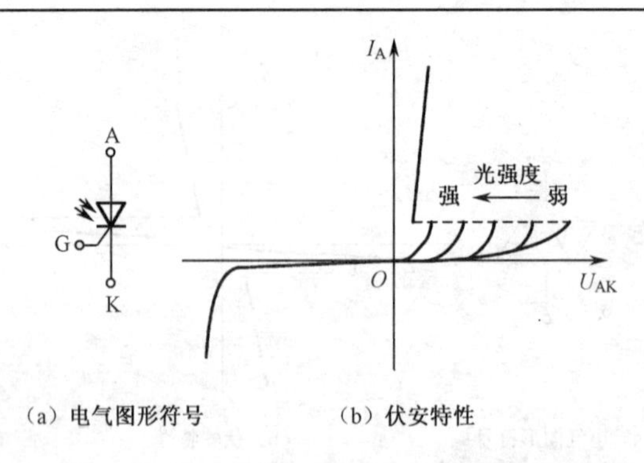

（a）电气图形符号　　（b）伏安特性

图 2-7　光控晶闸管的电气图形符号和伏安特性

2.2.3　晶闸管可控整流电路

1．单相半波可控整流电路

把不可控的单相半波整流电路中的二极管用晶闸管代替，就成为单相半波可控整流电路。下面将分析这种可控整流电路在接电阻性负载和电感性负载时的工作情况。

（1）电阻性负载

图 2-8 是接电阻性负载的单相半波可控整流电路，负载电阻为 R_L。从图 2-8 可见，在输入交流电压 u 的正半周时，晶闸管 VS 承受正向电压，如图 2-9（a）。假如在 t_1 时刻给控制极加上触发脉冲，如图 2-9（b）所示，晶闸管导通，负载上得到电压。当交流电压 u 下降到接近于零值时，晶闸管正向电流小于维持电流而关断。在电压 u 为负半周时，晶闸管 VS 承受反向电压，不可能导通，负载电压和电流均为零。在第二个正半周内，再在相应的 t_2 时刻加入触发脉冲，晶闸管再次导通。这样，在负载 R_L 上就可以得到如图 2-9（c）所示的电压波形。图 2-9（d）所示的波形为晶闸管所承受的正向和反向电压，其最高正向和反向电压均为输入交流电压的幅值 $\sqrt{2}U$ 。

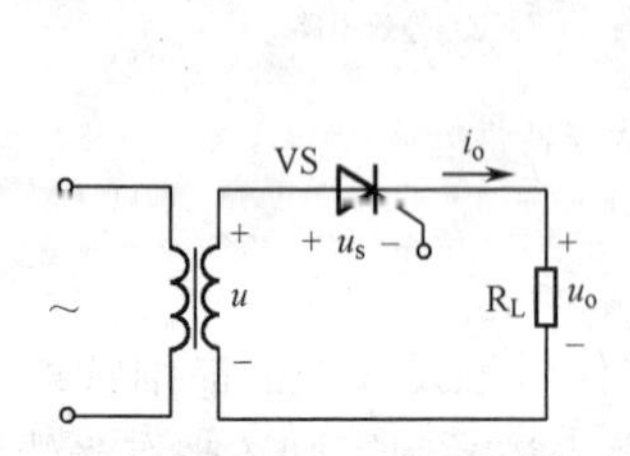

图 2-8　阻性负载单相半波可控整流电路

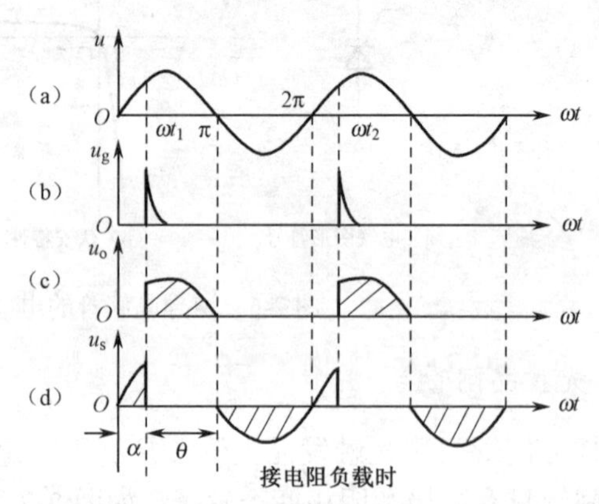

图 2-9　接电阻性负载的单相半波可控整流电路波形

显然，在晶闸管承受正向电压的时间内，改变控制极触发脉冲的输入时刻（移相），负载上得到的电压波形就随着改变，这样就控制了负载上输出电压的大小。图 2-9 是接电阻性负载时单相半波可控整流电路波形。

晶闸管在正向电压下不导通的电角度为控制角（又称移相角），用α表示，而导通的电角度则称为导通角，用θ表示如图 2-9（d）。很显然，导通角θ越大，输出电压越高。整流输出电压的平均值可以用控制角表示，即

$$U_o = 0.45U \times \frac{1+\cos\alpha}{2} \tag{2-1}$$

从式（2-1）看出，当$\alpha = 0$ 时（θ=180°）晶闸管在正半周全导通，U_o=0.45U，输出电压最高，相当于不可控二极管单相半波整流电压。若α=180°，U_o=0，这时θ=0，晶闸管全关断。

根据欧姆定律，可以计算出电阻负载中整流电流的平均值，此电流即为通过晶闸管的平均电流。

（2）电感性负载（加续流二极管）

上面所讲的是接电阻性负载的情况，实际上遇到较多的是电感性负载，像各种电动机的励磁绕组、各种电感线圈等，它们既含有电感，又含有电阻。有时负载虽然是纯电阻的，但串联了电感线圈等，它们既含有电感，又含有电阻。有时负载虽然是纯电阻的，但串了电感滤波器后，也变为电感性的了。整流电路接电感性负载和接电阻性负载的情况大不相同。

电感性负载可用串联的电感元件 L 和电阻元件 R 表示(图 2-10)。当晶闸管刚触发导通时，电感元件中产生阻碍电流变化的感应电动势（其极性在图 2-10 中为上正下负），电路中电流不能跃变，将由零逐渐上升，如图 2-11（a），当电流到达最大值时，感应电动势为零，而后电流减小，电动势 e_L 也就改变极性，在图 2-10 中为下正上负。此后，在交流电压 u 到达零值之前，e_L 和 u 极性相同，晶闸管当然导通。即使电压 u 经过零值变负之后，只要 e_L 大于 u，晶闸管继续承受正向电压，电流仍将继续流通，如图 2-11（a）所示。只要电流大于维持电流时，晶闸管不能关断，负载上出现了负电压。当电流下降到维持电流以下时，晶闸管才能关断，并且立即承受反向电压，如图 2-11（b）所示。

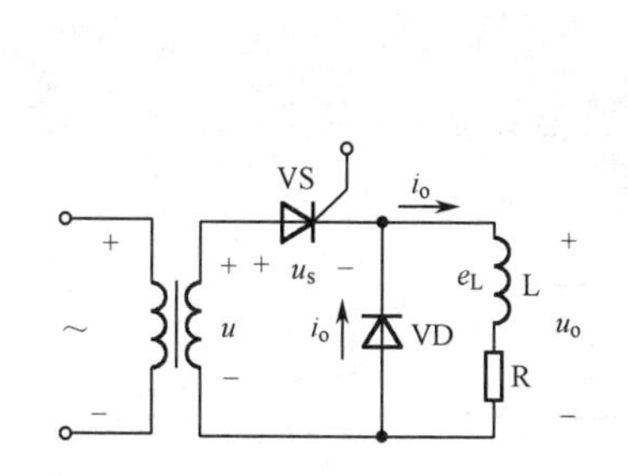

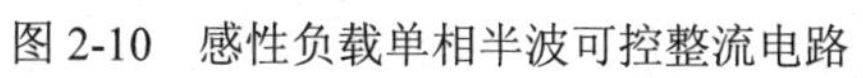
图 2-10　感性负载单相半波可控整流电路

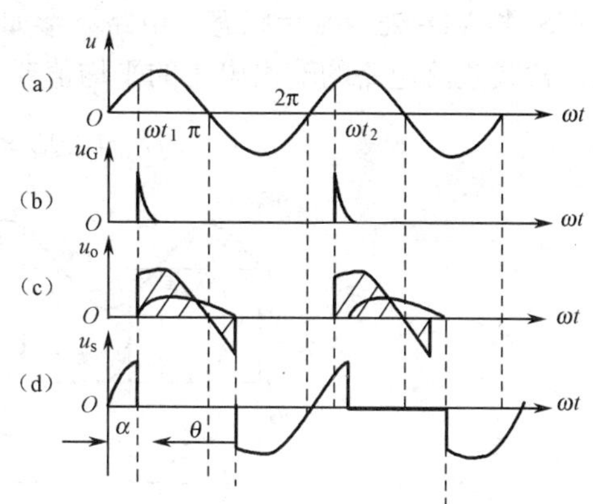

图 2-11　感性负载单相半波可控整流电路波形

综上可见，在单相半波可控整流电路接电感性负载时，晶闸管导通角θ将大于（180°−α）。负载电感越大，导通角θ越大，在一个周期中负载上负电压所占的比重就越大，整流输出电压和电流的平均值就越小。为了使晶闸管在电源电压 u 降到零值时能及时关断，使负载上不出现负电压，必须采取相应措施。

在电感性负载两端并联一个二极管 VD 来解决上述问题，如图 2-10 所示。当交流电压 u 过零值变负后，二极管因承受正向电压而导通，于是负载上由感应电动势 e_L 产生的电流经过

这个二极管形成回路，因此 VD 称为续流二极管。这时负载两端电压近似为零，晶闸管因承受反向电压而关断。负载上消耗的能量就是电感释放的能量。

2. 单相半控桥式整流电路

单相半波可控整流电路虽然具有电路简单、调整方便、使用元件少的优点，但却有整流电压脉动大、输出整流电流小的缺点。较常用的是半控桥式整流电路，简称半控桥，其电路如图 2-12 所示。电路与单相不可控桥式整流电路相似，只是其中两个臂中的二极管被晶闸管所取代。

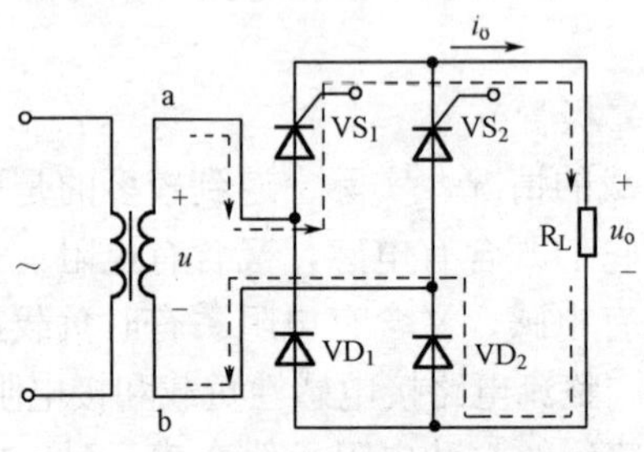

图 2-12　单相半控桥式整流电路

在变压器副边电压 u 的正半周（a 端为正）时，VS_1 和 VD_2 承受正向电压。这时如对晶闸管 VS_1 引入触发信号，则 VS_1 和 VD_2 导通，电流的通路为

$$a \to VS_1 \to R_L \to VD_2 \to b$$

这时 VS_2 和 VD_1 都因承受反向电压而截止。同样，在电压 u 的负半周时，VS_2 和 VD_1 承受正向电压。这时，如对晶闸管 VS_2 引入触发信号，则 VS_2 和 VD_1 导通，电流的通路为

$$b \to VS_2 \to R_L \to VD_1 \to a$$

这时 VS_1 和 VD_2 处于截止状态。电路波形如图 2-13 所示。显然，与单相半波整流图 2-11（c）相比，桥式整流电路的输出电压的平均值要大一倍，即

$$U_o = 0.9U \times \frac{1+\cos\alpha}{2} \tag{2-2}$$

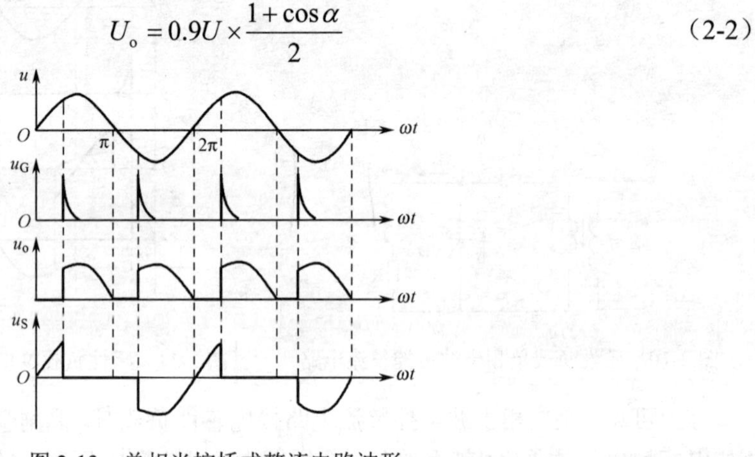

图 2-13　单相半控桥式整流电路波形

2.2.4　晶闸管逆变电路

与整流相对应，能够实现 DC-AC 变换的电路称为逆变电路。逆变电路分有源逆变和无源逆变。这里只介绍无源逆变电路。

交流侧接电网，为有源逆变。交流侧接负载，为无源逆变。

1. 逆变电路的基本工作原理

以单相桥式逆变电路为例，说明其工作原理。

电路如图 2-14、图 2-15 所示。S_1～S_4 是桥式电路的 4 个臂，由电力电子器件及辅助电路组成。S_1、S_4 闭合，S_2、S_3 断开时，负载电压 u_o 为正；S_1、S_4 断开，S_2、S_3 闭合时，负载电压 u_o 为负，把直流电变成了交流电。改变两组开关切换频率，可改变输出交流电频率。

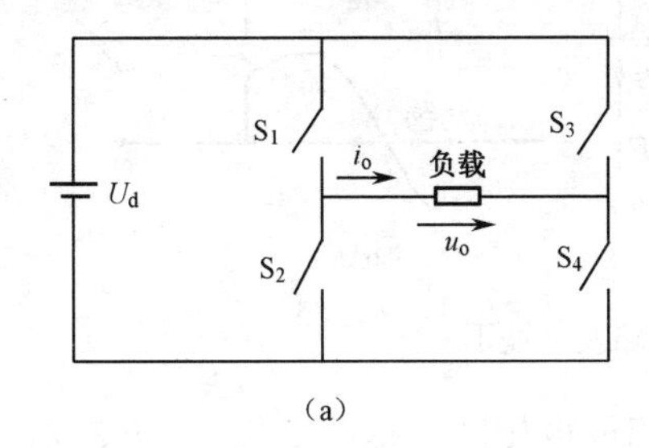

(a)

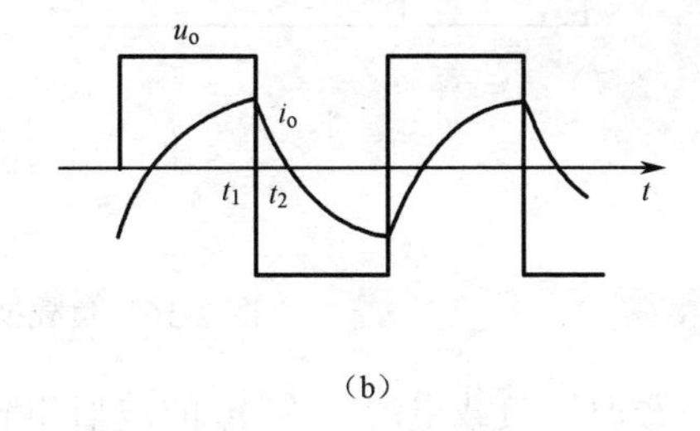

(b)

图 2-14　逆变电路及其波形举例

S_1、S_4闭合，S_2、S_3断开时电路和波形图

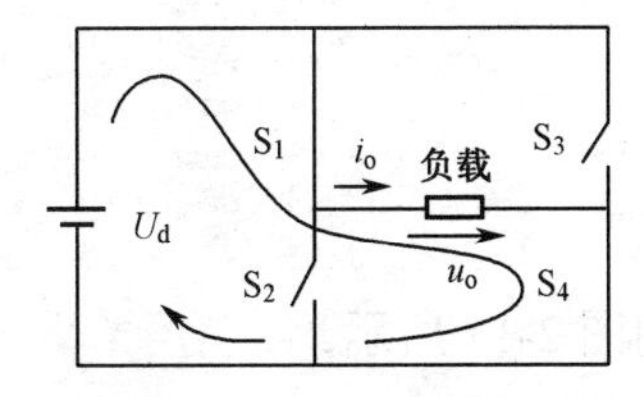

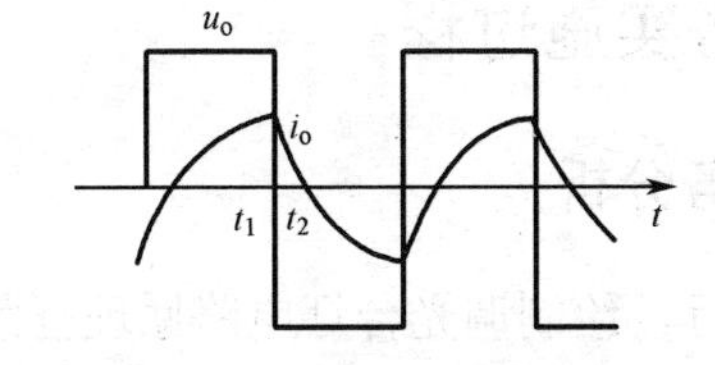

S_2、S_3 闭合，S_1、S_4断开时电路和波形图

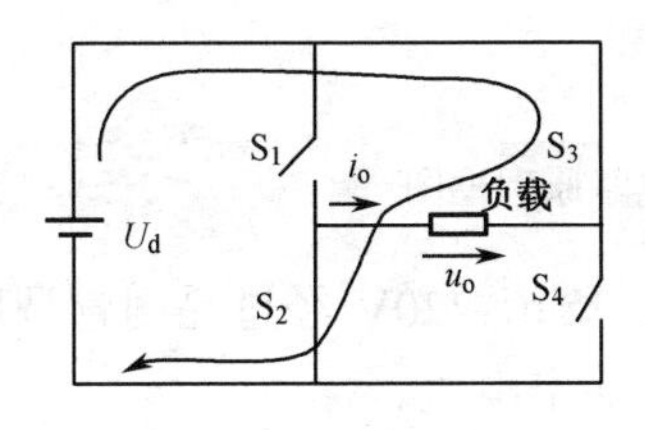

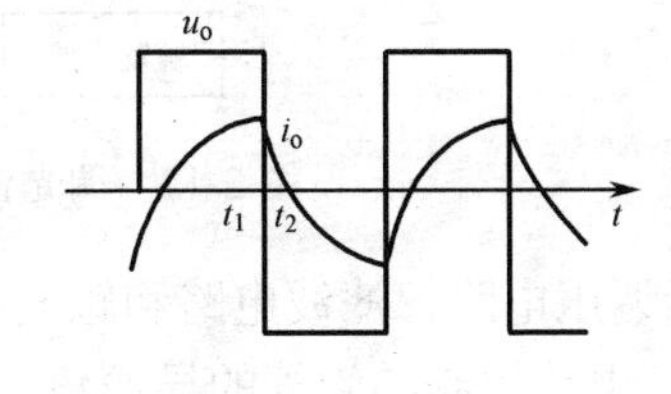

图 2-15　逆变电路分解图及波形

2. 晶闸管逆变电路举例

如图 2-16（a）是基本的负载换流电路，4 个桥臂均由晶闸管组成。整个负载工作在接近并联谐振状态而略呈容性。直流侧串电感，工作过程可认为 i_d 基本没有脉动。

4 个臂的切换仅使电流路径改变，负载电流基本呈矩形波。负载工作在对基波电流接近并联谐振的状态，对基波阻抗很大，对谐波阻抗很小，u_o 波形接近正弦。

t_1 前：VS_1、VS_4 通，VS_2、VS_3 断，u_o、i_o 均为正，VS_2、VS_3 电压即为 u_o。

t_1 时：触发 VS_2、VS_3 使其开通，u_o 加到 VS_4、VS_1 上使其承受反压而关断，电流从 VT_1、VT_4 换到 VS_3、VS_2。

t_1 必须在 u_o 过零前并留有足够裕量，才能使换流顺利完成。

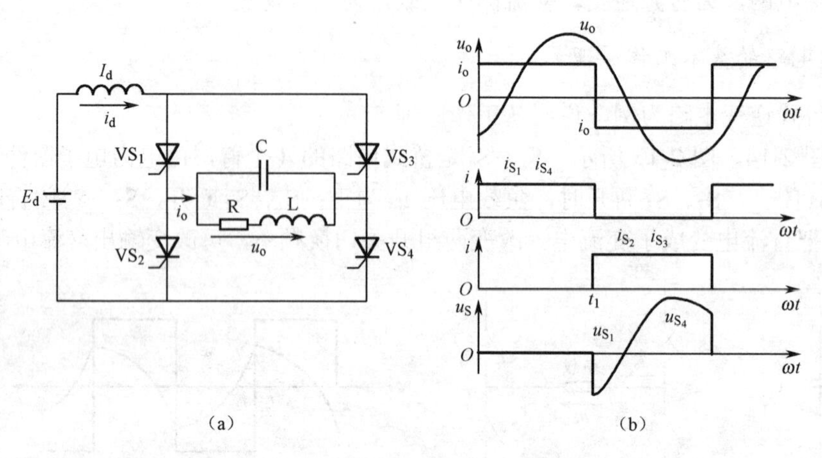

图 2-16 负载换流电路及其波形

阻性负载时，负载电流 i_o 和 u_o 的波形相同，相位也相同。感性负载时，i_o 滞后于 u_o，波形也不同，如图 2-16（b）所示。

2.3 任务实施过程

2.3.1 任务分析

根据任务目标，绘制调光台灯电路原理框图如图 2-17 所示。

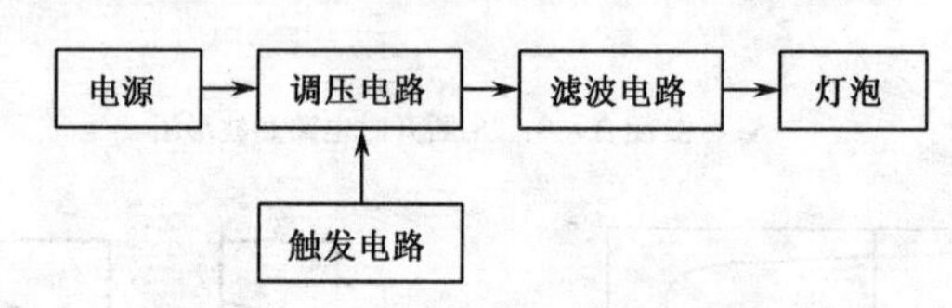

图 2-17 调光台灯电路原理框图

图 2-17 包括调压电路、滤波电路和触发电路。交流 220V 经过晶闸管调压、滤波后去控制灯泡亮暗。触发电路控制晶闸管的导通角，调节输出电压。

2.3.2 任务设计

目前市场上出售的电子调光台灯，多用调节双向晶闸管导通角的方法来控制灯泡两端的电压，从而改变灯泡的亮度，满足不同环境的照明需要。

调光台灯的原理接线图如图 2-18 所示。在图 2-18 电路中，灯泡用交流电压供电，使用双向晶闸管调光，主要由积分移相电路与双向晶闸管主回路组成，负载可以是灯泡、电动机、发热体（如电热毯）等。调节电位器 W 时可连续地调光、调速、调温。该电路中主要是双向晶闸管，可根据流过的最大电流有效值、承受的最高电压峰值等要素选择，晶闸管的额定电流选择取决于负载的大小，家庭用的一般选用 MAC97A6、KP5-7 为宜。

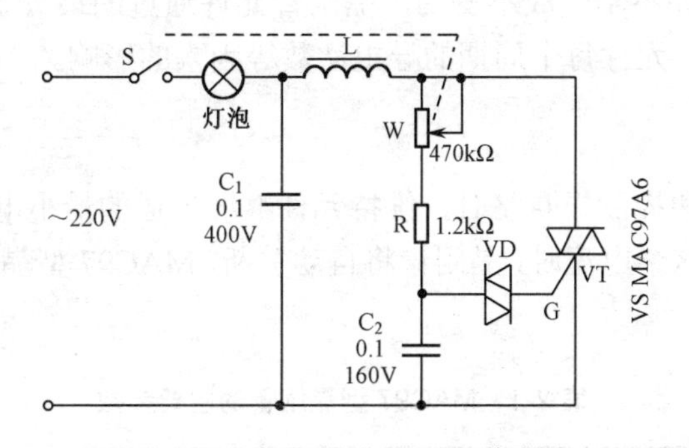

图 2-18　调光台灯的原理接线图

2.3.3　任务实现

在调光电路中，关闭开关 S，220V 交流电源经灯泡、电感 L、W、R 对电容 C_2 充电。当 C_2 两端电压上升到触发二极管 VD 的阻断电压时，VD 开始导通，C_2 通过 VD 向双向晶闸管 VT 的 G 极放电，触发双向晶闸管导通。双向晶闸管导通后，将市电与灯泡接通，灯泡点亮。双向晶闸管的导通角由 W、R 和 C_2 组成的移相网络的充电时间常数 $\tau=(R_W+R)C_2$ 决定，调节 W 的阻值即可改变晶闸管的导通角，改变灯泡两端交流电压，从而起到调光的作用。电路中的 L 和 C_1 组成低通滤波器，防止台灯工作时产生的高次谐波辐射对其他电器的干扰。

2.4　知识链接

2.4.1　晶闸管的主要参数

为了正确地选择和使用晶闸管，还必须了解它的电压、电流等主要参数的意义。晶闸管的主要参数有以下几项：

1. 正向阻断峰值电压 U_{DRM}

在控制极断路和晶闸管正向阻断的条件下，可以重复加在晶闸管两端的正向峰值电压，称为正向重复峰值电压，用符号 U_{DRM} 表示。按规定此电压为正向转折电压的 80%。

2. 反向重复峰值电压 U_{RRM}

在控制极断路时可以重复加在晶闸管元件上的反向峰值电压，称为反向重复峰值电压，用符号 U_{RRM} 表示。按规定此电压为反向转折电压的 80%。

3. 正向平均电流 I_F

在环境温度不大于 40℃和标准散热及全导通的条件下，晶闸管通过的工频正弦半波电流（在一个周期内的）平均值，称为正向平均电流 I_F，简称正向电流。通常所说多少安的晶闸管，就是指这个电流。如果正弦半波电流的最大值为 I_m，则

$$I_F=\frac{1}{2\pi}\int_0^{\pi}I_m\sin\omega t\mathrm{d}(\omega t)=\frac{I_m}{\pi}\tag{2-3}$$

然而，这个电流值并不是一成不变的，晶闸管允许通过的最大工作电流还受冷却条件、环境温度、元件导通角、元件每个周期的导电次数等因素的影响。

4. 维持电流 I_H

在规定的环境温度和控制极断路时，维持元件继续导通的最小电流称为维持电流 I_H。当晶闸管的正向电流小于这个电流时，晶闸管将自动关断。MAC97 型晶闸管的主要参数如表 2-1 所示。

表 2-1 MAC97 型晶闸管的主要参数

型　号	反向重复峰值电压	正向阻断峰值电压	不重复浪涌电流	通态平均电流	维持电流	触发电压	触发电流
	U_{RRM}（V）	U_{DRM}（V）	I_{FSM}（A）	I_F（A）	I_H（μA）	U_G（V）	I_G（mA）
MAC97-6	400	400	8.0	1.0	1～10	2～2.5	10
MAC97-8	600	600					

2.4.2 双向触发二极管简介

双向触发二极管（diode AC switch）简称 DIAC，其结构、符号及特性曲线如图 2-19 所示。由于它结构简单、价格低廉，所以常用来触发双向晶闸管，还可构成过压保护等电路。

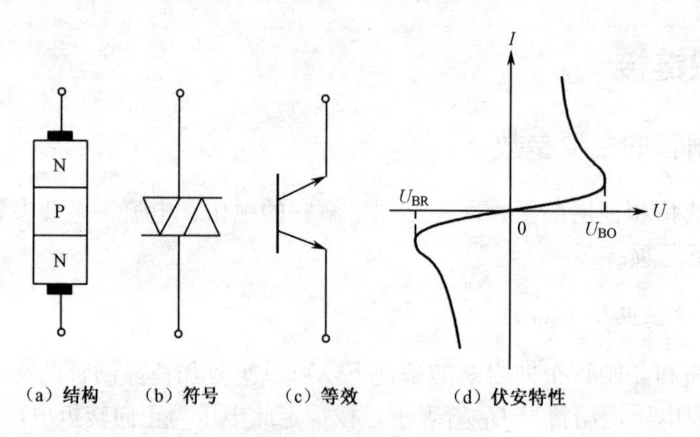

图 2-19　双向触发二极管

图 2-19（a）是它的构造示意图。图 2-19（b）、图 2-19（c）分别是它的符号及等效电路，它是三层、对称性质的二端半导体器件，可等效于基极开路、发射极与集电极对称的 NPN 型晶体管。因此完全可用两只 NPN 晶体管连接来替代。图 2-19（d）是它的伏安特性。其正、反向伏安特性完全对称，如图 2-20 所示。

当器件两端的电压小于正向转折电压 U_{BO} 时，呈高阻态；当 $U>U_{BO}$ 时进入负阻区。同样，当$|U|$超过反向转折电压$|U_{BR}|$时，管子也能进入负阻区。

转折电压的对称性用ΔU_B表示

$$\Delta U_B=U_{BO}-|U_{BR}|$$

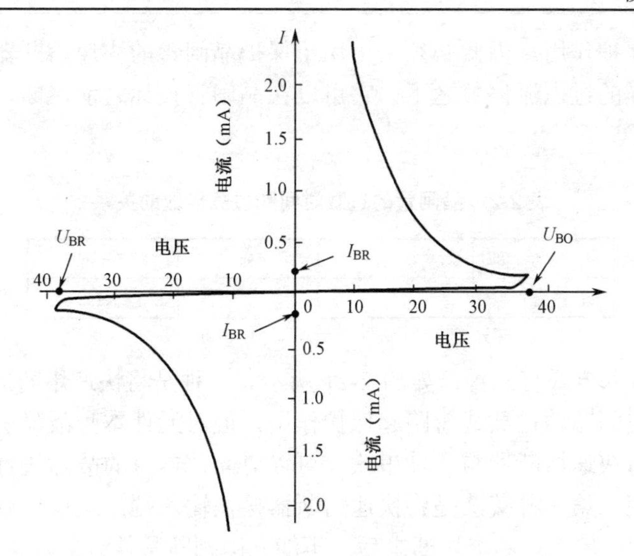

图 2-20　双向触发二极管的伏安特性

一般要求ΔU_B＜2V。例如：测一只 DB3 型二极管，第一次为 27.5V，反向后再测为 28V，则$\Delta U_{(B)}=U_{(BO)}-U_{(BR)}$=28−27.5V=0.5V＜2V，表明该管对称性很好。

双向触发二极管的耐压值 U_{BO} 大致分三个等级：20～60V，100～150V，200～250V。

在实际应用中，除根据电路的要求选取适当的转折电压 U_{BO} 外，还应选择转折电流 I_{BO} 小、转折电压偏差ΔU_B 小的双向触发二极管。

由于转折电压都大于 20V，可以用万用表电阻挡正反向测双向二极管，表针均应不动（R×10k），但还不能完全确定它就是好的。检测它的好坏，可用晶体管耐压测试仪进行检测十分方便，但需提供大于 250V 的直流电压的电源，检测时通过管子的电流不要大于是 5mA。

2.4.3　晶闸管的保护

晶闸管虽然具有很多优点，但是，它们承受过电压和过电流的能力很差，这是晶闸管的主要弱点，因此，在各种晶闸管装置中必须采取适当的保护措施。

1. 晶闸管的过电流保护

由于晶闸管的热容量很小，一旦发生过电流时，温度就会急剧上升而可能把 PN 结烧坏，造成元件内部短路或开路。

晶闸管发生过电流的原因主要有：负载端过载或短路；某个晶闸管被击穿短路，造成其他元件的过电流；触发电路工作不正常或受干扰，使晶闸管误触发，引起过电流。晶闸管承受过电流能力很差，例如一个 100A 的晶闸管，它的过电流能力如表 2-2 所列。这就是说，当 100A 的晶闸管过电流为 400A 时，仅允许持续 0.02s，否则将因过热而损坏。由此可知，晶闸管允许在短时间内承受一定的过电流，所以，过电流保护的作用就在于当发生过电流时，在接通的时间内将过电流切断，以防止元件损坏。

晶闸管过电流保护措施有下列几种：

（1）快速熔断器

普通熔断丝由于熔断时间长，用来保护晶闸管很可能在晶闸管烧坏之后熔断器还没有熔断，这样就起不了保护作用。因此必须采用用于保护晶闸管的快速熔断器。快速熔断器用的是银质熔丝，在同样的过电流倍数之下，它可以在晶闸管损坏之前熔断，这是晶闸管过电流保护的主要措施。

表 2-2　晶闸管的过载时间和过载倍数的关系

过 载 时 间	0.02s	5s	5 min
过 载 倍 数	4	2	1.25

快速熔断器的接入方式有三种，如图 2-21 所示。一种是将快速熔断器接在输出（负载）端，这种接法对输出回路的过载或短路起保护作用，但对元件本身故障引起的过电流不起保护作用。另一种是将快速熔断器与元件串联，可以对元件本身的故障进行保护。以上两种接法一般需要同时采用。第三种接法是将快速熔断器接在输入端，这样可以同时对输出端短路和元件短路实现保护，但是熔断器熔断之后，不能立即判断是什么故障。

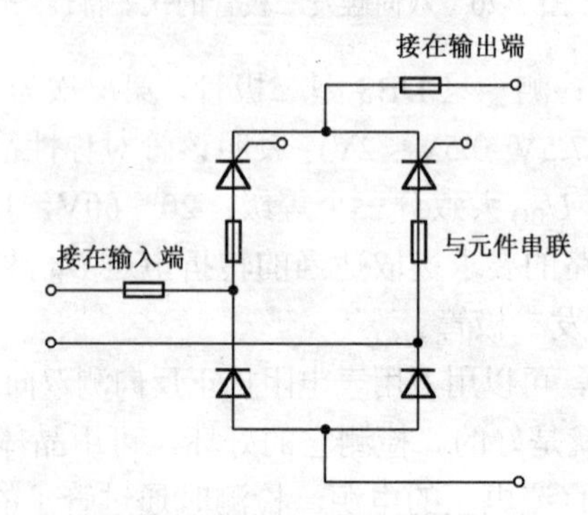

图 2-21　快速熔断器的接入方式

熔断器的电流定额应该尽量接近实际工作电流的有效值，而不是按所保护的元件的电流定额（平均值）选取。

（2）过电流继电器

在输出端（直流侧）装直流过电流继电器，或在输入端（交流侧）经电流互感器接入灵敏的过电流继电器，都可在发生过电流故障时动作，使输入端的开关跳闸。这种保护措施对过载是有效的，但是在发生短路故障时，由于过电流继电器的动作及自动开关的跳闸都需要一定时间，如果短路电流比较大，这种保护方法不很有效。

（3）过流截止保护

利用过电流的信号将晶闸管的触发脉冲移后，使晶闸管的导通角减小或者停止触发。

2. 晶闸管的过电压保护

晶闸管耐过电压的能力极差，当电路中电压超过其反向击穿电压时，即使时间极短，也容易损坏。如果正向电压超过其转折电压，则晶闸管误导通。这种误导通次数频繁时，导通后通过的电流较大，也可能使元件损坏或使晶闸管的特性下降。因此必须采取措施消除晶闸管上可能出现的过电压。

引起过电压的主要原因是因为电路中一般都接有电感元件。在切断或接通电路时，从一个元件导通转换到另一个元件导通时，以及熔断器熔断时，电路中的电压往往都会超过正常值。有时雷击也会引起过电压。

晶闸管过电压的保护措施有下列几种：

（1）阻容保护

可以利用电容来吸收过电压，其实质就是将造成过电压的能量变成电场能量储存到电容器中，然后释放到电阻中去消耗掉。这是过电压保护的基本方法。

阻容吸收元件可以并联在整流装置的交流侧（输入端）、直流侧（输出端）或元件侧，如图2-22所示。

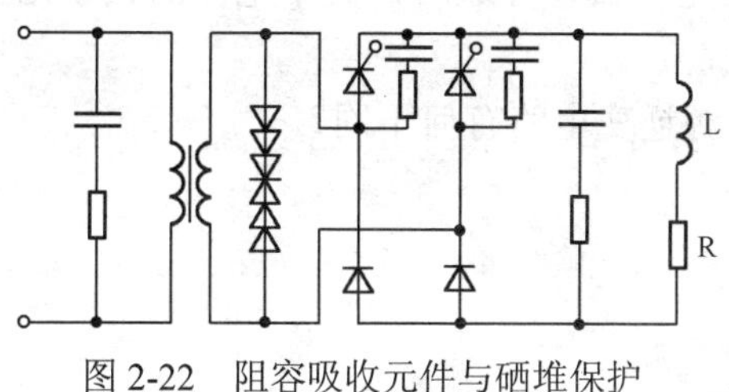

图2-22　阻容吸收元件与硒堆保护

（2）硒堆保护

硒堆（硒整流片）是一种非线性电阻元件，具有较陡的反向特性。当硒堆上电压超过某一数值后，它的电阻迅速减小，而且可以通过较大的电流，把过电压能量消耗在非线性电阻上，而硒堆并不损坏。

硒堆可以单独使用（图2-22），也可以和阻容元件并联使用。

2.5　阶段小结

晶闸管是一种大功率可控整流器件，其主要特点是具有正反向阻断特性和触发导通特性等，广泛用于交流调压（交流开关）、直流逆变（直流开关）等场合。

晶闸管与硅整流二极管相似，都具有反向阻断能力，但晶闸管还具有正向阻断能力，即晶闸管正向导通必须具有一定的条件：阳极加正向电压，同时控制极也加正向触发电压。

晶闸管一旦导通，控制极即失去控制作用。要使晶闸管重新关断，必须做到以下两点之一：一是将阳极电流减小到小于维持电流 I_H；二是将阳极电压减小到零或使之反向。

晶闸管的触发需要触发电路提供触发脉冲。一般情况下，触发电路可由单结管组成。单结管具有负阻特性，与电容组合可实现脉冲振荡。改变电容充放电的快慢（τ 的大小），可改变第一个触发脉冲出现的时刻，从而控制晶闸管导通的时间，实现晶闸管可控。

在使用晶闸管时，要了解它的参数并知道其含义。晶闸管的主要缺点是过载能力和抗干扰能力差，因此在电路中要对晶闸管采取保护措施和吸收电路来抑制干扰。

2.6　边学边议

1. 使晶闸管导通的条件是什么？
2. 晶闸管的主要工作特性。
3. 维持晶闸管导通的条件是什么？怎样才能使晶闸管由导通变为关断？

4. 单相桥式半控整流电路，电阻性负载，画出整流二极管在一周内承受的电压波形。

5. 有一纯电阻负载，需要可调的直流电源：电压 U_o=0～180V，电流 I_o=0～6A。现采用单相半控桥式整流电路图 2-12，试求交流电压的有效值，并选择整流元件。

6. 晶闸管控制极所需的触发脉冲是怎么产生的?

7. 用万用表可以区分晶闸管的三个电极吗?怎样测试晶闸管的好坏?

8. 晶闸管的优缺点。

9. 在桥式整流电路中，把二极管都换成晶闸管是不是就成了可控整流电路了呢?

10. 晶闸管导通的条件是什么？导通时，其中电流的大小由什么决定？晶闸管阻断时，承受电压的大小由什么决定？

11. 无源逆变电路和有源逆变电路有何不同？

2.7 知识阅读

世界第一只晶体管诞生

1947 年 12 月 23 日，美国贝尔实验室的肖克莱、巴丁和布拉顿组成的研究小组，研制出一种点接触型的锗晶体管（图 2-23）。晶体管的问世，是 20 世纪的一项重大发明，是微电子革命的先声。晶体管出现后，人们就能用一个小巧的、消耗功率低的电子器件，来代替体积大、功率消耗大的电子管了。

图 2-23 1947 年诞生的世界上第一只晶体管

晶体管的发明，最早可以追溯到 1929 年，当时工程师利莲费尔德就已经取得一种晶体管的专利。但是，限于当时的技术水平，制造这种器件的材料达不到足够的纯度，而使这种晶体管无法制造出来。

由于电子管处理高频信号的效果不理想，人们就设法改进矿石收音机中所用的矿石触须式检波器。在这种检波器里，有一根与矿石（半导体）表面相接触的金属丝（像头发一样细且能形成检波接点），它既能让信号电流沿一个方向流动，又能阻止信号电流朝相反方向流动。在第二次世界大战爆发前夕，贝尔实验室在寻找比早期使用的方铅矿晶体性能更好的检波材料时，发现掺有某种极微量杂质的锗晶体的性能不仅优于矿石晶体，而且在某些方面比电子管整流器还要好。

在第二次世界大战期间，不少实验室在有关硅和锗材料的制造和理论研究方面，也取得了不少成绩，这就为晶体管的发明奠定了基础。

为了克服电子管的局限性，第二次世界大战结束后，贝尔实验室加紧了对固体电子器件的基础研究。肖克莱等人决定集中研究硅、锗等半导体材料，探讨用半导体材料制作放大器件的可能性。

1945 年秋天，贝尔实验室成立了以肖克莱为首的半导体研究小组，成员有布拉顿、巴丁等人。布拉顿早在 1929 年就开始在这个实验室工作，长期从事半导体的研究，积累了丰富的经验。他们经过一系列的实验和观察，逐步认识到半导体中电流放大效应产生的原因。布拉顿发现，在锗片的底面接上电极，在另一面插上细针并通上电流，然后让另一根细针尽量靠近它，并通上微弱的电流，这样就会使原来的电流产生很大的变化。微弱电流少量的变化，会对另外的电流产生很大的影响，这就是“放大”作用。

布拉顿等人还想出有效的办法，来实现这种放大效应。他们在发射极和基极之间输入一个弱信号，在集电极和基极之间的输出端，就放大为一个强信号了。在现代电子产品中，上述晶体三极管的放大效应得到广泛的应用。

巴丁和布拉顿最初制成的固体器件的放大倍数为 50 左右。不久之后，他们利用两个靠得很近（相距 0.05mm）的触须接点，来代替金箔接点，制造了“点接触型晶体管”。1947 年 12 月，这个世界上最早的实用半导体器件终于问世了，在首次试验时，它能把音频信号放大 100 倍，它的外形比火柴棍短，但要粗一些。

在为这种器件命名时，布拉顿想到它的电阻变换特性，即它是靠一种从“低电阻输入”到“高电阻输出”的转移电流来工作的，于是取名为 trans-resister（转换电阻），后来缩写为 transister，中文译名就是晶体管。

由于点接触型晶体管制造工艺复杂，致使许多产品出现故障，它还存在噪声大、在功率大时难于控制、适用范围窄等缺点。为了克服这些缺点，肖克莱提出了用一种“整流结”来代替金属半导体接点的大胆设想（图 2-24）。半导体研究小组又提出了这种半导体器件的工作原理。

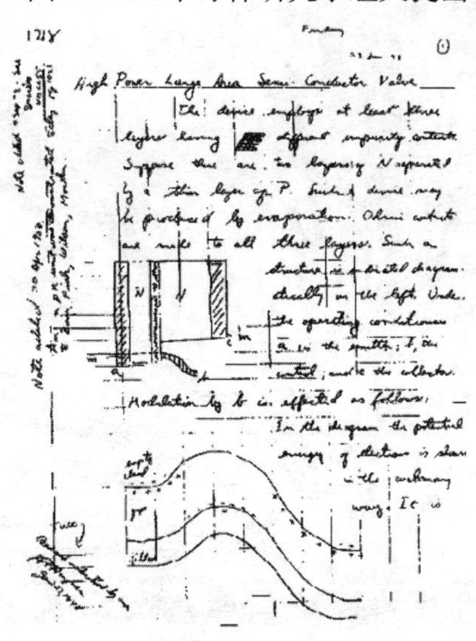

图 2-24　肖克莱 1948 年 1 月 23 日“构思”笔记

1950 年，第一只“面结型晶体管”问世了，它的性能与肖克莱原来设想的完全一致。今天的晶体管，大部分仍是这种面结型晶体管。

1956 年，肖克莱、巴丁、布拉顿三人，因发明晶体管同时荣获诺贝尔物理学奖。

模块 2

基本放大电路

课题 1　基本放大电路的应用

任务 3　电子助听器的设计

3.1　任务目标

- 知道基本放大电路的组成、工作原理及静态工作点对放大器工作点的影响。
- 知道分压式偏置电路的结构及工作原理。
- 知道三种组态放大器的基本特点，并在电路中应用。
- 完成电子助听器的设计任务。

3.2　知识积累

3.2.1　放大器的基本概念

放大电路（简称放大器）的功能是把微弱的电信号（电压、电流）进行有限的放大，得到所需的电信号。放大器是模拟电子线路中最基本的电路形式，它是构成其他功能电路的核心基础。它广泛用于各种电子设备中，如扩音机、电视机、音响设备、仪器仪表、自动控制系统等电路中。

在电子技术中所说的“放大”，是指用一个小的变化量去控制一个较大量的变化，使变化量得到放大。同时，要求两者的变化情况完全一致，不能“失真”，即要求大的变化量和小的变化量成比例，实现所谓的“线性放大”。从能量（功率）的观点看，则是用小的能量来控制大的能量，放大电路就是利用晶体管来实现能量控制的。最后负载上获得的较大的功率似乎是由晶体管提供的（实质上只是实现了能量控制与转换），因此把晶体管叫做“有源器件”。例如，扩音机就是一种比较典型的电子设备，它的核心部分是放大电路。扩音机的组成部分示意图如图 3-1 所示。扩音机放大的对象是音频（频率从几十赫兹到 20kHz 左右）信号。扩音机的输入信号从话筒、电唱机或录放机等送来，它的输出信号则送到扬声器（喇叭）。扩音机的放大电路至少要满足两个条件：一是输出端扬声器中发出的音频功率一定要比输入端话筒的大得多，这样才能使音频信号（声音）得到放大。扬声器所需的能量是由外接电源供给的，而话筒送来的信号只是起着控制输出端较大能量的作用。二是扬声器中音频信号的变化必须与话筒中音频信号的变化一致，也就是不能失真，或者使失真的程度在允许的范围内。如果扩音机失真度很大，说话听不清，乐曲变噪声，那就失去扩音的意义了。

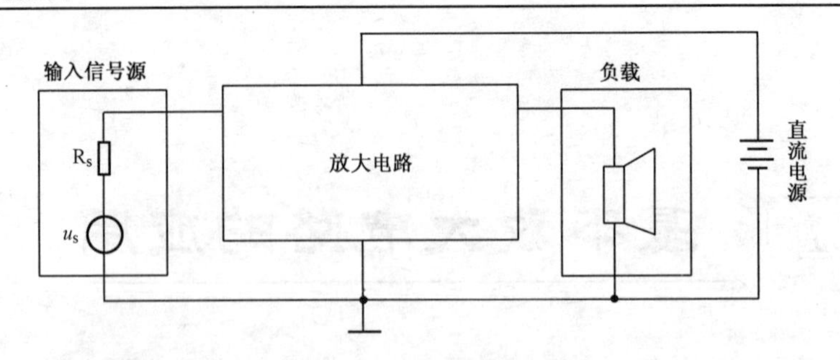

图 3-1　扩音机组成示意图

3.2.2　放大电路的主要性能指标

一个放大电路的性能如何，可以用许多性能指标来衡量。为了便于分析，将放大电路用图 3-2 所示的有源线性四端网络表示，其中，1-1′ 端为放大电路的输入端，R_s 为信号源内阻，u_s 为信号源电压，此时放大电路的输入电压和电流分别为 u_i 和 i_i。2-2′ 端为放大电路的输出端，接实际负载电阻 R_L，u_o、i_o 分别为放大电路的输出电压和输出电流。图中电压、电流的参考方向符合线性四端网络的一般规定。

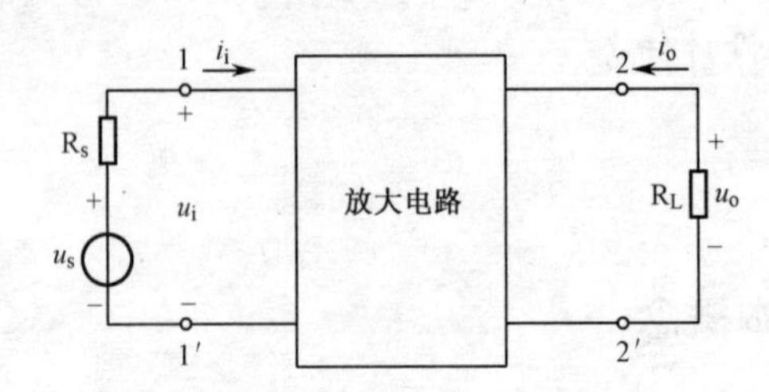

图 3-2　放大电路四端网络表示法

一般说来，上述有源线性四端网络中均含有电抗元件，不过，在放大电路工作频段（通常将这个频段称为中频段），这些电抗元件的影响均可忽略，有源线性四端网络实际上是电阻性的。在线性电阻网络中，输出信号具有与输入信号相同的波形，仅幅度或极性有所变化。因此，为了使符号具有普遍意义，不论输入信号是正弦信号还是非正弦信号，各电量统一用瞬时值表示。

1.　放大倍数

放大倍数是衡量放大电路放大能力的指标，它有电压放大倍数、电流放大倍数和功率放大倍数等表示方法，其中电压放大倍数应用最多。

电压放大倍数表示放大器放大信号电压的能力。其定义为放大器输出电压 u_o 与输入端电压 u_i 之比，用 A_u 表示，即

$$A_u = u_o / u_i$$

电流放大倍数表示放大器放大信号电流的能力。其定义为放大器输出电流 i_o 与输入端电流 i_i 之比，用 A_i 表示，即

$$A_i = i_o / i_i$$

功率放大倍数表示放大器放大信号功率的能力。其定义为放大器的输出功率 P_o 与输入功

率 P_i 之比，用 A_p 表示，即

$$A_P = \frac{P_o}{P_i}$$

工程上常用分贝(dB)来表示放大倍数，称为增益，它们的定义分别为

电压增益 A_u (dB)=20lg$|A_u|$

电流增益 A_i (dB)=20lg$|A_i|$

功率增益 A_p (dB)=10lg$|A_p|$

例如，某放大电路的电压放大倍数$|A_u|$=100，则电压增益为 40dB。

2. 输入电阻

放大电路的输入电阻是从输入端 1-1′ 向内看进去的等效电阻，它等于放大电路输出端接实际负载电阻 R_L 后，输入电压 u_i 与输入电流 i_i 之比，即

$$R_i = u_i / i_i$$

对于信号源来说，R_i 就是它的等效负载，如图 3-3 所示。由图可得

$$u_i = u_s \frac{R_i}{R_s + R_i}$$

可见，R_i 的大小反映了放大电路对信号源的影响程度。

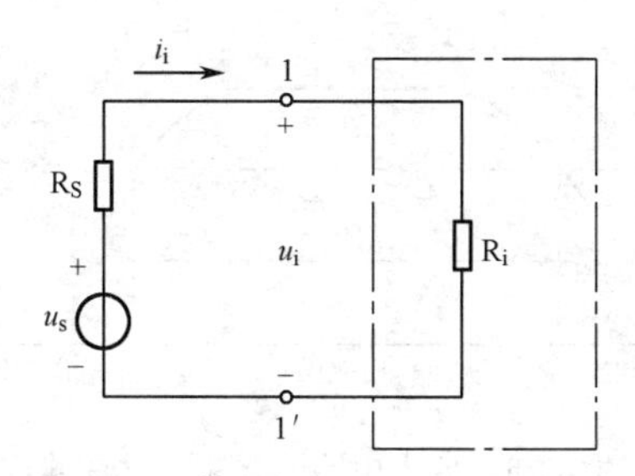

图 3-3　放大电路输入等效电路

3. 输出电阻

放大电路的输出电阻 R_o 直接影响它带负载的能力。例如，在扩音机里放大电路的负载是扬声器。如果扬声器数目增多，放大电路的输出电压就会下降，扬声器发出的声音就会减小。

放大电路的输出电阻就是断开负载后（这点要注意），从放大电路输出端看进去的等效交流电阻。图 3-4 中的 u_o' 表示在断开负载时的输出电压（即空载输出电压）。可以用不同的方法来确定输出电阻 R_o。下面介绍一种方法不要求测量电流，比较方便，在实践中经常采用。在输入端加信号，测出断开负载（空载）时的输出电压 u_o'。然后接上负载，再测此时的输出电压 u_o。可以证明

$$R_o = \left(\frac{u_o'}{u_o} - 1\right) R_L$$

必须指出，以上所讨论的放大电路输入电阻和输出电阻不是直流电阻，而是在线性运用

情况下的交流电阻，用符号 R 带有小写字母下标 i 和 o 表示。

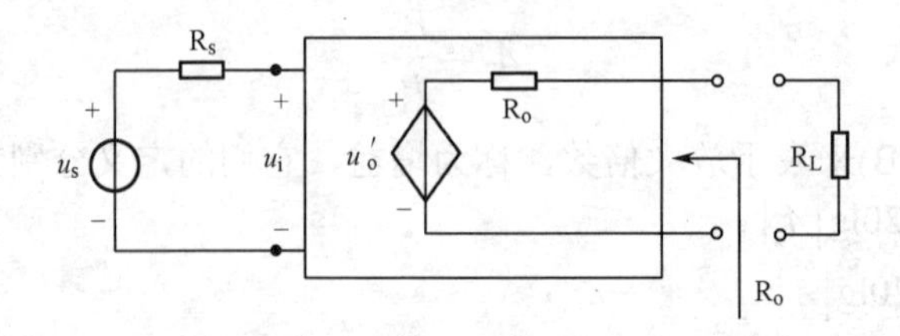

图 3-4　放大电路的输出电阻示意图

4. 通频带与频率失真

输入信号的频率往往是在一定范围内变化的。例如，人的说话和歌声中包含着从低到高的很多频率分量。要使放大后的信号不失真，就要求放大电路对不同频率的输入信号有相同的放大能力。频率特性就是指放大电路的放大倍数（包括幅值和相位）与频率的关系。为了使输出信号不失真，要求在输入信号所处的频率范围内，放大电路的电压放大倍数的幅值 A_u 几乎不变。实际上，在输入信号频率较低或较高时，由于放大电路中通常含有电抗元件（外接的或有源放大器件内部寄生的），它们的电抗值与信号频率有关，A_u 总是要下降的，如图 3-5 所示。

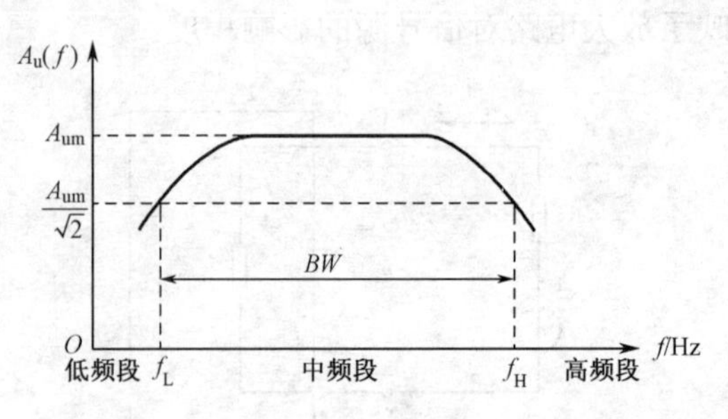

图 3-5　放大电路的幅频特性曲线

一般情况下，在中频段的放大倍数不变，用 A_{um} 表示，在低频段和高频段放大倍数都将下降，当下降到 $\frac{A_{um}}{\sqrt{2}}$ 时的频率 f_L 和 f_H 分别叫做放大电路的下限截止频率和上限截止频率。f_L 和 f_H 之间的频率范围称为放大电路的通频带，用 BW 表示，即放大电路所需的通频带由输入信号的频带来确定。为了不失真地放大信号，要求放大电路的通频带应大于信号的频带。如果放大电路的通频带小于信号的频带，由于信号的低频段或高频段的放大倍数下降过多，放大后的信号不能重现原来的形状，也就是输出信号产生了失真。这种失真称为放大电路的频率失真，由于它是线性电抗元件引起的，在输出信号中并不产生新的频率成分，仅是原有各频率分量的相对大小和相位发生了变化，故这种失真是一种线性失真。

3.2.3　基本放大电路

在电子设备中，经常要把微弱的电信号放大，以便推动执行元件工作。由三极管组成的基本放大电路是电子设备中应用最为广泛的基本单元电路，也是分析其他复杂电子线路的基础。下面以应用最广泛的共发射极放大电路为例来说明它的组成及静态工作点的设置。

1. 放大电路的基本组成

图 3-6 是共发射极接法的基本放大电路，输入端接交流信号源，输入电压为 u_i，输出端接负载电阻 R_L，输出电压为 u_o。

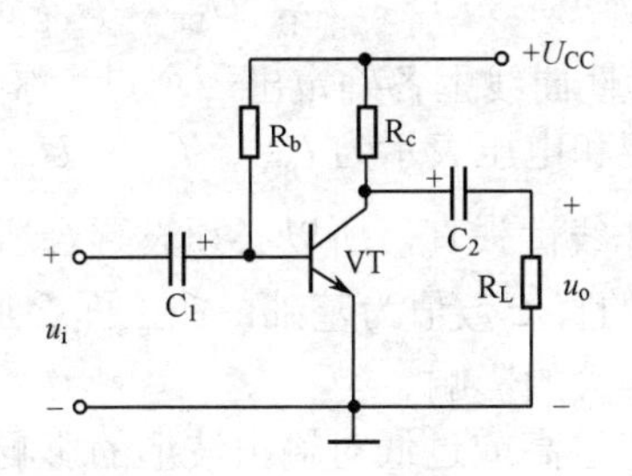

图 3-6　共发射极放大电路

（1）电路中各元件的作用

① 三极管 VT——三极管 VT 是放大电路中的核心元件，起电流放大作用。

② 直流电源 U_{CC}——直流电源 U_{CC} 一方面与 R_b、R_c 相配合，保证三极管的发射结正偏和集电结反偏，即保证三极管工作在放大状态；另一方面为输出信号提供能量。U_{CC} 的数值一般为几至几十伏。

③ 基极偏置电阻 R_b——基极偏置电阻 R_b 与 U_{CC} 配合，决定了放大电路基极电流 I_{BQ} 的大小。R_b 的阻值一般为几十至几百千欧。

④ 集电极负载电阻 R_c——集电极负载电阻 R_c 的主要作用是将三极管集电极电流的变化量转换为电压的变化量，反映到输出端，从而实现电压放大。R_c 的阻值一般为几至几十千欧。

⑤ 耦合电容 C_1 和 C_2——耦合电容 C_1 和 C_2 起“隔直通交”作用，一方面隔离放大电路和信号源与负载之间的直流通路；另一方面使交流信号在信号源、放大电路、负载之间能顺利地传送。C_1、C_2 一般为几至几十微法的电解电容。

三极管有三个电极，由它构成的放大电路形成两个回路，即信号源、基极、发射极形成输入回路，负载、集电极、发射极形成输出回路。发射极是输入、输出回路的公共端，所以，该电路被称为共发射极放大电路。

电路图中，符号“⊥”表示电路的参考零电位，又称为公共参考端，它是电路中各点电压的公共端点。这样，电路中各点的电位实际上就是该点与公共端点之间的电压。“⊥”的符号俗称“接地”，但实际上并不一定需要真正接大地。

（2）放大电路中电流电压符号使用规定

任何放大电路都是由两大部分组成的：一是直流偏置电路，二是交流信号通路，因此，放大电路中的电流和电压有交、直流之分。为了清楚地表示这些电量，其表示的符号作如下规定：

① 直流量：字母大写，下标大写，如 I_B、I_C、U_{BE}、U_{CE}。

② 交流量的瞬时值：字母小写，下标小写，如 i_b、i_c、u_{be}、u_{ce}。

③ 交、直流叠加量：字母小写，下标大写，如 i_B、i_C、u_{BE}、u_{CE}。

④ 交流量的有效值：字母大写，下标小写，如 I_b、I_c、U_{be}、U_{ce}。

2. 放大电路静态工作点的设置

放大电路输入端未加交流信号（即u_i=0）时，电路的工作状态称为直流状态，简称静态。

当电路中的U_{cc}、R_c，R_b确定后，I_B、I_C、U_{BE}、U_{CE}也就确定下来。对应于这四个数值，可在三极管的输入和输出特性曲线上各确定出一个点，称为放大电路的静态工作点，用Q表示。习惯上把静态时的各电流和电压表示为I_{BQ}、I_{CQ}、U_{BEQ}、U_{CEQ}。

Q点过高或过低都将产生非线性失真，所以必须设置合适的Q点。对于三极管来说，有信号时的电压、电流是以Q点的直流数值为基础，在上面叠加一个交流信号得到的。Q点数值取得是否合适，对放大器有很大的影响。

图3-7所示波形表现出Q点过高或过低对输出波形的影响。这里只画出了i_c的波形，其他波形可以对应画出。工作点I_{CQ1}过低，集电极i_c可以增加，但没有减小的空间。信号较小时（细线图）时不失真，信号稍大，下半部就产生失真，这种失真称为截止失真。工作点I_{CQ2}过高，集电极电流i_c可以减小，但没有增加的空间，信号较小（细线图）时不失真，信号稍大，上半部就产生失真，这种失真称为饱和失真。工作点I_{CQ0}选得最合适，它使输出波形上、下半周同时达到最大值，若信号过大，则使上、下部分同时失真，即双向失真，所以I_{CQ0}是放大器的最佳工作点。不失真的最大输出称为放大器的动态范围。调节基极偏置电阻R_b可以找到最佳工作点。

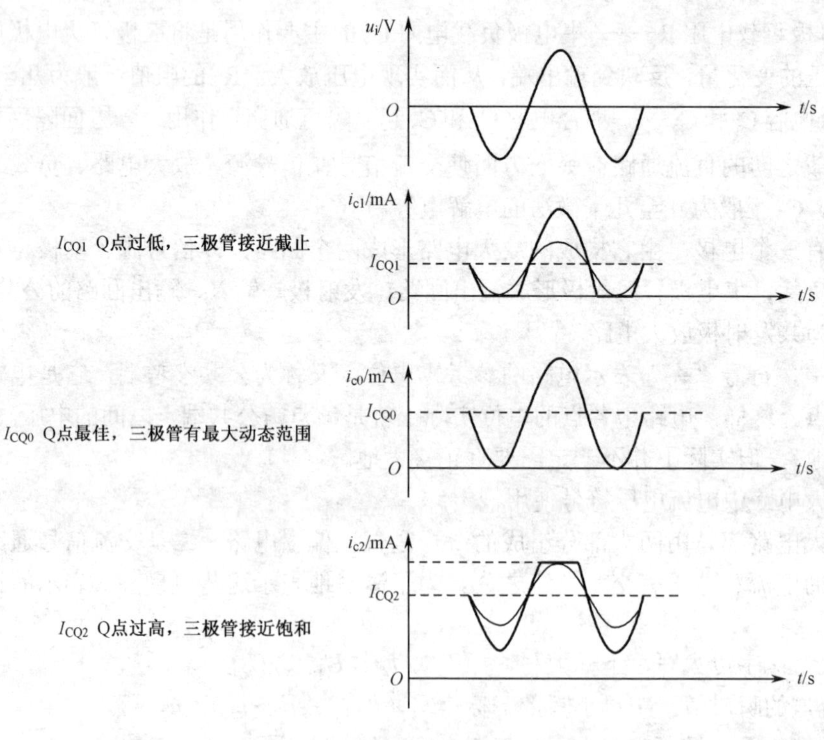

图3-7　静态工作点Q的选择

由此可见，构成一个放大电路，必须遵循以下原则：

① 晶体管应工作在放大状态。即发射结正向偏置，集电结反向偏置。

② 信号电路应畅通。输入信号能从放大电路的输入端加到晶体管的输入极上，信号放大后能顺利地从输出端输出。

③ 放大电路静态工作点应选择合适且稳定，输出信号的失真程度（即放大后的输出信号波形与输入信号波形不一致的程度）不能超过允许的范围。

3. 放大电路的基本分析方法

（1）直流通路与交流通路

在图 3-8 所示的共发射极放大电路中，因为有直流电源 U_{CC} 和交流输入信号 u_i，所以电路中既有直流量又有交流量。

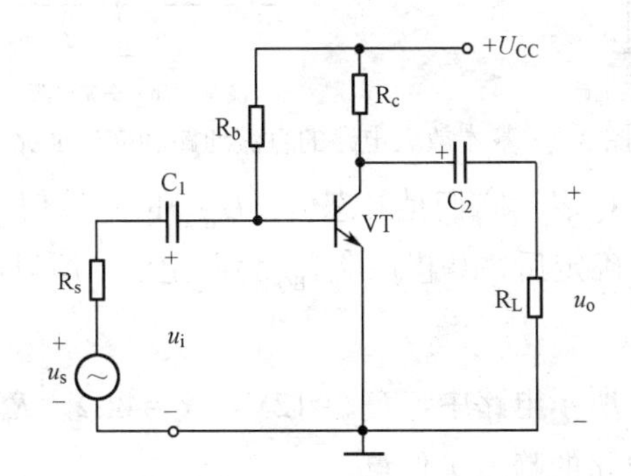

图 3-8　共发射极放大电路

由于耦合电容的存在，直流量所流经的通路和交流量所流经的通路是不相同的。在研究电路性能时，通常将直流电源对电路的作用和输入交流信号对电路的作用分别进行讨论。

直流通路是指当输入信号为零时在直流电源作用下直流量流通的路径，亦称为静态电流流通通路，由此通路可以确定电路的静态工作点。

交流通路是指在输入信号作用下交流信号流通的路径，由此通路可以分析电路的动态参数和性能。

画放大电路的直流通路时，其原则是：将信号源视为短路，内阻保留，将电容视为开路。对于图 3-8 所示的放大电路，将耦合电容 C_1、C_2 开路后的直流通路如图 3-9（a）所示。从直流通路可以看出，直流量是与信号源内阻 R_S 和输出负载 R_L 均无关的。

画放大电路的交流通路时，其原则是：将耦合电容和旁路电容视为短路；将内阻近似为零的直流电源也视为短路（电源上不产生交流压降）。在图 3-8 所示的放大电路中，将耦合电容 C_1、C_2 和直流电压 U_{CC} 短路后，交流通路如图 3-9（b）所示。由于 U_{CC} 对地短路，所以电阻 R_b 和 R_c 的对应一端变成接地点了。这时输入信号电压 u_i 加在基极和公共接地端，输出信号电压 u_o 取自集电极和公共接地端。

（2）静态工作点的估算

静态值既然是直流，就可以从电路的直流通路中求得。首先，估算基极电流 I_{BQ}，再估算集电极电流 I_{CQ} 和集–射电压 U_{BEQ}，如图 3-9（a）所示，可知

$$I_{BQ}=\frac{U_{CC}-U_{BEQ}}{R_b} \tag{3-1}$$

$$I_{CQ}=\beta I_{BQ} \tag{3-2}$$

$$U_{CEQ}=U_{CC}-I_{CQ}\ R_C \tag{3-3}$$

当$U_{CC}\geqslant U_{BEQ}$时，式（3-1）通常可采用近似估算法计算$I_{BQ}\approx\dfrac{U_{CC}}{R_b}$。

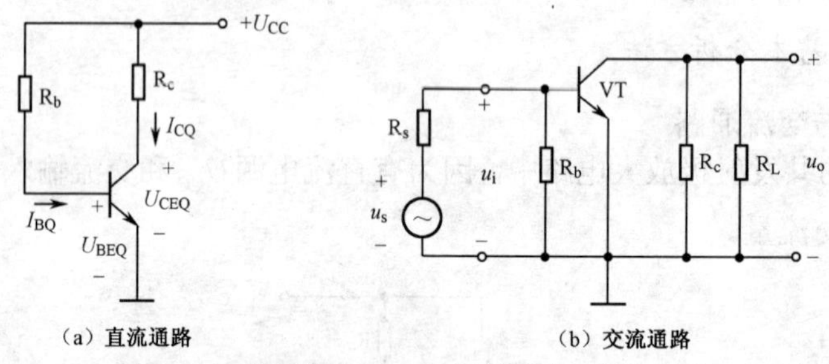

图 3-9　基本放大电路的直流通路和交流通路

上述公式中各量的下标 Q 表示它们是静态值。U_{BEQ}的估算值，对硅管取 0.7V；对锗管取 0.3V。当电路参数U_{CC}和R_b确定后，基极电流I_{BQ}为固定值，所以图 3-9 所示电路又称为固定偏置共射放大电路。

【例 3-1】设图 3-9（a）所示电路中，U_{CC}=12V，R_c=4kΩ，R_b=200kΩ，锗材料三极管的电流放大系数β=30，试求电路的静态工作点。

解：由上述分析可得

$$I_{BQ}=\frac{U_{CC}-U_{BEQ}}{R_b}\approx\frac{U_{CC}}{R_b}=\frac{12\text{V}}{200\text{k}\Omega}=60\mu\text{A}$$

$$I_{CQ}=\beta I_{BQ}=(30\times60)\mu\text{A}=1.8\text{mA}$$

$$U_{CEQ}=U_{CC}-I_{CQ}\ R_c=(12-1.8\times4)\text{V}=4.8\text{V}$$

（3）微变等效电路法

当放大电路工作在小信号范围内时，可利用微变等效电路来分析放大电路的动态指标，即输入电阻r_i，输出电阻r_o和电压放大倍数A_u。

① 三极管的微变等效电路

三极管是非线性元件，在一定的条件（输入信号幅度小，即微变）下可以把三极管看成一个线性元件，用一个等效的线性电路来代替它，从而把放大电路转换成等效的线性电路，使电路的动态分析、计算大大简化。

首先，从三极管的输入与输出特性曲线入手来分析其线性电路。由图 3-10（a）所示可以看出，当输入信号很小时，在静态工作点 Q 附近的曲线可以认为是直线。这表明在微小的动态范围内，基极电流Δi_B与发射结电压Δu_{BE}成正比，为线性关系。因而可将三极管输入端（即基极与发射极之间）等效为一个电阻r_{be}，常用下式估算

$$r_{be}=300\Omega+(1+\beta)\frac{26(\text{mV})}{I_{EQ}(\text{mA})} \tag{3-4}$$

式中，I_{EQ}是发射极电流的静态值（mA）；r_{be}一般为几百欧到几千欧。

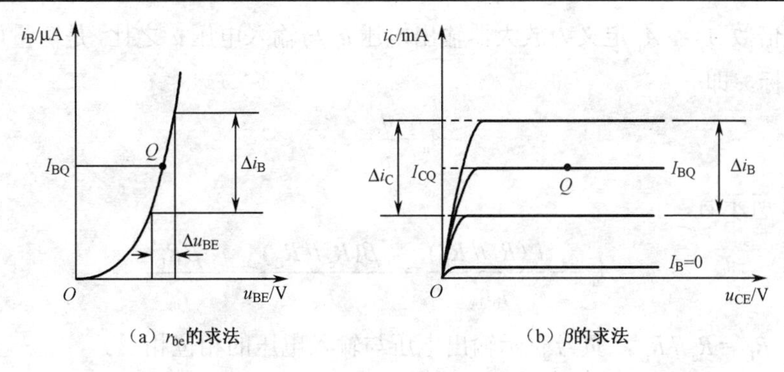

图 3-10　从三极管的特性曲线求 r_{be}、β

图 3-10（b）所示是三极管的输出特性曲线，在线性工作区是一组近似等距离的平行直线。这表明集电极电流 i_C 的大小与集电极电压 u_{CE} 的变化无关，这就是三极管的恒流特性；i_C 的大小仅取决于 i_B 的大小，这就是三极管的电流放大特性。由这两个特性，可以将 i_C 等效为一个受 i_B 控制的恒流源，其内阻 $r_{ce}=\infty$，$i_C=\beta i_B$。

所以三极管的集电极与发射极之间可用一个受控恒流源代替。因此，三极管电路可等效为一个由输入电阻和受控恒流源组成的线性简化电路，如图 3-11 所示。但应当指出，在这个等效电路中，忽略了 u_{ce} 对 i_c 及输入特性的影响，所以又称为三极管简化的微变等效电路。

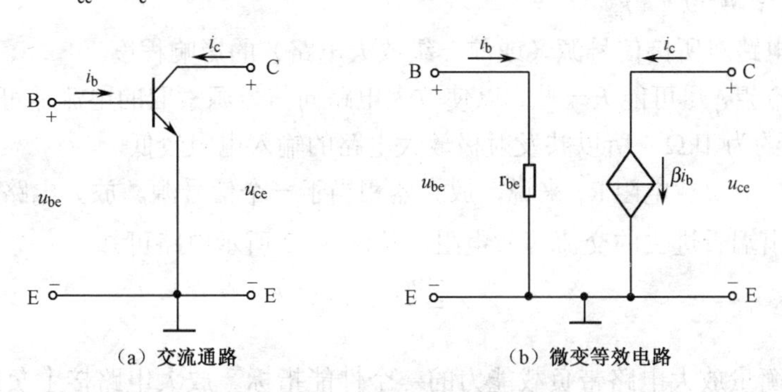

图 3-11　三极管等效电路模型

② 微变等效电路法的应用

利用微变等效电路，可以比较方便地运用电路基础知识来分析放大电路的性能指标。下面仍以图 3-8 所示单管共发射极放大电路为例来说明电路分析过程。

首先，根据图 3-8 画出该电路的交流通路，然后把交流通路中的三极管用其等效电路来代替，即可得到如图 3-12 所示的微变等效电路。

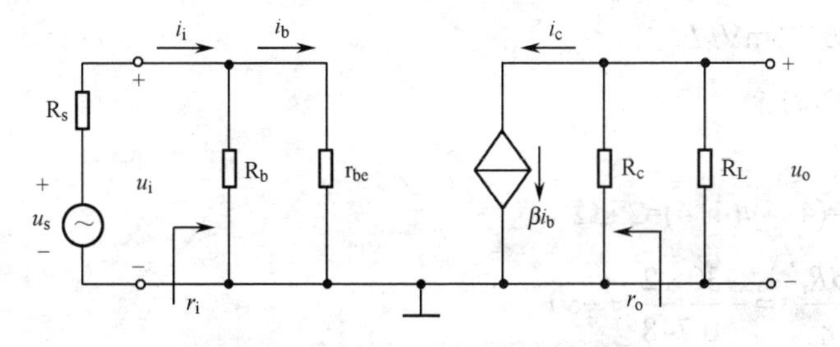

图 3-12　单管共发射极电路的微变等效电路

电压放大倍数 A_u　A_u 定义为放大器输出电压 u_o 与输入电压 u_i 之比，是衡量放大电路电压放大能力的指标。即

$$A_u = \frac{u_o}{u_i} \tag{3-5}$$

如图 3-12 所示有

$$A_u = -\frac{i_c(R_c // R_L)}{i_b r_{be}} = -\frac{\beta(R_c // R_L)}{r_{be}} = -\frac{\beta R_L'}{r_{be}} \tag{3-6}$$

式（3-6）中，$R_L' = R_c // R_L$，负号表示输出电压与输入电压的相位相反。

当不接负载 R_L 时，电压放大倍数为

$$A_u = -\frac{\beta R_C}{r_{be}} \tag{3-7}$$

由式（3-6）可知，接上负载 R_L 后，电压放大倍数 A_u 将有所下降。

输入电阻 r_i　显而易见，放大电路是信号源的一个负载，这个负载电阻就是从放大器输入端看进去的等效电阻。从图 3-12 所示的电路中可知

$$r_i = \frac{u_i}{i_i} = R_b // r_{be} \tag{3-8}$$

一般 $R_b \gg r_{be}$，所以 $r_i \approx r_{be}$

r_i 反映放大电路对所接信号源（或前一级放大电路）的影响程度。

一般来说，希望 r_i 尽可能大一些，以使放大电路向信号源索取的电流尽可能小。由于三极管的输入电阻 r_{be} 约为 1kΩ，所以共发射极放大电路的输入电阻较低。

输出电阻 r_o　对负载电阻 R_L 来说，放大器相当于一个信号源。放大电路的输出电阻就是从放大电路的输出端看进去的交流等效电阻，从图 3-12 所示电路可知

$$r_o = \frac{u_o}{i_o} = R_c \tag{3-9}$$

输出电阻是衡量放大电路带负载能力的一个性能指标。放大电路接上负载后，要向负载（后级）提供能量，所以，可将放大电路看做一个具有一定内阻的信号源，这个信号源的内阻就是放大电路的输出电阻。

【例 3-2】在图 3-12 所示电路中，若已知 R_b=200kΩ，R_c=4kΩ，U_{CC}=12V，β=30，R_L=4kΩ，求 A_u，r_i，r_o。

解：由【例 3-1】已知该电路的 I_{CQ}=1.8mA，因为

$I_{EQ} \approx I_{CQ}$=1.8mA，则由式（3-4）可求出

r_{be}=300 Ω+(1+β)26mV/I_{EQ}

=300+(1+30)26/1.8

≈748Ω

而 $R_L' = R_c // R_L$=(4×4)/(4+4)=2 kΩ

则 $A_u = \frac{u_o}{u_i} = -\frac{\beta R_L'}{r_{be}} = -\frac{30\times 2}{0.748} \approx -80$

$r_i = r_{be} // R_b \approx r_{be} = 748\ \Omega$

$r_o = R_c = 4\ k\Omega$

根据以上分析，可以归纳出使用微变等效电路法分析电路的步骤如下：

① 首先对电路进行静态分析，求出I_{BQ}、I_{CQ}；

② 求出三极管的输入电阻r_{be}；

③ 画出放大电路的微变等效电路；

④ 根据微变等效电路求出A_u、r_i、r_o。

3.2.4　放大电路静态工作点的稳定

前面介绍的固定偏置式共发射极放大电路结构比较简单，电压和电流放大作用都比较大，但其突出的缺点是静态工作点不稳定，电路本身没有自动稳定静态工作点的能力。

1. 温度变化对静态工作点的影响

造成静态工作点不稳定的原因很多，如电源电压波动、电路参数变化、三极管老化等，但主要原因是三极管特性参数（U_{BE}、β、I_{CEO}）随温度的变化而变化，造成静态工作点偏离原来的数值。

三极管的I_{CEO}和β均随环境温度的升高而增大，U_{BE}则随温度的升高而减小，这些都会使放大电路中的集电极电流I_C随温度升高而增加。例如，当温度升高时，对于同样的I_{BQ}（40μA），输出特性曲线将上移。严重时，将使三极管进入饱和区而失去放大能力，这是设计电路时所不希望的。为了克服上述问题，可以从电路结构上采取措施。

2. 稳定静态工作点的措施

稳定静态工作点的典型电路是如图 3-13（a）所示的分压式偏置稳定电路，该电路有以下两个特点：

（1）利用电阻R_{b1}和R_{b2}分压来稳定基极电位

由图 3-13（b）所示放大电路的直流通路，可得

$$I_1 = I_2 + I_{BQ} \tag{3-10}$$

若使$I_1 \gg I_{BQ}$，则$I_1 \approx I_2$，这样，基极电位U_{BQ}为

$$U_{BQ} \approx \frac{R_{b2}}{R_{b1} + R_{b2}} U_{CC} \tag{3-11}$$

所以基极电位U_{BQ}由电源电压U_{CC}经R_{b1}和R_{b2}分压所决定，基本不随温度而变化，且与晶体管参数无关。

（2）由发射极电阻R_e实现静态工作点的稳定

温度上升使I_{CQ}增大时，I_{EQ}随之增大，U_{EQ}也增大，因为基极电位$U_{BQ} = U_{BEQ} + U_{EQ}$恒定，故$U_{EQ}$增大使$U_{BEQ}$减小，引起$I_{BQ}$减小，使$I_{CQ}$相应减小，从而抑制了温度升高引起的$I_{CQ}$的增量，即稳定了静态工作点。其稳定过程如下：

T（℃）↑ ⟶ I_{CQ}↑ ⟶ I_{EQ}↑ ⟶ U_{EQ}↑ ⟶ U_{BEQ}↓ ⟶ I_{BQ}↓ ⟶ I_{CQ}↓

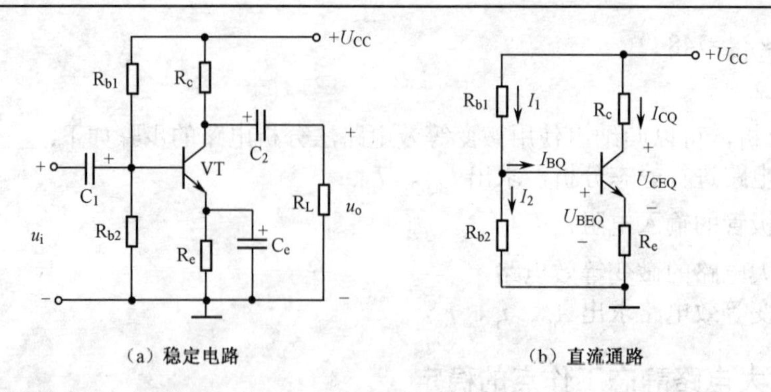

图 3-13　分压式偏置放大电路

通常 $U_{\mathrm{B}} \gg U_{\mathrm{BEQ}}$，所以集电极电流

$$I_{\mathrm{CQ}} \approx I_{\mathrm{EQ}} = \frac{U_{\mathrm{BQ}} - U_{\mathrm{BEQ}}}{R_{\mathrm{e}}} \approx \frac{U_{\mathrm{BQ}}}{R_{\mathrm{e}}} \tag{3-12}$$

根据 $I_1 \gg I_{\mathrm{BQ}}$ 和 $U_{\mathrm{BQ}} \gg U_{\mathrm{BEQ}}$ 两个条件得到的式（3-11）和式（3-12），说明了 U_{BQ} 和 I_{CQ} 是稳定的，基本上不随温度而变化，也与管子的参数β值无关。

【例 3-3】电路如图 3-14 所示，已知晶体管β=40，U_{CC}=12V，R_{b1}=20kΩ，R_{b2}=10kΩ，R_{L}=4kΩ，R_{c}=2kΩ，R_{e}=2 kΩ，C_{e}足够大，试求：静态值 I_{CQ} 和 U_{CEQ}；电压放大倍数 A_{u}；输入电阻 r_{i}，输出电阻 r_{o}。

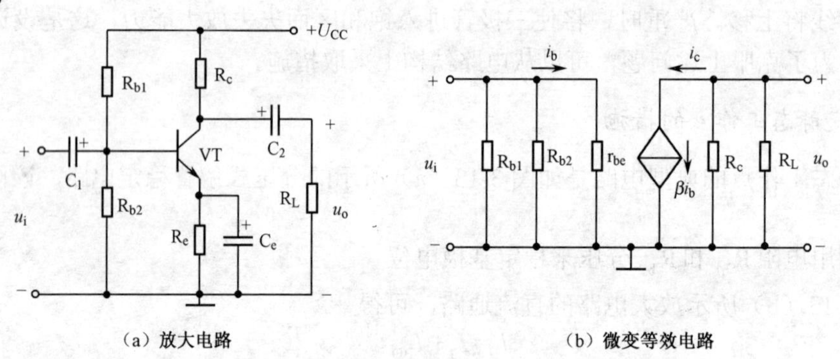

图 3-14　例 3-3 的电路图

解： ① 估算静态值 I_{CQ}、U_{CEQ}

$$U_{\mathrm{B}} \approx \frac{R_{\mathrm{b2}}}{R_{\mathrm{b1}} + R_{\mathrm{b2}}} U_{\mathrm{CC}} = \frac{10}{10+20} \times 12 = 4\mathrm{V}$$

$$I_{\mathrm{CQ}} \approx I_{\mathrm{EQ}} = \frac{(U_{\mathrm{B}} - U_{\mathrm{BEQ}})}{R_{\mathrm{e}}} \approx \frac{U_{\mathrm{B}}}{R_{\mathrm{e}}} = \frac{4}{2000} = 0.002\mathrm{A} = 2\mathrm{mA}$$

$$U_{\mathrm{CEQ}} \approx U_{\mathrm{CC}} - I_{\mathrm{CQ}}(R_{\mathrm{C}} + R_{\mathrm{e}}) = 12 - 2\times(2+2) = 4\mathrm{V}$$

② 估算电压放大倍数 A_{u}

由图 3-14（a）可画出其微变等效电路如图 3-14（b）所示。

由式（3-4）可求出 $r_{\mathrm{be}} = 300\Omega + (1+\beta)\times\dfrac{26}{I_{\mathrm{EQ}}} = 300 + (1+40)\times\dfrac{26}{2} = 833\Omega = 0.83\mathrm{k}\Omega$

$R_L' = R_c // R_L = \frac{2 \times 4}{2+4} = 1.33\text{k}\Omega$

故 $A_u = \frac{u_o}{u_i} = -\frac{i_c R_L'}{i_b r_{be}} = -\beta \frac{R_L'}{r_{be}} = -40 \times \frac{1.33}{0.83} = -64$

③ 估算输入电阻 r_i，输出电阻 r_o

$r_i = R_{b1} // R_{b2} // r_{be} \approx r_{be} = 0.83\text{k}\Omega$

$r_o = R_c = 2\text{k}\Omega$

在图 3-14（a）中，电容 C_e 称为射极旁路电容（一般取 10～100μF），它对直流相当于开路，静态时使直流信号通过 R_e 实现静态工作点的稳定；对交流相当于短路，动态时交流信号被 C_e 旁路掉，使输出信号不会减小，即 A_u 的计算与式（3-6）完全相同。这样既稳定了静态工作点，又没有降低电压放大倍数。

3.2.5　共集电极放大电路

1. 电路组成

共集电极放大电路如图 3-15（a）所示，它是由基极输入信号，发射极输出信号的，所以称为射极输出器。由图 3-15（b）所示的交流通路可见，集电极是输入回路与输出回路的公共端，所以又称为共集放大电路。

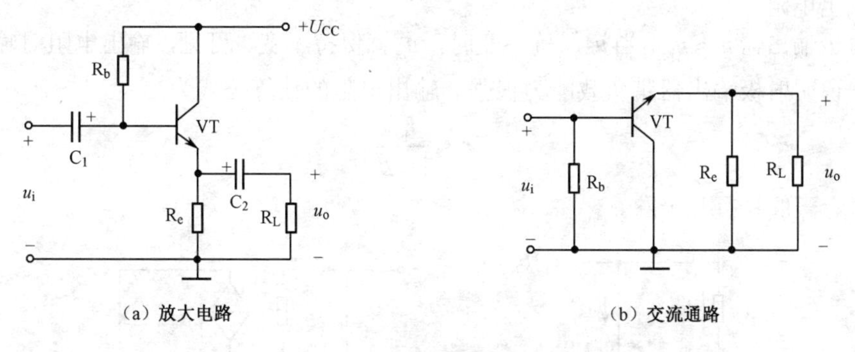

图 3-15　共集电极放大电路

2. 射极输出器的特点

（1）静态工作点稳定

由图 3-16（a）所示的共集放大电路的直流通路可知

$$U_{CC} = I_{BQ} R_b + U_{BEQ} + I_{EQ} R_e \tag{3-13}$$

$$I_{BQ} = \frac{I_{EQ}}{1+\beta} \tag{3-14}$$

于是得

$$I_{CQ} \approx I_{EQ} = \frac{U_{CC} - U_{BEQ}}{R_e + \frac{R_b}{1+\beta}} \tag{3-15}$$

故

$$U_{CEQ} = U_{CC} - I_{CQ} R_e \tag{3-16}$$

射极电阻 R_e 具有稳定静态工作点的作用。

（2）电压放大倍数近似等于 1

射极输出器的微变等效电路如图 3-16（b）所示，由此图可知

$$A_u = \frac{u_o}{u_i} = \frac{i_e R_L'}{i_b r_{be} + i_e R_L'} = \frac{(1+\beta) i_b R_L'}{i_b r_{be} + i_b (1+\beta) R_L'} = \frac{(1+\beta) R_L'}{r_{be} + (1+\beta) R_L'} \tag{3-17}$$

式中 $R_L' = R_e // R_L$。

通常（1+β）$R_L' \gg r_{be}$，于是得

$$A_u \approx 1 \tag{3-18}$$

电压放大倍数约为 1 并为正值，可见输出电压 u_o 随着输入电压 u_i 的变化而变化，大小近似相等，且相位相同，因此，射极输出器又称为射极跟随器。

应该指出，虽然射极输出器的电压放大倍数等于 1，但它仍具有电流放大和功率放大的作用。

（3）输入电阻高

由图 3-16（b）可知

$$r_i = R_b // r_i' = R_b // [r_{be} + (1+\beta) R_L'] \tag{3-19}$$

由于 R_b 和（1+β）R_L' 值都较大，因此，射极输出器的输入电阻 r_i 很高，可达几十到几百千欧。

（4）输出电阻低

由于射极输出器 $u_o \approx u_i$，当 u_i 保持不变时，u_o 就保持不变。可见，输出电阻对输出电压的影响很小，说明射极输出器带负载能力很强。输出电阻的估算公式为

$$r_o \approx \frac{r_{be}}{1+\beta} \tag{3-20}$$

通常 r_o 很低，一般只有几十欧。

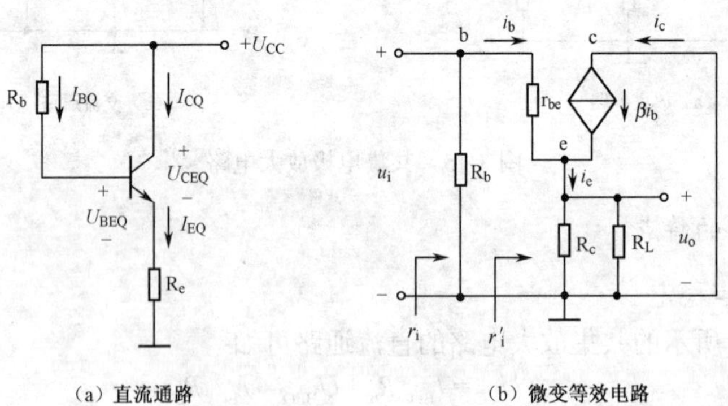

（a）直流通路　　（b）微变等效电路

图 3-16　共集电极放大电路的直流通路和微变等效电路

【例 3-4】 放大电路如图 3-15（a）所示，图中三极管为硅管，β=100，r_{be}=1.2kΩ，R_b=200kΩ，R_e=2kΩ，U_{CC}=12V，试求：静态工作点 I_{CQ} 和 U_{CEQ}；输入电阻 r_i 和输出电阻 r_o。

解： ① 静态工作点

$$I_{CQ} = \frac{U_{CC} - U_{BEQ}}{R_e + \dfrac{R_b}{1+\beta}} = \frac{(12-0.7)\text{V}}{\left(2 + \dfrac{200}{101}\right)\text{k}\Omega} = 2.8\text{mA}$$

$$U_{CEQ} \approx U_{CC} - I_{CQ}\, R_e = (12-2.8\times2)\text{V} = 6.4\text{V}$$

② 输入电阻 r_i 和输出电阻 r_o

$$r_i = R_b // [r_{be} + (1+\beta) R_L']$$
$$= 200//(1.2+101\times1) = 66.7\text{k}\Omega$$
$$r_o \approx \frac{r_{be}}{\beta} = \frac{1.2\text{k}\Omega}{100} = 12\Omega$$

3. 射极输出器的应用

（1）用做输入级。在要求输入电阻较高的放大电路中，常用射极输出器做输入级，利用其输入电阻很高的特点，可减少对信号源的衰减，有利于信号的传输。

（2）用做输出级。由于射极输出器的输出电阻很低，常用做输出级。可使输出级在接入负载或负载变化时，对放大电路的影响小，使输出电压更加稳定。

（3）用做中间隔离级。将射极输出器接在两级共射电路之间，利用其输入电阻高的特点，可提高前级的电压放大倍数；利用其输出电阻低的特点，可减小后级信号源内阻，提高后级的电压放大倍数。由于其隔离了前后两级之间的相互影响，因而也称为缓冲级。

3.3　任务实施过程

3.3.1　任务分析

根据任务目标，绘制电子助听器电路的原理框图如图 3-17 所示。

图 3-17　电子助听器电路的原理框图

电路中的传声器能够把人说话的微弱声音信号转换成随声音强弱变化的电信号，再送入电压放大器进行三级连续放大，最后耳机中就能听到放大后的洪亮声音，起到助听的作用。

3.3.2　任务设计

电子助听器电路设计图如图 3-18 所示。

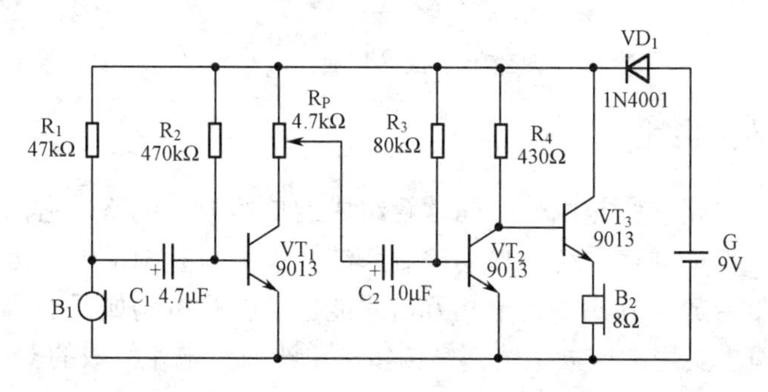

图 3-18　电子助听器电路设计图

在这个电路中，有三个晶体管放大器，其中晶体管 VT_1、VT_2 为共发射极放大器，VT_3 为共集电极放大器。

3.3.3 任务实现

1. 传声器

驻极体话筒 B_1 把环境声音转变为音频电流。

2. 三级放大器

三极管 VT_1 与电阻 R_2 和可变电阻 R_P 组成单管放大器，驻极体话筒 B_1 传出的音频信号，经电容 C_1 传到 VT_1 基极，经放大后从 VT_1 集电极输出，再经过电容 C_2 送到 VT_2 基极，VT_2 和 VT_3 组成直接耦合式放大器，把信号进一步放大，推动耳机 B_2 发声。

3.4 知识链接

3.4.1 共基极放大电路

共基极放大电路如图 3-19 所示。由图可见，输入信号 u_i 由发射极引入，输出信号由集电极引出，交流信号通过晶体管基极旁路电容 C_b 接地，基极为输入与输出回路的公共端，故称为共基极放大电路。从直流通路看，它和图 3-13（b）所示的共发射极放大电路一样，也称为分压式电流负反馈偏置电路。

共基极放大电路具有输出电压与输入电压同相、电压放大倍数高、输入电阻小、输出电阻大等特点，由于共基极电路具有较好的高频特性，故广泛用于高频或宽带放大电路中。

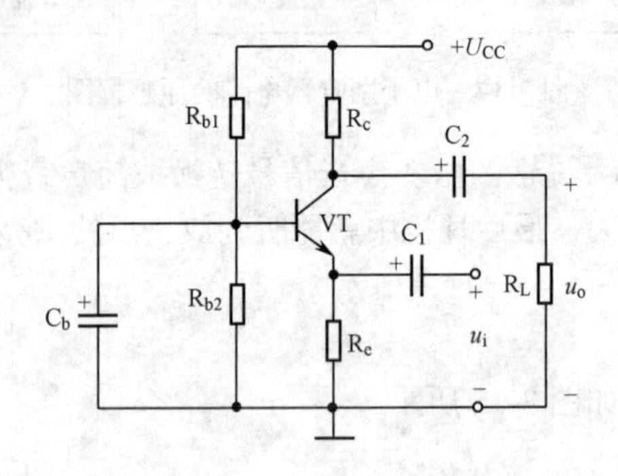

图 3-19 共基极放大电路

3.4.2 多级放大电路

前面分析的放大电路，都是由一个晶体管组成的单级放大电路，它们的放大倍数是有限的。在实际应用中，例如通信系统、自动控制系统及检测装置中，输入信号都是极微弱的，必须将微弱的输入信号放大到几千乃至几万倍才能驱动执行机构如扬声器、伺服机构和测量仪器等进行工作。所以实用的放大电路都是由多个单级放大电路组成的多级放大电路。

1. 放大电路的级间耦合方式

多级放大电路中级与级之间的连接方式称为耦合。级间耦合应满足下面两点要求：一是静态工作点互不影响；二是前级输入信号应尽可能多地传送到后级。常用的耦合方式有：直接耦合、阻容耦合和变压器耦合。

（1）直接耦合

前级的输出端直接与后级的输入端相连，这种连接方式称为直接耦合，如图 3-21（a）所示。直接耦合放大电路既能放大直流与缓慢变化的信号，也能放大交流信号。由于没有隔直电容，前后级的静态工作点互相影响，使调整发生困难。在集成电路中因无法制作大容量电容而必须采用直接耦合。常将多级直接耦合的放大器构成的集成运算放大器用图 3-20 所示的符号表示。图中“▷”表示信号的传输方向，“∞”表示理想条件。两个输入端中，N 称为反相输入端，用符号“−”表示，说明如果输入信号由此端加入，由它产生的输出信号与输入信号反相。P 称为同相输入端，用符号“+”表示，说明如果输入信号由此端加入，由它产生的输出信号与输入信号同相。

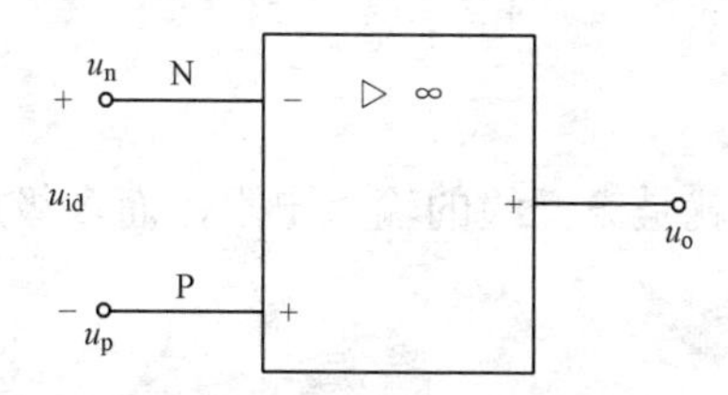

图 3-20　集成运算放大器电路符号

（2）阻容耦合

级间通过耦合电容与下级输入电阻连接的方式称为阻容耦合，如图 3-21（b）所示。由于耦合电容有“隔直通交”作用，可使各级的静态工作点彼此独立，互不影响；若耦合电容的容量足够大，对交流信号的容抗则很小，前级输出信号就能在一定频率范围内几乎无衰减地传输到下一级。但阻容耦合放大电路不能放大直流与缓慢变化的信号，不适于集成电路。

（3）变压器耦合

级与级之间采用变压器原、副边进行连接的方式称为变压器耦合，如图 3-21（c）所示。由于变压器原、副边在电路上彼此独立，因此这种放大电路的静态工作点也是彼此独立的。而变压器具有阻抗变换的特点，可以起到前后级之间的阻抗匹配。变压器耦合放大电路主要用于功率放大电路。

除上述方式外，在信号电路中还有光电耦合方式，用于提高电路的抗干扰能力。

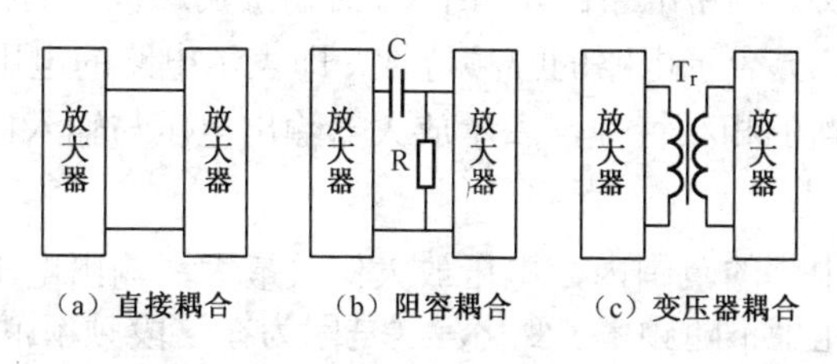

图 3-21　多级放大电路的耦合方式

2. 多级放大电路的分析

（1）电压放大倍数

电压放大倍数可用多级放大电路的级联方框图表示，如图 3-22 所示。

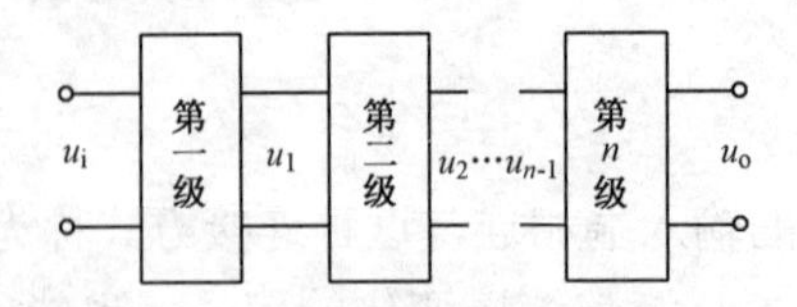

图 3-22　多级放大电路的级联

由图 3-22 可知

$$u_1 = A_{u1}\ u_i \qquad u_2 = A_{u2}\ u_1 \quad \cdots \qquad u_o = A_{un}\ u_{n-1}$$

所以有

$$A_u = A_{u1}\ A_{u2} \cdots A_{un} \tag{3-21}$$

其中 n 为多级放大电路的级数。在计算电压放大倍数时，注意把后一级的输入电阻作为前一级的负载电阻。

（2）输入电阻和输出电阻

多级放大电路的输入电阻就是第一级的输入电阻，而多级放大电路的输出电阻则等于末级放大电路的输出电阻，即

$$r_i = r_{i1} \tag{3-22}$$

$$r_o = r_{on} \tag{3-23}$$

3.4.3 基本放大电路的频率特性

在生产和科学研究实践中所遇到的信号往往不是单一频率的，而是在一段频率范围内的。例如广播中的语言和音乐信号、从传感器中转换出来的电信号，脉冲数字电路和计算机系统中的脉冲信号等，都含有丰富的频率成分。在放大器中，由于电路中的耦合电容、旁路电容、分布电容以及晶体管的结电容的存在，它们在各种频率的情况下其电抗值不一样，因而使放大器对不同频率信号的效果不完全一致。因此当输入信号幅度一定而频率改变时，输出电压也将随频率变化，也就是说电压放大倍数也随频率变化，即放大器的电压放大倍数是频率的函数，因而使输出电压不能完全重现输入电压的波形，即在放大过程中产生了失真。放大器对不同频率的输入信号的响应特性简称为频率特性。利用频率特性可以全面反映放大器对不同频率信号的放大性能。

图 3-23（a）为单极放大电路电路图，图中 C_0 为输出端三极管的极间电容、导线分布电容等的等效电容。图 3-23（b）表示电路的幅频特性，即表示电路的电压放大倍数 A_u 与频率 f 的关系。图 3-23（c）为电路的相频特性，表示放大器输出电压与输入电压之间的相位差 φ 和频率 f 之间的关系。

从图 3-23 可知，在中频的范围内，电压放大倍数最大，输出电压与输入电压之间的相位差刚好是 C_1、C_2，而且几乎不随频率 f 变化。这是因为在这段频率范围内，电容 C_1、C_2 可看做短路，电容 C_0 可看作开路，它们对电路无影响，所以 A_u 和 φ 都与 f 无关。

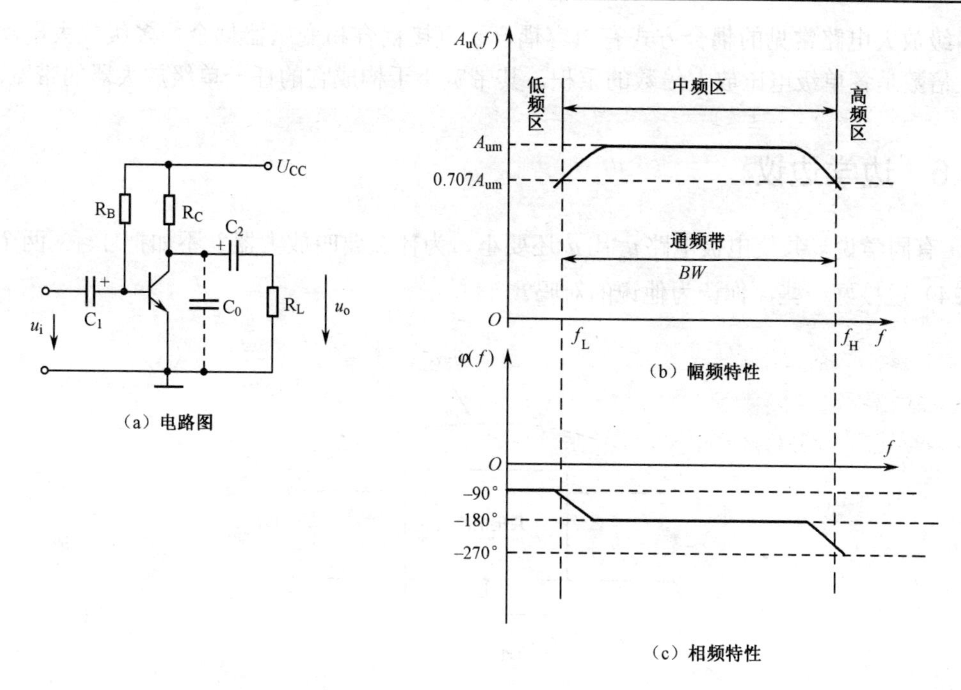

图 3-23　单极放大器的频率特性

在低频区，A_u 随 f 降低而减小，φ 也偏离180°。这是因为 f 较低时，C_1、C_2 的影响不能忽略，容抗 X_{C_1}、X_{C_2} 较大，输入、输出信号都会在其上产生压降，使 A_u 减小，同时 C_1、C_2 的影响使得输入与输出之间发生了相移，因而偏离180°。

在高频区，A_u 随 f 的增高而减小，φ 也偏离180°。这时因为 f 较高时，虽然 C_1、C_2 的影响可以忽略不计，但是 C_0 与 R_L 并联的，C_0 的存在使得总的负载阻抗减小了，所以电压放大倍数也下降了。由于 C_0 的影响，也使得输出电压与输入电压之间发生了相位移，因而偏离180°。工程上规定，当电压放大倍数下降到中频区最大电压放大倍数的 0.707 倍时，相应的低频频率和高频频率分布称为下限截止频率 f_L 和上限截止频率 f_H。在下限截止频率和上限截止频率之间的频率范围称为通频带 f_{BW}，即 $f_{BW}=f_H-f_L$。若放大的输入信号频率在通频带的范围内，A_u 是常数，$\varphi=180°$，此时各种频率分量都能得到同样的放大，而输入信号经过放大就可以不失真地传到输出端。若超出通频带范围，则放大倍数会降低，同时产生附加相移。所以，通频带是放大电路的重要技术指标，它是放大电路能对输入信号进行不失真放大的频率范围。

3.5　阶段小结

基本放大电路有共射、共集、共基三种组态。共射电路的电压放大倍数和电流放大倍数均较大，应用较广泛。共集电路的输入电阻大，输出电阻小，电压放大倍数接近于 1，适用于前置和驱动级。在分析放大电路时，应选择合适的静态工作点，在合适的静态偏置下采用微变等效电路法对放大电路进行交流分析。为克服温度和其他因素对工作点的影响，常采用分压式偏置电路来稳定工作点。

多级放大电路常见的耦合方式有阻容耦合、直接耦合和变压器耦合。多级放大电路的电压放大倍数是各单级电压放大倍数的乘积，其带宽小于构成它的任一单级放大器的带宽。

3.6 边学边议

1．有同学说，共集电极电路 u_o 比 u_i 还要小，为什么要叫放大器？不如把 1、3 两个端子（图 3-24）短接好一些，你认为他说的对吗？

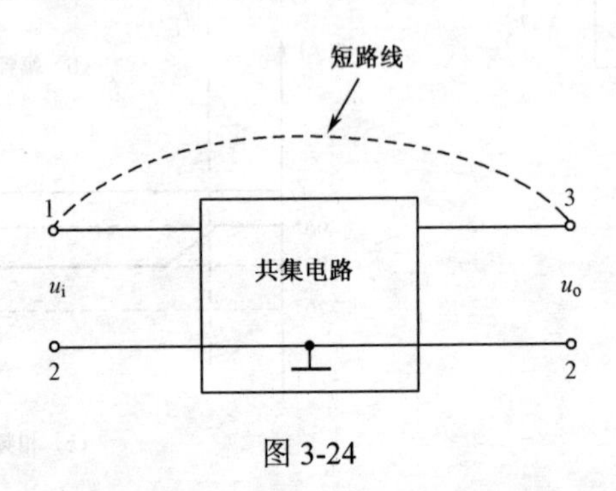

图 3-24

2．某同学做实验时，在图 3-25（a）中接入一低阻抗（8Ω）的扬声器，输入端接入 50mV 的低频交流信号，扬声器几乎没有发出声响，于是该同学又把扬声器接入图 3-25（b）所示电路中，输入相同的信号，发现扬声器发出的声音明显加大，你知道这其中的原因吗？

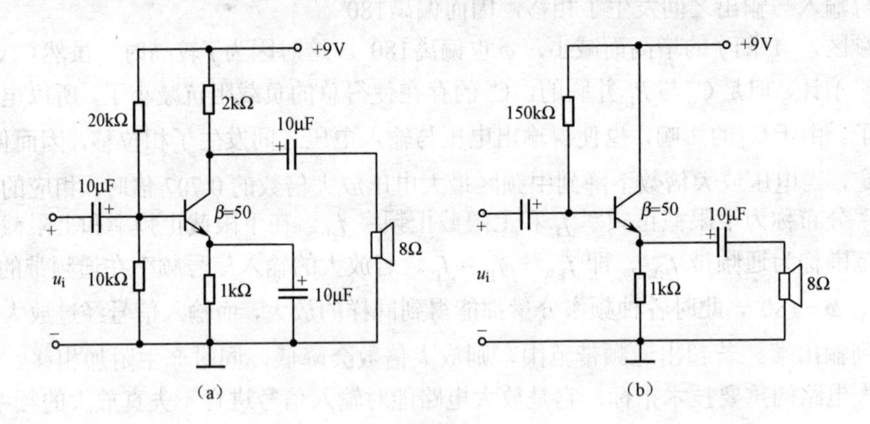

图 3-25

3．在图 3-26 所示的各电路中，哪些可以实现正常的交流放大？哪些不能？请说明理由。

4．在调试图 3-27（a）所示的放大电路时，出现图 3-27（b）所示的输出波形，试判断这是什么失真？必须增大 R_P 还是减小 R_P 才能使 u_o 不失真？

5．基本共射放大电路如图 3-28 所示，VT 为 NPN 型硅管，β=100，U_{CC}=12V，估算静态工作点 I_{CQ} 和 U_{CEQ}，求三极管的输入电阻 r_{be} 值，画出放大电路的微变等效电路，求电压放大倍数 A_u，输入电阻 r_i 和输出电阻 r_o。

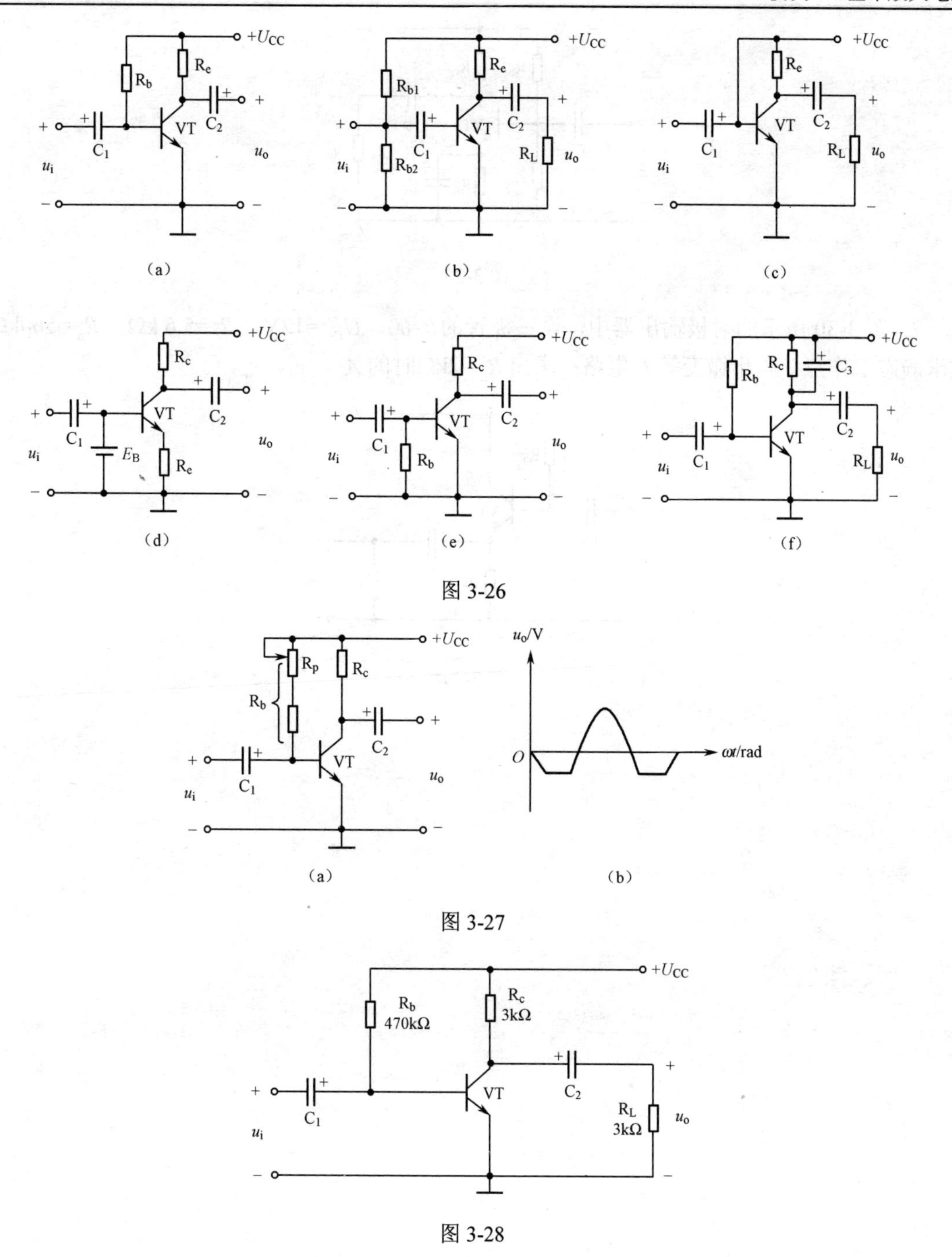

图 3-26

图 3-27

图 3-28

6. 分压式偏置放大电路如图 3-29 所示，已知U_{CC}=12V，R_{b1}=22kΩ，R_{b2}=4.7kΩ，R_e=1kΩ，R_c=2.5kΩ，硅管的β =50，r_{be}=1.3kΩ，求静态工作点，空载时的电压放大倍数，带 4kΩ负载时的电压放大倍数。

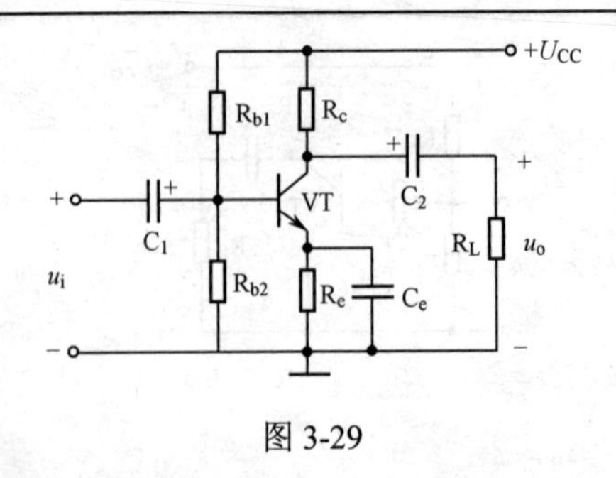

图 3-29

7．图 3-30 所示的射极输出器中，设三极管的β=60，U_{CC}=12V，R_e=5.6 kΩ，R_b=560kΩ，试求静态工作点；画出微变等效电路；求出R_L=2kΩ时的A_u、r_i、r_o。

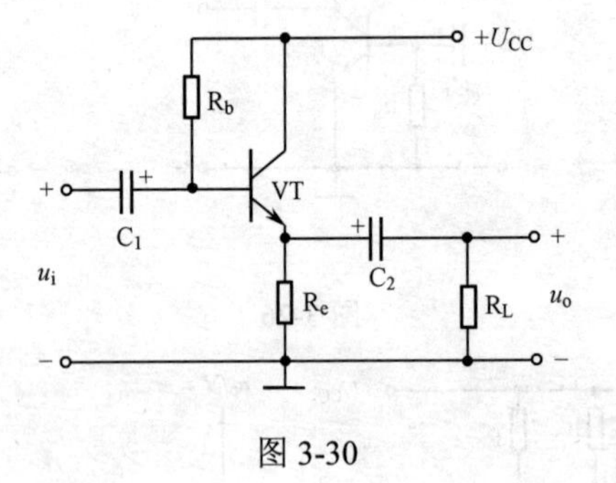

图 3-30

负反馈放大电路的应用

任务 4　集成运放电压放大器的设计

4.1　任务目标

- 理解反馈的概念。
- 知道负反馈性质及类型的判别方法。
- 知道负反馈对放大器性能的影响。
- 会计算深度负反馈条件下的闭环增益。
- 设计集成运放电压放大器。

4.2　知识积累

4.2.1　反馈

1. 反馈的概念

在电子电路中，将放大电路中的输出量（可以是电压也可以是电流）的一部分或全部按一定的方式并通过一定的电路（即反馈网络或反馈支路）送回输入回路来影响输入量（电压或电流），这种电量的反送过程就称为反馈。要实现反馈，必须有一个连接输出回路与输入回路的中间环节。

如图 4-1 所示的分压式偏置电路，它能够稳定静态工作点。其稳定过程如下：

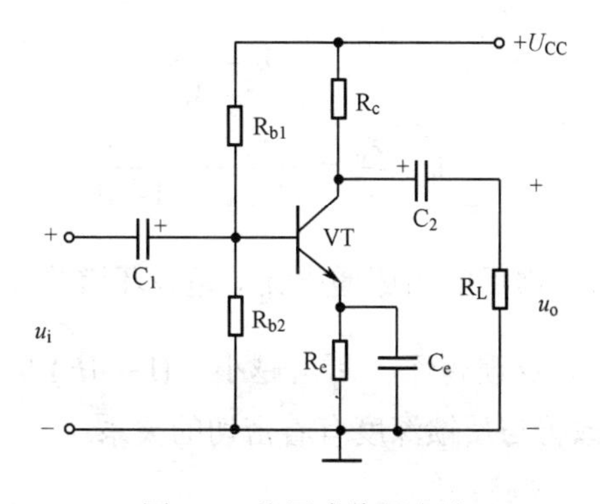

图 4-1　分压式偏置电路

$$T(℃)\uparrow \rightarrow I_{CQ}\uparrow \rightarrow I_{EQ}\uparrow \rightarrow U_{EQ}\uparrow (=I_{EQ}R_e\uparrow) \xrightarrow{U_{BQ}\text{固定}} U_{BEQ}\downarrow \rightarrow I_{BQ}\downarrow \rightarrow I_{CQ}\downarrow$$

其中I_{CQ}（或I_{EQ}）是输出量。输出量I_{EQ}通过电路元件R_e反送到输入回路中，从而使I_{BQ}减少，以此来达到稳定输出量I_{EQ}（或I_{CQ}）的目的。

2. 反馈放大器的组成

带有反馈环节的放大电路称为反馈放大器，反馈放大器可用如图 4-2 所示的方框图来描述。图中箭头表示信号的传输方向，A 表示基本放大器，F 表示反馈网络，这是一个闭环系统，x 可以表示电压，也可以表示电流。其中x_i，x_o，x_f和x_i'分别表示输入信号、输出信号、反馈信号和净输入信号，符号⊗表示信号相比较（叠加）。

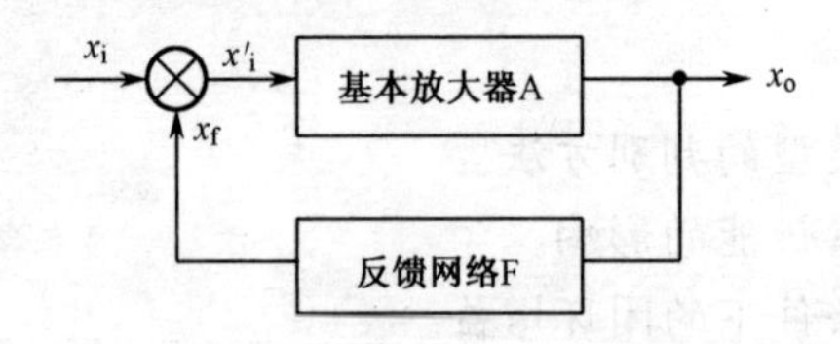

图 4-2 反馈放大器方框图

反馈有正反馈和负反馈。输入信号x_i与反馈信号x_f都作用在基本放大电路的输入端，相比较后，获得净输入量x_i'。如果反馈信号x_f与输入信号x_i比较后，使净输入量x_i'增加，输出量x_0也增加，这种反馈称为正反馈；相反，如果反馈信号x_f与输入信号x_i比较后使净输入量x_i'减小，输出量x_o也减小，这种反馈称为负反馈。本章只讨论负反馈。

负反馈所确定的基本关系式有如下几项：

① 输入端各量的关系式 $$x_i' = x_i - x_f \tag{4-1}$$

② 开环增益 $$A = \frac{x_o}{x_i'} \tag{4-2}$$

③ 反馈系数 $$F = \frac{x_f}{x_o} \tag{4-3}$$

④ 闭环增益 $$A_f = \frac{x_o}{x_i}$$

$$A_f = \frac{x_o}{x_i} = \frac{x_o}{x_i' + x_f} = \frac{A}{1+AF} \tag{4-4}$$

由式（4-4）可知，加了负反馈后的闭环增益A_f，是开环增益A的$\frac{1}{1+AF}$倍，其中$(1+AF)$称为反馈深度。$(1+AF)$越大，反馈越深，A_f就越小。$(1+AF)$是衡量反馈强弱程度的一个重要指标，反馈放大器性能的改善与反馈深度有着密切的关系。

4.2.2　反馈性质的判别

在电路中，为了判断引入的是正反馈还是负反馈，可以采用瞬时极性法。所谓瞬时极性法，就是先假定输入信号处于某一瞬时极性（用+、-符号表示瞬时极性的正、负），然后按放大电路的基本组态逐级判断电路中各相关点的瞬时极性，直至输出信号的极性。由输出信号的极性再确定反馈信号的极性，最后比较反馈信号与输入信号的极性，确定对净输入信号的影响。若使净输入信号减小，则为负反馈；反之，若使净输入信号增大，则为正反馈。

应当注意，在共射放大电路中，基极与集电极的信号反极性，基极与发射极信号同极性。共集与共基电路输入与输出信号是同极性的。

在图 4-3（a）所示电路中，先假设 VT_1 基极的瞬时极性为正，则 VT_1 集电极的瞬时极性为负，VT_2 管的发射极瞬时极性为负，且反馈到 VT_1 发射极的瞬时极性为负，则 $u_{BE1}=u_i'=u_i-(-u_f)=u_i+u_f>u_i$，反馈信号使净输入量增加，故为正反馈。

在图 4-3（b）所示电路中，假设在 VT_1 基极输入一个瞬时极性为正的信号，则 VT_1 的集电极的瞬时极性为负，VT_2 管的发射极瞬时极性也为负，反馈电流 i_f 的方向如图 4-3（b）所示，可见反馈信号对原输入信号有削弱作用，$i_i'=i_i-i_f$，故为负反馈。

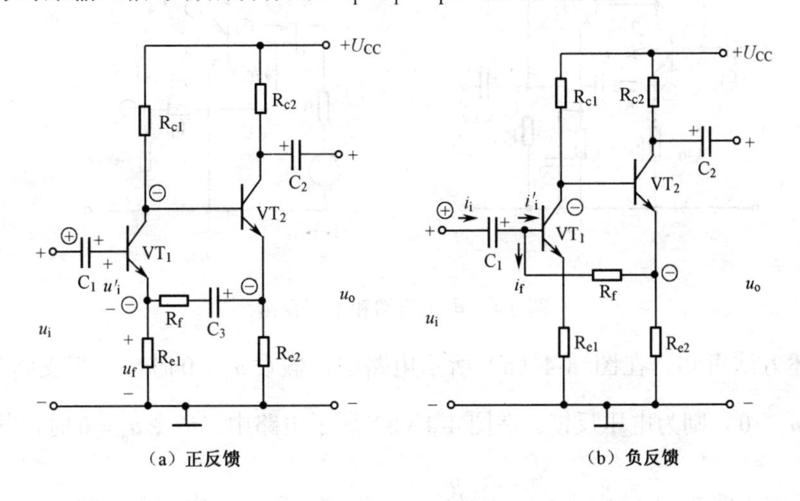

图 4-3　分立元件放大电路反馈极性的判断

4.2.3　负反馈的类型

1. 直流反馈和交流反馈

在放大电路中既有直流分量又有交流分量，如果电路引入的反馈量仅包含有直流成分，称为直流反馈；如果电路引入的反馈量仅包含有交流成分，称为交流反馈；如果电路引入的反馈量既有交流成分又有直流成分，称为交直流反馈。一般情况下，直流负反馈的作用是为了稳定放大电路的静态工作点，交流负反馈的作用是为了改善放大电路的性能指标。本章只讨论交流反馈。

在图 4-1 所示电路中，电容 C_e 与电阻 R_e 并联，只要 C_e 的容量足够大，就可认为其两端的交流压降近似为零，电路中引入了直流负反馈。在图 4-3（a）所示电路中，电容 C_3 与 R_f 串联，

C_3起到了隔直作用，故可认为引入的是交流负反馈，在图4-3（b）所示电路中，R_f无电容连接，故为交直流反馈。

2. 电压反馈和电流反馈

若在电路的输出端对输出电压取样，通过反馈网络得到反馈信号，然后送回到输入端与输出端信号进行比较，这种反馈方式称为电压反馈，电压反馈中反馈量与放大电路的输出电压成正比。若电路中输出端的取样对象为输出电流，反馈量与输出电流成正比，这种反馈方式称为电流反馈。

判断是电压反馈还是电流反馈时，可假设负反馈放大电路的输出电压为零，若反馈量变为零，则表明电路中引入的是电压反馈。若令输出电压为零后，其反馈量依然存在，则表明电路中引入的是电流反馈。这种方法也称为输出短路法。

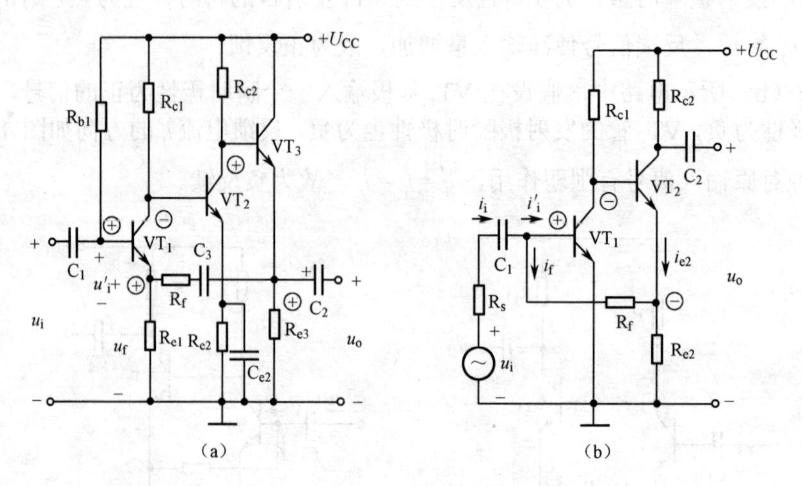

图4-4　电压反馈和电流反馈

根据上述方法可知，在图4-4（a）所示电路中，假设$u_o = 0$时，反馈支路R_{e1}上的电压$u_f = \frac{R_{e1}}{R_{e1}+R_f}u_o = 0$，则为电压反馈。在图4-4（b）所示电路中，当令$u_o = 0$时，发射极电路$i_{e2}$仍然存在，反馈支路$R_f$上的电流$i_f = -\frac{R_{e2}}{R_f + R_{e2}}i_{e2}$存在，所以为电流负反馈。

3. 串联反馈和并联反馈

串、并联反馈主要看放大电路的输入回路和反馈网络的连接方式。在输入端，若反馈信号与输入信号以电流形式相加减（或者说反馈信号与净输入信号是分流关系），则称为并联反馈；如果反馈信号与输入信号以电压形式相加减（或者说反馈信号与净输入信号是分压关系），则称之为串联反馈。

在图4-4（a）所示电路中，放大电路中的净输入信号为$u_i' = u_{be} = u_i - u_f$，输入信号与反馈信号以电压形式相加减，故为串联反馈，在图4-4（b）所示电路中，放大电路的净输入信号为$i_i' = i_i - i_f$，以电流形式相加减，故为并联反馈。

4.2.4　负反馈放大器的四种组态

反馈性质和反馈类型是确定放大器性能的前提。综合考虑反馈从输出端的取样（电压、电流）及输入端的连接方式（并联、串联），负反馈放大有四种组态：电压串联负反馈、电压并联负反馈、电流串联负反馈、电流并联负反馈。

1. 电压串联负反馈

在图 4-5 所示的电路中，R_f 和 R_{e1} 是联系输入和输出的支路，为反馈支路。用瞬时极性法从图 4-5 中所标瞬时极性可知 $u_i' = u_i - u_f$，该反馈为负反馈。

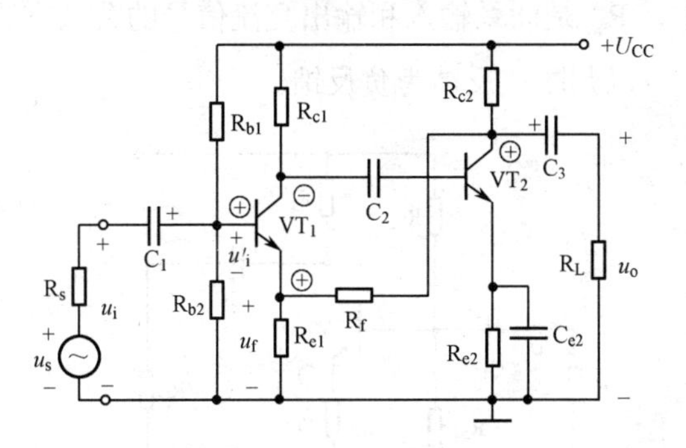

图 4-5　电压串联负反馈电路

在输入端，放大电路的净输入信号 $u_i' = u_i - u_f$，输入信号与反馈信号以电压形式相加减，故为串联反馈。在输出端，由输出短路法可知，假设 u_o 对地短路后，即 $u_o = 0$ 时，$u_f = \frac{R_{e1}}{R_{e1} + R_f} u_o = 0$，故为电压反馈。综上所述，该反馈为电压串联负反馈。

【例 4-1】 分析图 4-6（a）所示的反馈放大电路。

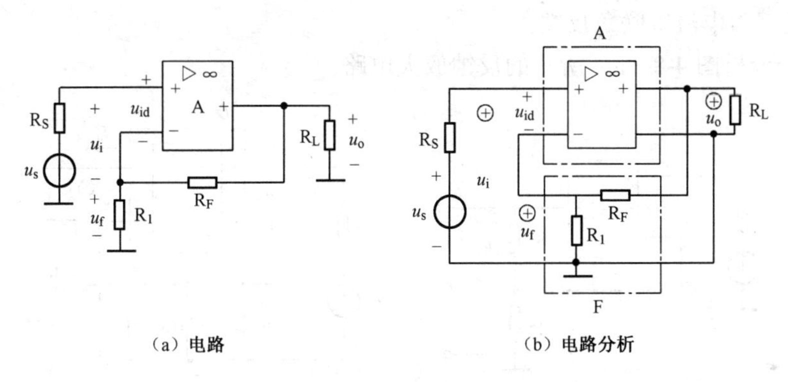

图 4-6　电压串联负反馈放大电路

图 4-6（a）所示为集成运放构成的反馈放大电路，将它改画成图 4-6（b），可见集成运放 A 为基本放大电路，电阻 R_F 跨接在输出回路与输入回路之间，输出电压 u_o 通过 R_F 与 R_1 的分压反馈到输入回路，因此 R_F、R_1 构成反馈网络。

在输入端，反馈网络与基本放大电路相串联，故为串联反馈。在输出端，反馈网络与基本放大电路、负载电阻 R_L 并联连接，由图可得反馈电压 $u_f = u_o R_1 /(R_1 + R_F)$，即反馈电压 u_f 取样于输出电压 u_o，故为电压反馈。

假设输入电压 u_i 的瞬时极性对地为⊕，如图 4-6（b）所示，根据运放电路同相输入时输出电压与输入电压同相的原则，可确定输出电压 u_o 的瞬时极性对地为⊕，u_o 经 R_F、R_1 分压后得 u_f，u_f 的瞬时极性也为⊕。由图 4-6（b）可见，放大电路的净输入信号 $u_{id} = u_i - u_f$，显然 u_f 消弱了净输入信号 u_{id}，故为负反馈。

综上所述，图 4-6（a）所示电路为电压串联负反馈放大电路。

2. 电流串联负反馈

在图 4-7 所示电路中，R_{e1} 是联系输入和输出交流信号的公共支路，为反馈支路。根据瞬时极性法，$u_i' = u_i - u_f$，可以判断该反馈为负反馈。

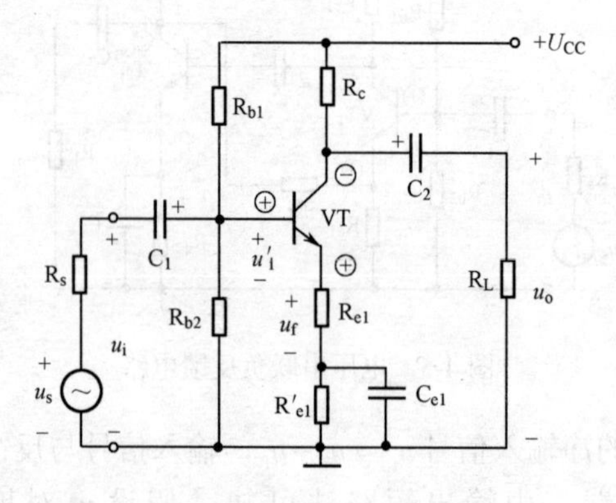

图 4-7　电流串联负反馈

在输入端，放大电路的净输入信号 $u_i' = u_{be} = u_i - u_f$，输入信号与反馈信号以电压形式相加减，故为串联反馈。在输出端，当 $u_o = 0$ 时，反馈电压 $u_f = i_{e1} R_{e1}$ 仍然存在，故为电流反馈。综上所述，该反馈为电流串联负反馈。

【例 4-2】分析图 4-8（a）所示的反馈放大电路。

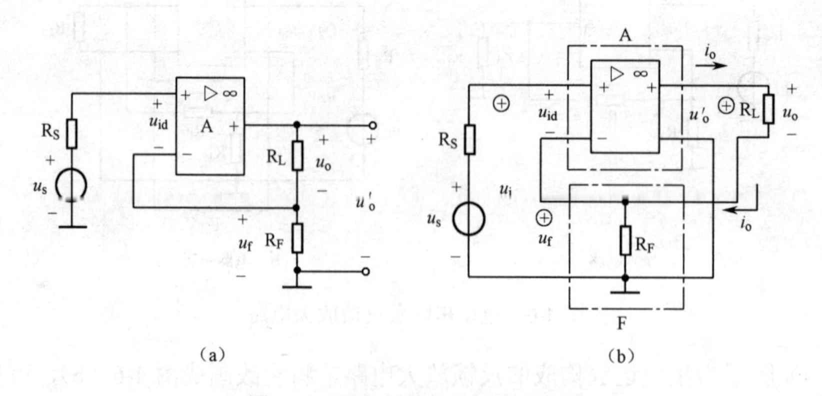

图 4-8　电流串联负反馈放大电路

解：图 4-8（a）所示为集成运放构成的反馈放大电路，R_L 为放大电路输出负载电阻。将该图改画成图 4-8（b），可见，集成运放 A 为基本放大电路，R_F 为输入回路和输出回路的公共电阻，故R_F构成反馈网络。

在输入端，反馈网络与基本放大电路相串联，故为串联反馈。在输出端，反馈网络与基本放大电路、负载电阻R_L相串联，反馈信号$u_f = i_o R_F$，因此反馈取样于输出电流i_o，为电流反馈。

假设输入电压u_i的瞬时极性对地为⊕，根据运放电路同相输入时输出电压与输入电压同相的原则，可确定运放输出电压u_o'的瞬时极性对地为⊕，故输出电流i_o的瞬时流向如图 4-8（b）所示，它流过电阻R_F产生反馈电压u_f，u_f的瞬时极性也为⊕。由图 4-8（b）可见，净输入电压$u_{id} = u_i - u_f$，因此反馈电压u_f消弱了净输入电压u_{id}，为负反馈。

综上所述，图 4-8（a）所示电路为电流串联负反馈放大电路。

3. 电压并联负反馈

如图 4-9 所示，R_f为联系输入与输出的公共支路，为反馈支路，根据瞬时极性法，$i_i' = i_i - i_f$，该反馈为负反馈。

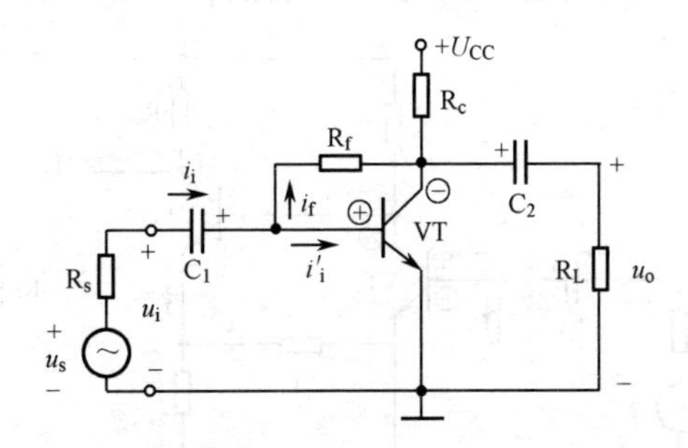

图 4-9　电压并联负反馈

在输入端，放大电路的净输入信号$i_i' = i_i - i_f$，输入信号与反馈信号以电流形式相减，故为并联反馈。在输出端，当$u_o = 0$时，$i_f = \frac{u_{be} - u_o}{R_f} = -\frac{u_o}{R_f} = 0$，故为电压反馈，综上所述，该反馈为电压并联负反馈。

【**例 4-3**】分析图 4-10（a）所示的反馈放大电路。

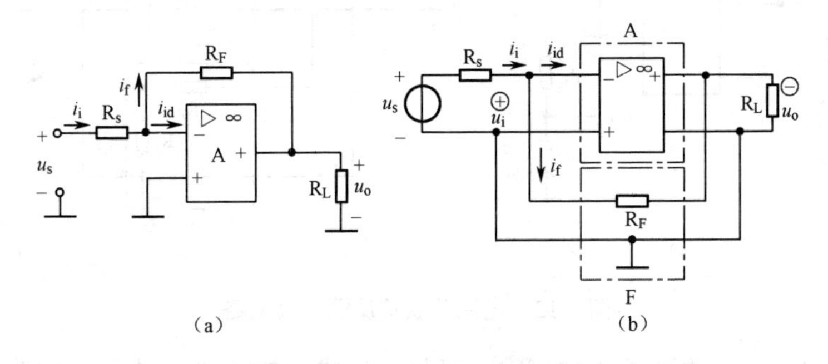

图 4-10　电压并联负反馈放大电路

解： 图 4-10（a）所示为集成运放构成的反相输入反馈放大电路，将它改画成图 4-10（b），可见，集成运放 A 为基本放大电路，R_F跨接在输入回路与输出回路之间构成反馈网络。

在输入端，反馈网络与基本放大电路相并联，故为并联反馈。在输出端，反馈网络与基本放大电路、负载电阻R_L相并联，反馈信号i_f取样于输出电压u_o，故为电压反馈。

假定输入电压u_i的瞬时极性对地为⊕，则输入电流i_i的瞬时流向如图 4-10（b）所示；根据运放反相输入时输出电压与输入电压反相，可确定运放输出电压u_o的瞬时极性对地为（-），故反馈电流i_f的瞬时流向如图 4-10（b）所示。可见，净输入电流$i_{id}=i_i-i_f$，反馈电流i_f消弱了净输入电流i_{id}，为负反馈。

综上所述，图 4-10（a）所示电路为电压并联负反馈放大电路。

4. 电流并联负反馈

如图 4-11 所示电路，R_f和R_{e2}为反馈支路，由瞬时极性法判断可知，$i_i'=i_i-i_f$，故该反馈为负反馈。在输入端，放大电路的净输入信号$i_i'=i_i-i_f$，输入信号与反馈信号以电流形式相加减，故为并联反馈。在输出端，由输出短路法可知，若假设u_o对地短路后，VT_2发射极i_{e2}仍然存在，故为电流反馈。综上所述，该反馈为电流并联负反馈。

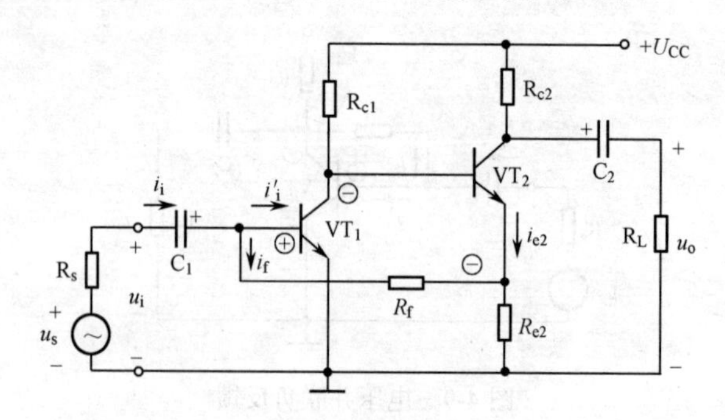

图 4-11 电流并联负反馈

【例 4-4】分析图 4-12（a）所示的反馈放大电路。

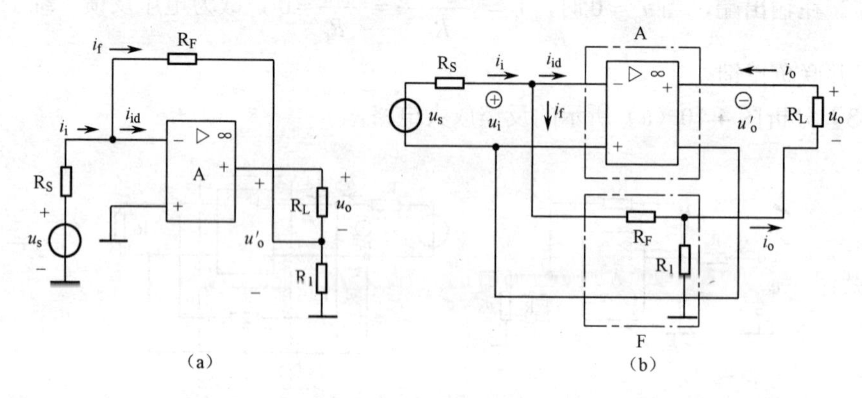

图 4-12 电流并联负反馈放大电路

解：将图 4-12（a）改画成 4-12（b），可见，集成运放 A 为基本放大电路，R_L为放大电路输出负载电阻，R_F跨接在输入回路与输出回路之间，R_F、R_1共同构成反馈网络。

在输入端，反馈网络与基本放大电路相并联，故为并联反馈。在输出端，反馈网络与基本放大电路、负载电阻R_L串联连接，反馈信号i_f取样于输出电流i_o，故为电流反馈。

假设输入电压 u_i 的瞬时极性对地为⊕，则运放输出电压 u_o' 的瞬时极性对地为（-），所以输入电流 i_i 和反馈电流 i_f 的瞬时流向如图 4-12（b）所示，可见净输入电流 $i_{id}=i_i-i_f$，反馈使净输入电流 i_{id} 减少，故为负反馈。

综上所述，图 4-12（a）所示电路为电流并联负反馈放大电路。

4.2.5　负反馈对放大电路性能的影响

在放大器中引入负反馈，其主要目的是使放大器的工作稳定，在输入量不变的条件下使输出量保持不变。放大器工作的稳定是通过牺牲增益换来的。根据式（4-4）可知，加了负反馈后的闭环增益 A_f 减小到了基本放大电路开环增益 A 的 $\dfrac{1}{|1+AF|}$，其中 $|1+AF|$ 就是反馈深度。所以，可以预见，引入负反馈后，对放大器性能的影响程度都与反馈深度 $|1+AF|$ 有关。

1. 提高闭环增益 A_f 的稳定性

通常放大电路的开环增益 A 是不稳定的，它会受许多干扰因素的影响而发生变化。引入负反馈后，在输入量不变时，输出量得到了稳定，因此闭环增益 A_f 也得到了稳定。但是，正因为引入了负反馈，A_f 本身也减小到了 A 的 $\dfrac{1}{|1+AF|}$。所以，要衡量负反馈对放大电路增益稳定性的影响，更合理的做法是比较增益的相对变化量 $\dfrac{dA_f}{A_f}$ 与 $\dfrac{dA}{A}$。

为了简化，这里只讨论信号频率处于中频范围的情况，此时 A 为实数，F 一般也是实数。由式（4-4）可知

$$A_f=\frac{A}{1+AF}$$

上式中 A 是变量，求 A_f 对 A 的导数，得 $\dfrac{dA_f}{A_f}$。

$$\frac{dA_f}{dA}=\frac{1}{(1+AF)^2}\quad 或\quad dA_f=\frac{dA}{(1+AF)^2}$$

所以

$$\frac{dA_f}{A_f}=\frac{dA}{(1+AF)^2A_f}=\frac{1}{1+AF}\cdot\frac{dA}{A}\tag{4-5}$$

对于负反馈（1+AF）>1，所以

$$\frac{dA_f}{A_f}<\frac{dA}{A}$$

即负反馈可使闭环增益的相对变化量减小到开环增益相对变化量的 $\dfrac{1}{1+AF}$，这说明负反馈提高了闭环增益 A_f 的稳定性,其稳定程度比开环增益 A 提高了（$1+AF$）倍。

例如，当 $\dfrac{dA}{A}=\pm10\%$ 时，设反馈深度 $1+AF=100$（深度负反馈），则 $\dfrac{dA_f}{A_f}=\pm0.1\%$，即减小到 $\dfrac{dA}{A}$ 的 1/100。反之，如果要求 $\dfrac{dA_f}{A_f}$ 减小到 $\dfrac{dA}{A}$ 的 1%，则反馈深度 $1+AF=100$。由此可见，

在 A 变化±10%的情况下，A_f 只变化了±0.1%。这说明闭环增益 A_f 的稳定性提高了。

2. 减小非线性失真

由于晶体管输入和输出特性曲线的非线性，放大电路的输出波形不可避免地存在一些非线性失真，这种现象叫做放大电路的非线性失真。

引入负反馈后，如何减小非线性失真呢？假设在一个开环放大电路中输入一正弦信号，因电路中元件的非线性，输出信号产生了失真，且失真的波形是正半周幅值大，负半周幅值小，如图 4-13（a）所示。

引入负反馈后，如图 4-13（b）所示，反馈信号来自输出回路，其波形也是正半周幅值大，负半周幅值小，将它送到输入回路，经过比较环节（信号相减）后，使净输入信号 $(x_i' = x_i - x_f)$ 变成正半周幅值小，负半周幅值大。这样，经过放大电路以后，输出信号的正半周幅值就会减小，而负半周幅值会增大；输出信号在前半周与后半周的幅值差也就相应减小，输出波形的失真程度得到一定的改善。可以证明，引入负反馈后，其非线性失真将减小到原来的 $\dfrac{1}{1+AF}$。从本质上讲，负反馈只能减小失真，不能完全消除失真，并且对输入信号本身的失真不能减少。

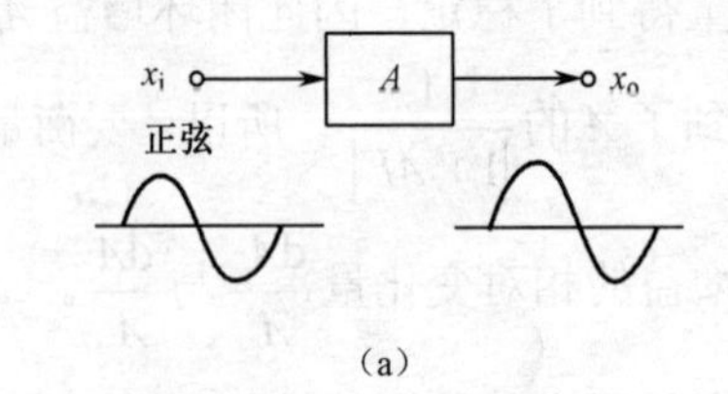

(a)

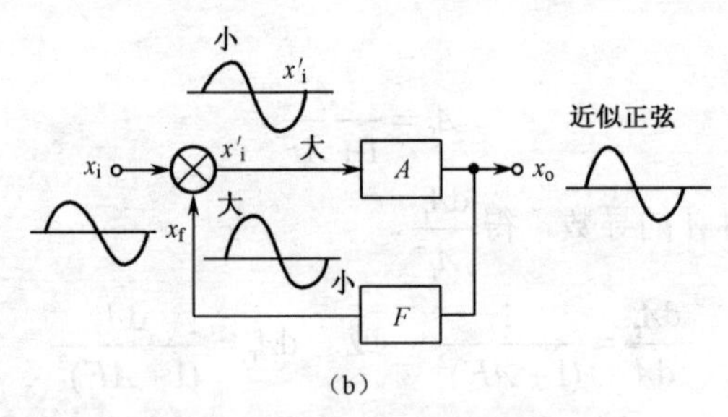

(b)

图 4-13　减小非线性失真

3. 展宽通频带，减小频率失真

对于阻容耦合的交流放大电路，在低频段，因耦合电容随频率降低而容抗增大，使信号受到衰减，放大倍数减小；在高频段，因频率增大而使晶体管的极间容抗减小，使放大倍数减小。如图 4-14 所示为阻容耦合放大电路的开环与闭环的幅频特性。其中无反馈放大电路中频电压放大倍数为 A_{um}，对应 $\dfrac{A_{um}}{\sqrt{2}}$ 的下限截止频率为 f_L，上限截止频率为 f_H，则无反馈时的通频带宽 $f_{BW} = f_H - f_L$。引入负反馈后，闭环电压放大倍数下降，中频电压放大倍数 A_{umf} 比无反馈时的 A_{um} 下降了很多，而闭环增益趋于稳定，因此闭环幅频特性的下降速率减慢。对应 $\dfrac{A_{umf}}{\sqrt{2}}$ 的下限截止频率为 f_{Lf}，上限截止频率为 f_{Hf}，则引入负反馈后的通频带宽

$f_{BWf}=f_{Hf}-f_{Lf}$。

可以证明，引入负反馈后，有如下关系式：

$$f_{Hf}=(1+AF)f_H \tag{4-6}$$

$$f_{Lf}=\frac{1}{1+AF}f_L \tag{4-7}$$

通常在放大电路中，$f_H \gg f_L$，则 $f_{Hf} \gg f_{Lf}$，所以，可近似认为通频带只取决于上限截止频率。因此，对开环 $f_{BW} \approx f_H$，对闭环 $f_{BWf} \approx f_{Hf}$，而式（4-6）变为

$$f_{BWf}=(1+AF)f_{BW} \tag{4-8}$$

可见，引入负反馈后，使放大电路的通频带扩大到了开环时的 $(1+AF)$ 倍。

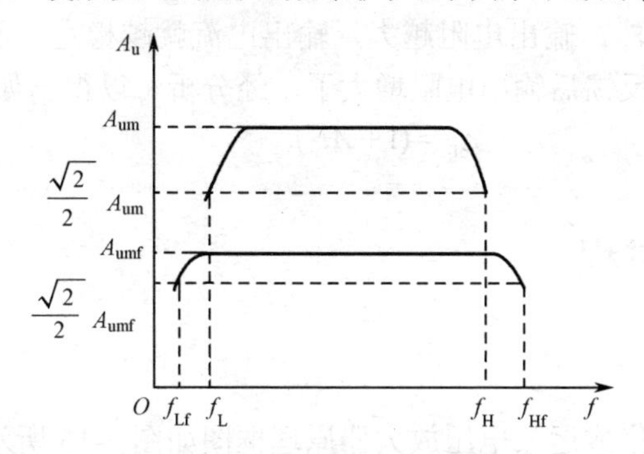

图 4-14　开环与闭环的幅频特性

4. 改变输入电阻和输出电阻

（1）对输入电阻的影响

放大电路的输入电阻就是从放大电路的输入端看进去的交流等效电阻。负反馈对放大电路输入电阻的影响必然与反馈在输入端的接法有关。

① 串联负反馈使输入电阻增大

对于串联负反馈，反馈信号 u_f 和输入信号 u_i 串联于输入回路，u_f 削弱了放大电路的输入电压 u_i，使真正加到放大电路输入端的净输入电压下降了。因此，在同样的输入电压下，串联负反馈的输入电流比无反馈时的要小，也就是说，串联负反馈使输入电阻增大。经分析可得如下结论

$$r_{if}=(1+AF)r_i \tag{4-9}$$

② 并联负反馈使输入电阻减小

对于并联负反馈，反馈信号 i_f 和输入信号并联于输入回路。i_f 削弱了放大电路的输入电流，使真正流入放大电路输入端的净输入电流下降。因此，在同样的输入电压下，与无反馈时相比，为了保持同样的净输入电流，总的输入电流将增大，也就是说，并联负反馈使输入电阻减小，经分析可得如下结论

$$r_{if}=\frac{1}{(1+AF)}r_i \tag{4-10}$$

（2）对输出电阻的影响

放大电路的输出电阻，就是从放大电路的输出端看进去的交流等效电阻。引入负反馈的主要目的是在输入量不变的条件下，使某一输出量得到稳定。因此，负反馈必然影响放大电

路的输出电阻。

① 电压负反馈使输出电阻减小

放大电路的输出端对负载而言，可以看成是一个具有内阻的电压源，这个内阻就是放大电路的输出电阻，很显然，输出电阻越小，输出电压就越稳定。而电压负反馈可以稳定输出电压，这说明采用电压负反馈后，输出电阻减小了，经分析可以得出如下结论：

$$r_{\text{of}}=\frac{1}{1+AF}r_{\text{o}} \tag{4-11}$$

② 电流负反馈使输出电阻增大

放大电路的输出端对负载而言，也可以看成是一个具有内阻的电流源，这个内阻就是放大电路的输出电阻，很显然，输出电阻越大，输出电流就越稳定。而电流负反馈可以稳定输出电流，说明采用电流负反馈后输出电阻增大了，经分析可以得出如下结论

$$r_{\text{of}}=(1+AF)r_{\text{o}} \tag{4-12}$$

4.3 任务实施过程

4.3.1 任务分析

根据任务目标，绘制集成运放电压放大器原理框图如图 4-15 所示。

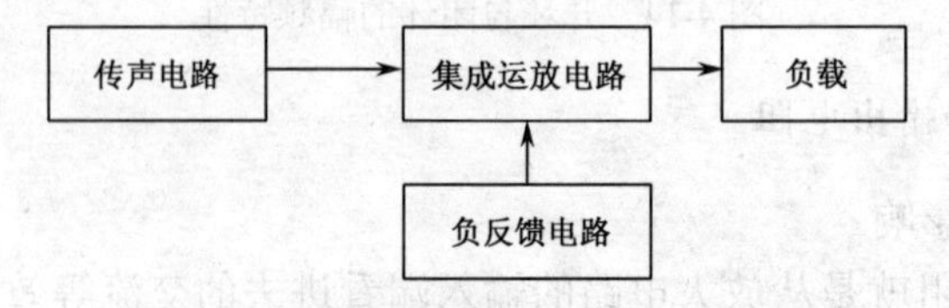

图 4-15 集成运放电压放大器原理框图

图 4-15 中所示框图包括传声电路、负反馈电路、集成运放电路三个部分。传声电路把声音转变为微弱的电压信号，集成运放电路放大电压信号，负反馈电路改善放大性能和决定电压放大倍数。

4.3.2 任务设计

根据任务目标，设计集成运放电压放大电路，如图 4-16 所示。

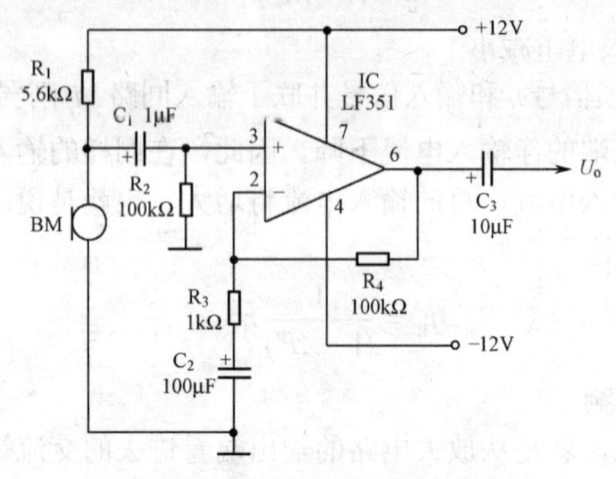

图 4-16 集成运放电压放大电路

图 4-16 所示电路中驻极体式话筒 BM 为传声电路，IC LF351 为集成运放电路，电阻 R_4、R_3 和 C_2 为负反馈电路。

4.3.3　任务实现

驻极体式话筒 BM 输出的微弱电压信号经耦合电容 C_1 输入集成运放 IC，放大后的电压信号经 C_3 耦合输出。电压放大倍数由集成运放外接电阻 R_4、R_3 决定，该电路电压放大倍数 A=100 倍（40dB）。

4.4　知识链接

深度负反馈条件下闭环增益的计算

（1）深度负反馈放大电路的特点

$(1+AF)\gg 1$ 时的负反馈放大电路称为深度负反馈放大电路。由于 $(1+AF)\gg 1$，所以可得

$$A_{\mathrm{f}}=\frac{A}{1+AF}\approx\frac{A}{AF}=\frac{1}{F} \tag{4-13}$$

由于

$$A_{\mathrm{f}}=x_{\mathrm{o}}/x_{\mathrm{i}},\quad F=x_{\mathrm{f}}/x_{\mathrm{o}}$$

所以，深度负反馈放大电路中有

$$x_{\mathrm{f}}\approx x_{\mathrm{i}} \tag{4-14}$$

即

$$x_{\mathrm{id}}\approx 0 \tag{4-15}$$

式（4-13）～式（4-15）说明：在深度负反馈放大电路中，闭环放大倍数由反馈网络决定；反馈信号 x_{f} 近似等于输入信号 x_{i}；净输入信号 x_{id} 近似为零。这是深度负反馈放大电路的重要特点。此外，由于负反馈对输入、输出电阻的影响，深度负反馈放大电路还有以下特点：串联反馈输入电阻 R_{if} 非常大，并联反馈 R_{if} 非常小；电压反馈输出电阻 R_{of} 非常小，电流反馈 R_{of} 非常大。工程估算时，常把深度负反馈放大电路的输入电阻和输出电阻理想化，即认为：深度串联负反馈的输入电阻 $R_{\mathrm{if}}\to\infty$；深度并联负反馈的 $R_{\mathrm{if}}\to 0$；深度电压负反馈的输出电阻 $R_{\mathrm{of}}\to 0$；深度电流负反馈的 $R_{\mathrm{of}}\to\infty$。

根据深度负反馈放大电路的上述特点，对深度串联负反馈，由图 4-17（a）可得：① 净输入信号 u_{id} 近似为零，即基本放大电路两输入端 P、N 电位近似相等，两输入端间近乎短路但并没有真的短路，称为“虚短”；② 闭环输入电阻 $R_{\mathrm{if}}\to\infty$，即闭环放大电路的输入电流近似为零，也即流过基本放大电路两输入端 P、N 的电流 $i_{\mathrm{p}}\approx i_{\mathrm{n}}\approx 0$，两输入端似乎开路但并没有真的开路，称为“虚断”。对深度并联负反馈，由图 4-17（b）可得：① 净输入信号 i_{id} 近似为零，即基本放大电路两输入端“虚断”；② 闭环输入电阻 $R_{\mathrm{if}}\to 0$，即放大电路两输入端也即基本放大电路两输入端“虚短”。因此，对深度负反馈放大电路可得出两个重要结论：基本放大电路的两输入端满足“虚短”和“虚断”。

（2）深度负反馈放大电路性能的估算

利用上述“虚短”和“虚断”的概念可以方便地估算深度负反馈放大电路的性能，下面通过例题来说明估算方法。

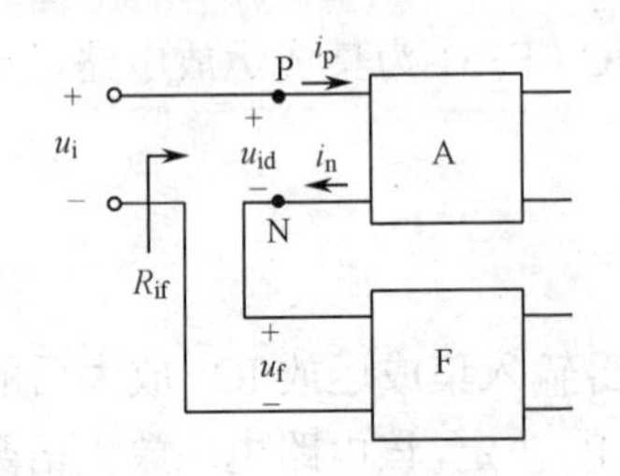

（a）深度串联负反馈放大电路简化框图

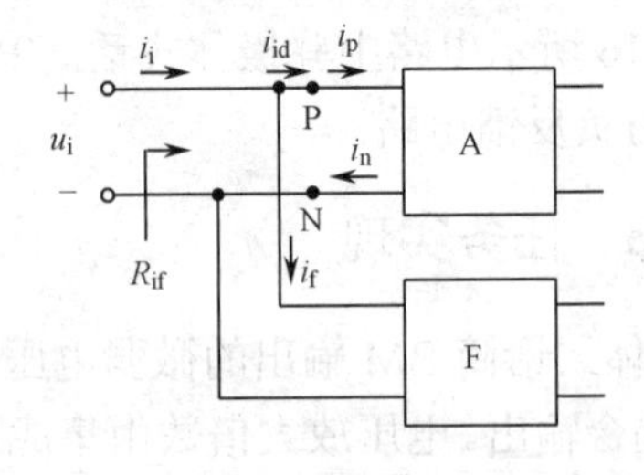

（b）深度并联负反馈放大电路简化框图

图 4-17　深度负反馈放大电路的“虚短”与“虚断”

【例 4-5】估算图 4-18 所示负反馈放大电路的电压放大倍数 $A_{uf}=u_o/u_i$。

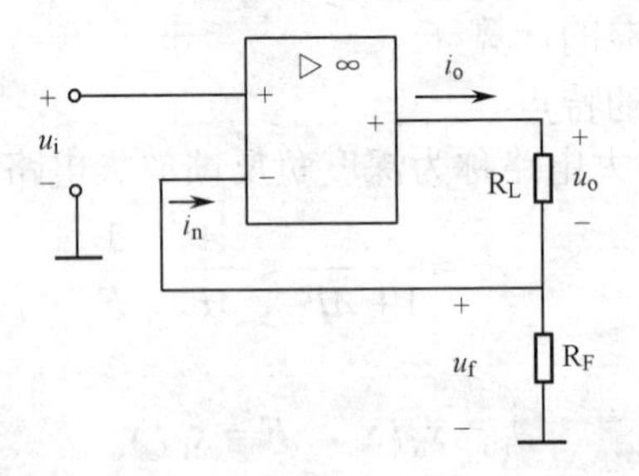

图 4-18　电流串联负反馈放大电路增益的估算

解：这是一个电流串联负反馈放大电路，反馈元件为 R_F，基本放大电路为集成运放，由于集成运放开环增益很大，故为深度负反馈。因此有 $u_f=u_i$，$i_n\approx 0$，所以可得

$$u_f\approx i_oR_F，\quad \frac{u_o}{u_f}=\frac{R_L}{R_F}$$

因此，可求得该放大电路的闭环电压放大倍数为

$$A_{uf}=\frac{u_o}{u_i}\approx\frac{u_o}{u_f}=\frac{R_L}{R_F}$$

【例 4-6】估算图 4-19 所示电路的电压放大倍数 $A_{uf}=u_o/u_i$。

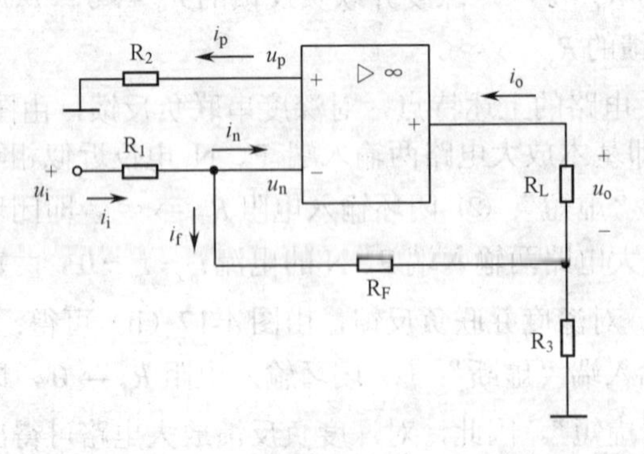

图 4-19　电流并联负反馈放大电路增益的估算

解：这是一个电流并联负反馈放大电路，反馈元件为 R_3、R_F，基本放大电路为集成运放，由于集成运放开环增益很大，故为深度负反馈。

根据深度负反馈时基本放大电路输入端“虚断”，可得$i_n \approx i_p \approx 0$，故同相端电位为$u_p \approx 0$。根据深度负反馈时基本放大电路输入端“虚短”，可得$u_n \approx u_p$，故反相端电位$u_n \approx 0$。因此，由图 4-19 可得

$$i_i = \frac{u_i - u_n}{R_1} \approx \frac{u_i}{R_1}$$

$$i_i \approx \frac{R_3}{R_F + R_3} i_0 = \frac{R_3}{R_F + R_3} \cdot \frac{-u_o}{R_L}$$

在深度并联负反馈放大电路中有$i_i \approx i_f$，所以，可得

$$\frac{u_i}{R_1} \approx \frac{R_3}{R_F + R_3} \cdot \frac{-u_o}{R_L}$$

故该放大电路的闭环电压放大倍数为

$$A_{uf} = \frac{u_o}{u_i} \approx -\frac{R_L}{R_1} \cdot \frac{R_F + R_3}{R_3}$$

【例 4-7】估算图 4-20 所示电路的电压放大倍数。

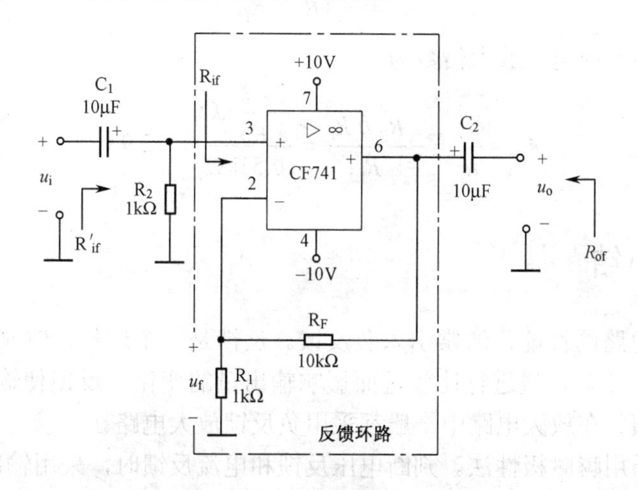

图 4-20　电压串联负反馈放大电路实例

解：这是一个交流放大电路，C_1和C_2为交流耦合电容，其对交流的容抗可以略去。R_1、R_F构成电压串联负反馈，由于集成运放开环增益很大，所以电路构成深度电压串联负反馈。

根据深度串联负反馈放大电路的特点可知$u_i \approx u_f$，根据深度负反馈时基本放大电路输入端“虚断”，可知$i_n \approx 0$，因此，由图 4-20 可得

$$u_i \approx u_f = \frac{u_o R_1}{R_1 + R_F}$$

所以，该放大电路的闭环电压放大倍数 A_{uf} 为

$$A_{uf} = \frac{u_o}{u_i} \approx \frac{R_1 + R_F}{R_1} = \frac{1+10}{1} = 11$$

【例 4-8】若图 4-21 所示电路为深度负反馈放大电路，试估算其电压放大倍数。

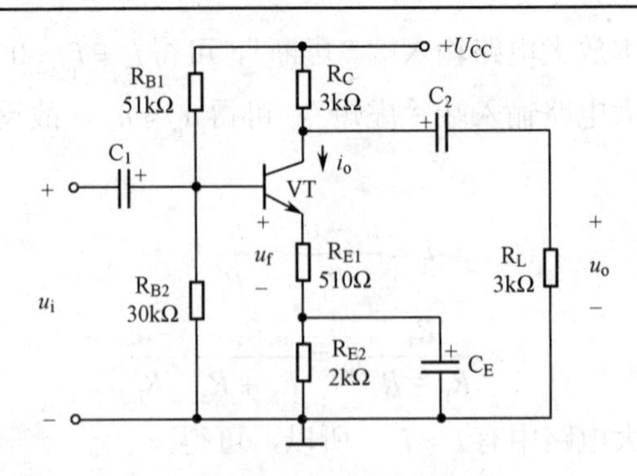

图 4-21　三极管共发射极放大电路实例

解：图 4-21 所示为一个实用的三极管共发射极放大电路，R_{E1} 构成电流串联负反馈，由于 R_{E1} 值较大，故为深度负反馈。

由图 4-21 可得

$$u_i \approx u_f = i_o R_{E1}$$
$$u_o = -i_o (R_C // R_L)$$

因此，该放大电路的闭环电压放大倍数为

$$A_{uf} = \frac{u_o}{u_i} = -\frac{R_C // R_L}{R_{E1}} = \frac{\frac{3\times3}{3+3}\text{k}\Omega}{0.51\text{k}\Omega} = -2.94$$

4.5　阶段小结

为了改善放大电路的性能，通常引入负反馈。反馈是一个过程，它是通过反馈网络将输出量反送到输入端，和输入量进行比较进而影响输出量的变化。反馈使输出量减小的为负反馈，反之，为正反馈。在放大电路中一般都采用负反馈放大电路。

判断反馈的性质用瞬时极性法。判断电压反馈和电流反馈时，采用输出短路法进行判断。判断串联反馈还是并联反馈，以输入信号和反馈信号的连接方式进行判断。常见的负反馈放大电路有：电压串联负反馈、电压并联负反馈、电流串联负反馈和电流并联负反馈四种类型。

直流负反馈可以稳定静态工作点，交流负反馈能提高闭环电压增益的稳定性，展宽通频带，减小非线性失真，改变放大电路的输入、输出电阻。负反馈改善放大器性能是以牺牲增益为代价的。

4.6　边学边议

1. 引入负反馈后输出信号的幅度会减小。若为了提高电路增益，放大器能否采用正反馈呢？

2. 既然负反馈可以减小非线性失真，那么放大器工作点是不是就可以随意设置了？

3. 试判断图 4-22 所示电路引入的是正反馈还是负反馈？是直流反馈还是交流反馈？并判断电路的反馈类型。

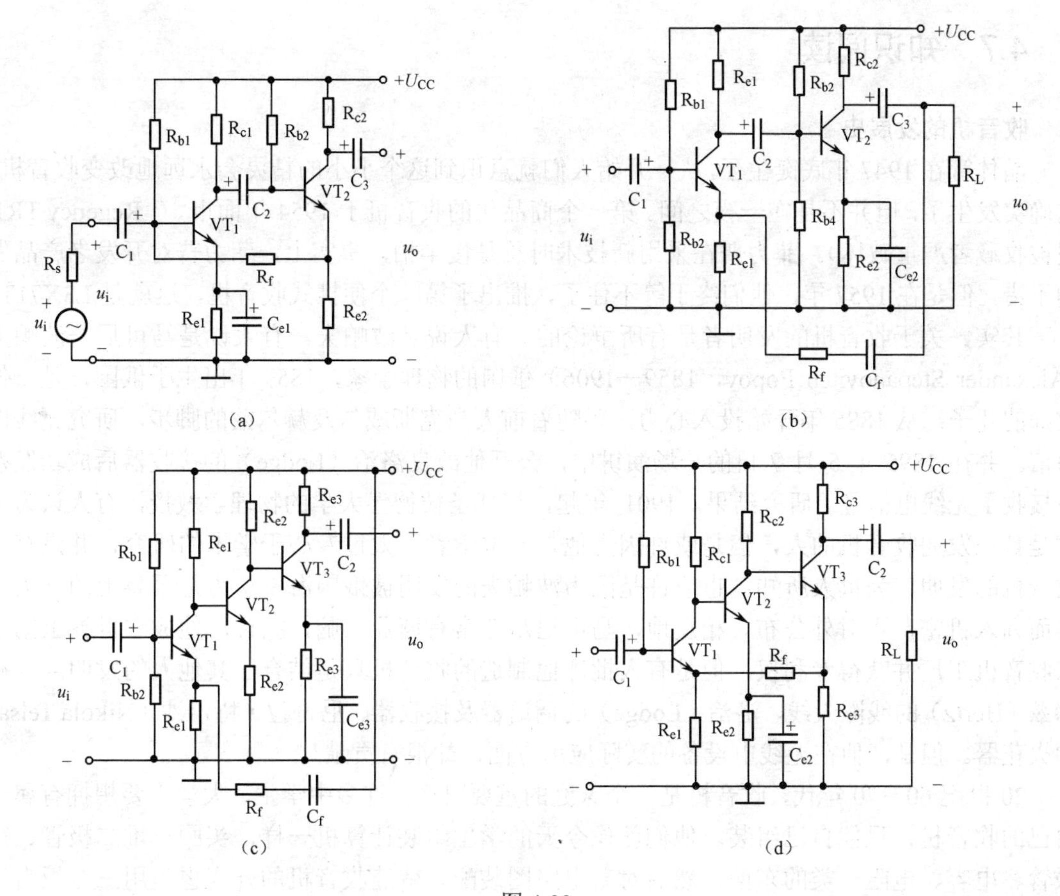

图 4-22

4．在图 4-23 所示电路中，要求：（1）使电路带负载能力增强；（2）信号源向放大电路提供的电流要小，试问应在电路中引入何种类型的负反馈？请在图上画出反馈网络的连接方式。

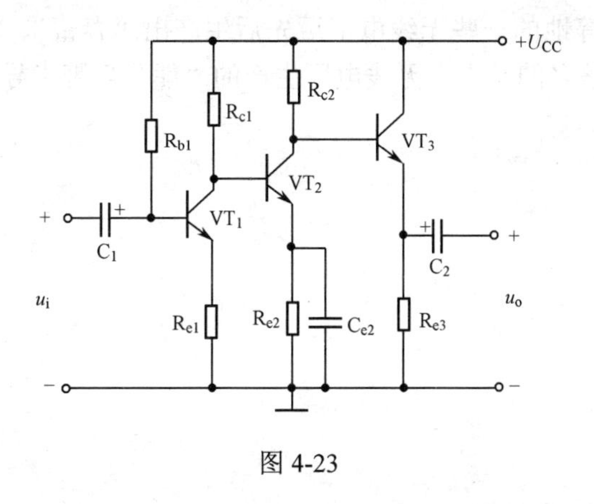

图 4-23

4.7 知识阅读

收音机的发展史

晶体管在 1947 年底诞生了，从一开始人们就意识到这个小小的精灵会永远地改变收音机。这确实发生了，但并不是在一夜之间。第一个商品化的收音机于 1954 年面市（ Regency TR1，现被收藏者严重破坏）。菲力普在采用新技术时总是慢半拍，事实上，菲力普对开发老产品做的不错。但是在 1957 年，他们终于等不住了，推出了第一个便携式收音机，这就是 L3X71T。

其实，关于收音机的发明者是有所争论的。有人说是波帕夫，有人说是马可尼。波帕夫（Alexander Stepanovitch Popov，1859—1906）俄国的物理学家，1859 年出生于俄国，是一位牧师的儿子；从 1885 年开始投入心力，踏随着前人马克斯威尔及赫尔兹的脚步，研究无线电通信。并在 1895 年 5 月 7 日的一场演讲中，公开他改良洛治（Lodge）的接收器后成功发射及接收了无线电信号的研究结果。1901 年起，担任圣彼德堡大学的物理学教授，有人认为他才是真正发明收音机的人，但是或许因为他是一位学者，太过专心于学术的研究，并没有让收音机的发明广为世人所知；也或许是因为波帕夫的发明被俄国海军认为是军事上的一大利器而列入机密，不对外公布。相反地，马可尼却非常有商业头脑，据说，他成立世界上第一家收音机工厂并获得专利权，但是有人批评他制造的收音机只是结合了其他人的发明——赫尔兹（Hertz）的线圈天线、洛治（Lodge）的调谐器及接收器、尼哥拉·特尔沙（Nikola Telsa）的火花器。但是，他在无线电设备的实际应用方面，却很有贡献！

20 世纪 60～70 年代，收音机是一个家庭的重要财产。许多中学生、大学生要想拥有属于自己的收音机，只能自己组装。他们就像今天的学生组装计算机一样，买回一堆二极管、三极管、电容、电阻一类的东西，然后对着电路图装配。就连收音机的外壳也是用三合板自己做成的。

电子工业是 20 世纪 40 年代发展起来的新兴工业。我国从第一个五年计划开始，陆续建立了一批生产电子产品的骨干工厂和科学研究单位。1958 年，上海宏音无线电器材厂、天和电化厂等 9 个工厂及上海无线电子技术研究所联合研制成功了我国第一台半导体收音机。此后，上海、北京、南京等地的一些无线电工厂先后生产出“春蕾”、“飞乐”、“红灯”等半导体收音机。其中，最为著名的是南京无线电厂生产的“熊猫”牌半导体收音机。

模块 3

模拟集成电路

模拟集成电路的应用

任务 5 汽车倒车警示电路

5.1 任务目标

- 知道集成运放的基本组成及主要参数的意义。
- 知道模拟集成电路的功能及运用。
- 能使用模拟集成电路设计倒车警示电路。
- 能运用模拟集成电路进行实际应用电路的安装与调试。

5.2 知识积累

5.2.1 差分放大器

差分放大器又称为差动放大器或差值放大器，它实质上是一个直接耦合放大电路，它不仅能放大直流信号，而且能有效地抑制零点漂移。因此，集成电路的输入级都采用它，多级直接耦合放大器中的第一级也常采用。

1. 基本形式

基本差动电路如图 5-1 所示。图中 VT_1、VT_2 是特性相同的晶体管，电路对称，参数也对称。如：$U_{BE1}=U_{BE2}$，$R_{c1}=R_{c2}=R_c$，$R_{b1}=R_{b2}=R_b$，$\beta_1=\beta_2=\beta$。电路有两个输入端和两个输出端。差动电路对电路的基本要求是：两个电路的参数完全对成，两个管子的温度特性也完全对称。

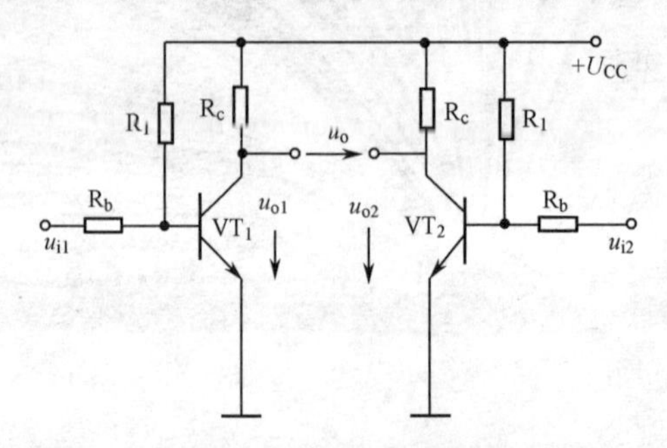

图 5-1 基本差动电路

输入电压 u_{i1} 与 u_{i2} 分别加到两管的基极，经过放大后获得输出电压 u_o，它等于两管集电极

输出电压之差 $u_o=u_{o1}-u_{o2}$

2. 工作原理

（1）静态分析

当 $u_{i1}=u_{i2}=0$ 时，即静态时，由于电路完全对称：$I_{C1}=I_{C2}=I_C$，$R_{c1}I_{C1}=R_{c2}I_{C2}$，$u_o=u_{C1}-u_{C2}=0$，即输入为 0 时，输出也为 0。

静态工作点的估算

$$I_{C1}=I_{C2}=I_C\approx I_E \tag{5-1}$$

$$U_{C1}=U_{C2}=U_{CC}-I_CR_c \tag{5-2}$$

$$I_{B1}=I_{B2}=I_C/\beta=I_B=I/2\beta \tag{5-3}$$

（2）差模输入

差模输入差动放大电路如图 5-2 所示。若把信号 u_i 加到两输入端之间（即双端输入），输入信号被 R_1、R_2（$R_1=R_2=R$）分压为大小相等、极性相反的一对输入信号。

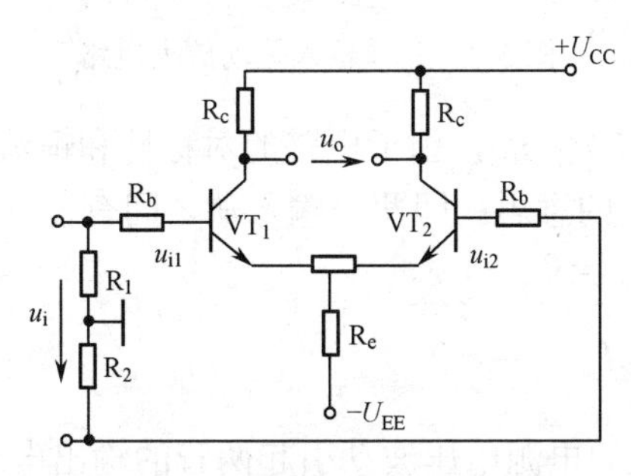

图 5-2　差模输入差动放大电路

由于电路对称，则加到两管基极至地的信号是极性相反、大小相等的（即 $u_{i1}=\frac{1}{2}u_i$，$u_{i2}=-\frac{1}{2}u_i$)。通常把这种大小相等、极性相反的信号称为“差模信号”。称这种输入方式为“差模输入”。

由于 $A_{u1}=A_{u2}=A_u$

所以差分放大器的放大倍数 A_{ud}（称为差模放大倍数）为

$$A_{ud}=\frac{u_o}{u_i}=\frac{u_{o1}-u_{o2}}{u_i}=\frac{A_{u1}u_{i1}-A_{u2}u_{i2}}{u_i}=\frac{\frac{1}{2}u_iA_u-(-\frac{1}{2}u_i)A_u}{u_i}=A_u \tag{5-4}$$

即　　$A_{ud}=A_u$

上式说明，两个管子组成的差动放大器的放大倍数与基本放大器（单管）的相同。可以认为，这种电路的特点是多用一个放大管来换取对零点漂移的抑制。

加入差模信号时，即 $u_{i1}=-u_{i2}=u_i/2$，从电路看 u_{b1} 增大使得 i_{b1} 增大，使 i_{c1} 增大，使得 u_{c1} 减小 u_{b2} 减小使得 i_{b2} 减小，又使得 i_{c2} 减小，使得 u_{c2} 增大。由此可推出：$u_o=u_{c1}-u_{c2}=2u_{c1}$，每个变化量 u 不等于 0，所以有信号输出。

（3）共模输入

共模输入差动放大电路如图 5-3 所示。共模信号：把差动放大器输入端加一对极性相同、大小相等的信号，这种输入方式称为“共模输入”（在实际工作中，共模信号总会遇到的，例如外界干扰信号同时从两管基极输入时，就相当于共模输入）。

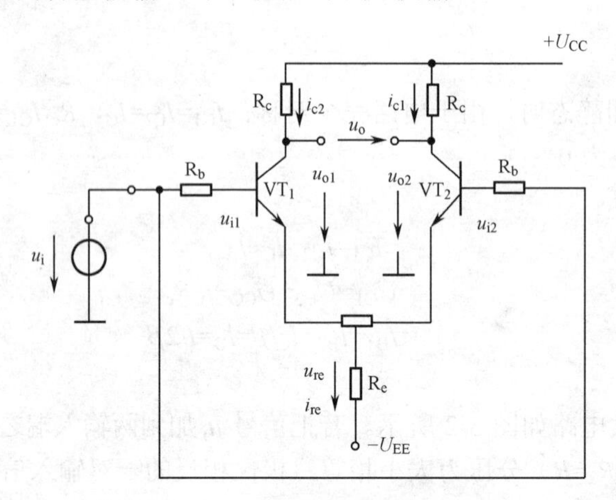

图 5-3 共模输入差动放大电路

即输入端加共模信号，即 $u_{i1}=u_{i2}$，由于电路的对称性和恒流源偏置，理想情况下 $u_o=0$，无输出。这就是所谓“差动”的意思；即两个输入端之间有差别，输出端才有变动。

因为输出电压 $u_o = u_{o1} - u_{o2} = 0$

所以共模电压放大倍数 $A_{uc} = \dfrac{u_o}{u_i} = 0$ (5-5)

在理想情况下，温度变化，电源电压波动引起两管的输出电压漂移Δu_{o1}和Δu_{o2}相等，分别折合为各自的输入电压漂移也必然相等，即为共模信号。可见零点漂移等效于共模输入。实际上差分放大器不可能绝对对称，故共模放大信号不为零。共模放大倍数 A_{uc} 越小，则表明抑制零漂能力越强。

（4）共模抑制比 K_{CMR}

在差动放大器中，常用共模抑制比 K_{CMR} 来衡量放大器对有用信号的放大能力及对无用漂移信号的抑制能力。

定义：K_{CMR} 为差模放大倍数与共模放大倍数之比。

定义式：$K_{CMR} = \left|\dfrac{A_{ud}}{A_{uc}}\right|$ (5-6)

式中，A_{ud} 是差分放大器对差模信号的放大倍数；A_{uc} 是对共模电压放大倍数

共模抑制比越大，差分放大器的性能越好。

3. 抑制零点漂移的原理

在差分电路中，无论是温度的变化，还是电流源的波动都会引起两个三极管的 i_c 及 u_c 的变化。 这个效果相当于在两个输入端加入了共模信号，在理想情况下，u_o 不变，从而抑制了零点漂移。凡是对差放两管基极作用相同的信号都是共模信号。常见的有：

（1）u_{i1} 不等于$-u_{i2}$ 的信号中含有共模信号；

（2）干扰信号（通常是同时作用于输入端）；

（3）零点漂移信号。

实际情况下，要做到两管完全对称和理想恒流源是比较困难的，但输出漂移电压也将大为减小。综上分析，放大差模信号，抑制共模信号是差放的基本特征。通常情况下，我们感兴趣的是差模输入信号，对于这部分有用信号，希望得到尽可能大的放大倍数；而共模输入信号可能反映由于温度变化产生的漂移信号或随输入信号一起进入放大电路的某种干扰信号。对于这样的共模输入信号我们希望尽量地加以抑制，不予放大传送。

4. *差动放大器的输入/输出方式*

差动放大电路有两个输入端和两个输出端。同样，输出也分双端输出和单端输出方式。组合起来，差动放大器共有四种输入/输出方式：双端输入、双端输出（双入双出），双端输入、单端输出（双入单出），单端输入、双端输出（单入双出），单端输入、单端输出（单入单出）。

（1）双端输入双端输出电路

双端输入双端输出电路如图 5-4 所示。

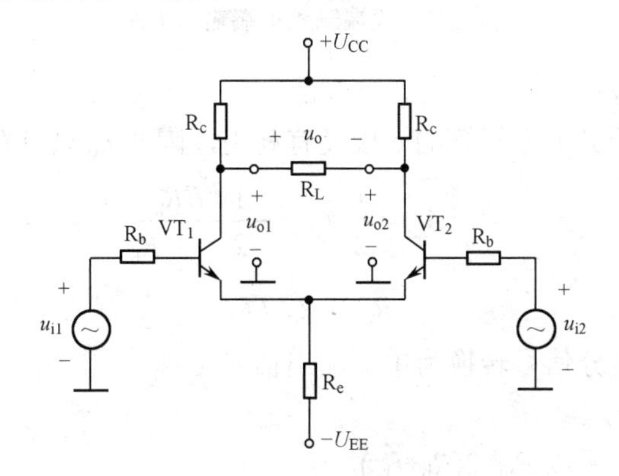

图 5-4　双端输入双端输出电路

① 差模电压放大倍数

差模输入：$u_{i1}=-u_{i2}$，则 i_{c1} 上升时，i_{c2} 下降。

若电路完全对称时，则$\Delta i_{c1}=\Delta i_{c2}$，因为 I_e 不变，因此$\Delta u_e=0$，电路可以用图 5-4 表示。

$$A_{ud}=\frac{u_o}{u_{id}}=\frac{u_{o1}-u_{o2}}{u_{i1}-u_{i2}}=\frac{2u_{o1}}{2u_{i1}}=-\frac{\beta R_L'}{r_{be}+R_b} \tag{5-7}$$

$$(R_L'=R_c//\frac{R_L}{2})$$

由上面的计算可见，负载在电路完全对称，双入双出的情况下，$A_{ud}=A_{u1}$，可见该电路使用成倍的元器件换取抑制零漂的能力。

② 共模电压放大倍数

$$A_{uc}=0$$

③ 差模输入电阻 R_{id}

从两个输入端看进去的等效电阻 $R_{id}=2(R_b+r_{be})$。（5-8）

④ 差模输出电阻 R_o

从两个输出端看进去的等效电阻 $R_o=2R_c$。（5-9）

R_o、R_{id}是单管的两倍。

（2）双端输入单端输出电路

双端输入单端输出电路如图 5-5 所示。

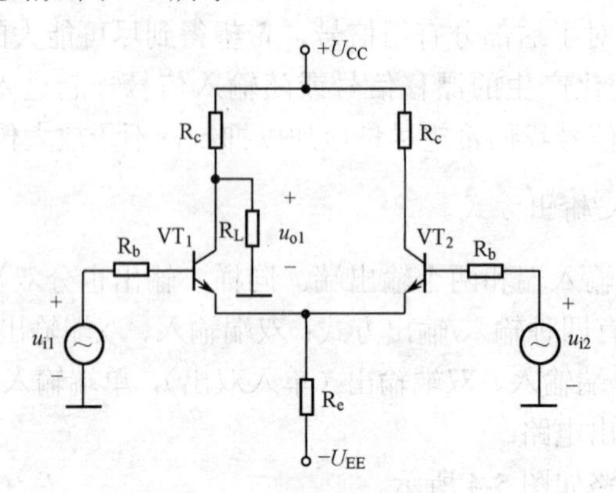

图 5-5　双端输入单端输出电路

① 差模电压放大倍数

对于差模信号：由于另一三极管的 c 极没有利用，因此 u_o 只有双出的一半。

$$A_{ud}=\frac{1}{2}A_{u1}=-\frac{1}{2}\frac{\beta R_L'}{r_{be}+R_b} \tag{5-10}$$

$$R_L'=R_C\,//\,R_L$$

这种方式适用于将差分信号转换为单端输出信号。

② 差模输入电阻

由于输入回路没变，所以 $R_{id}=2(R_b+r_{be})$。　（5-11）

③ 差模输出电阻 $R_o=R_c$　（5-12）

④ 共模电压放大倍数

如图 5-6 所示，双端共模输入单端输出电路，$u_{i1}=u_{i2}=u_{ic}$。

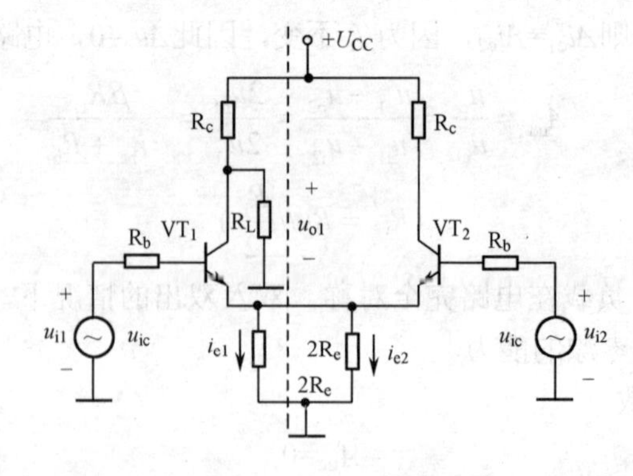

图 5-6　双端共模输入单端输出电路

设 u_{i1}↑、u_{i2}↑→i_{e1}↑、i_{e1}↑→i_{Re}（$=2i_{e1}$）↑，画出共模等效电路如图 5-7 所示。

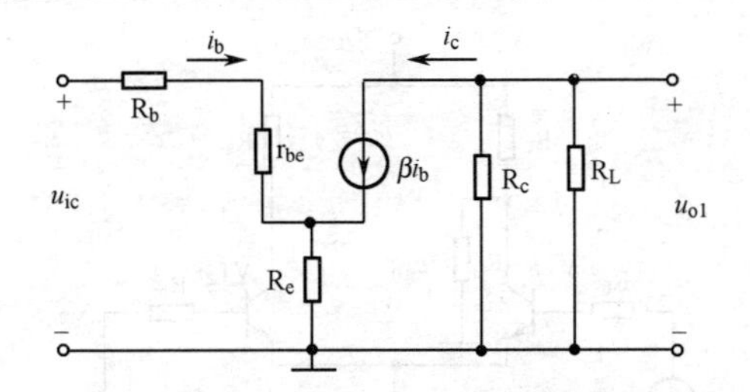

图 5-7　双端输入单端输出共模等效电路

共模电压放大倍数

$$A_{uc}=\frac{u_{oc}}{u_{ic}}=\frac{u_{o1}}{u_{ic}}=-\frac{\beta R_L'}{R_b+r_{be}+(1+\beta)2R_e}\approx-\frac{R_L'}{2R_e} \tag{5-13}$$

（3）单端输入双端输出电路

如图 5-8 所示单端输入双端输出电路。

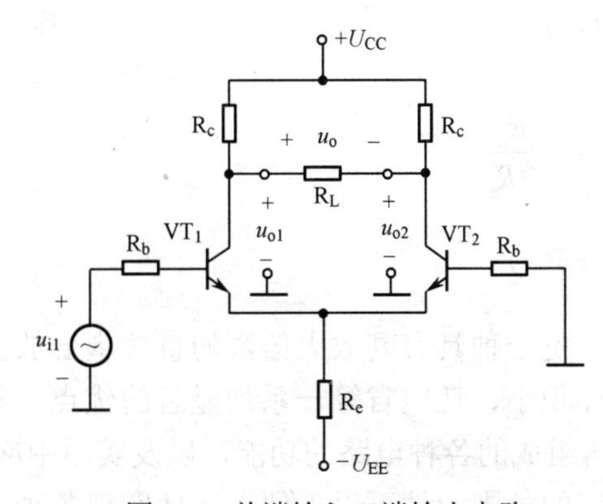

图 5-8　单端输入双端输出电路

对于单端输入，如图 5-8 所示 VT_2 的基极接地。当 $u_i>0$ 时，i_{c1} 增大，使 i_{e1} 也增大，u_e 增大。由于 VT_2 的基极通过接地，则 $u_{BE2}=0-u_e=-u_e$，所以有 u_{BE2} 减小，i_{c2} 也减小。整个过程，在单端输入 u_i 的作用下，两个晶体管的电流为 i_{c1} 增大，i_{c2} 减少。所以单端输入时，VT_1、VT_2 仍然工作在差分状态。单端输入与双端输入是一致的。

此时计算同双端输入双端输出：

差模电压放大倍数：$A_{ud}=-\dfrac{\beta(R_c//\frac{R_L}{2})}{R_b+r_{be}}$　（5-14）

共模电压放大倍数：$A_{uC}=0$　（5-15）

差模输入电阻：$R_{id}=2（R_b+r_{be}）$　（5-16）

输出电阻：$R_o=2R_c$　（5-17）

（4）单端输入单端输出电路

单端输入单端输出电路如图 5-9 所示。

计算同双端输入单端输出。

差模电压放大倍数：$A_{ud}=\pm\dfrac{\beta\left(R_c//R_L\right)}{2\left(R_b+r_{be}\right)}$　（5-18）

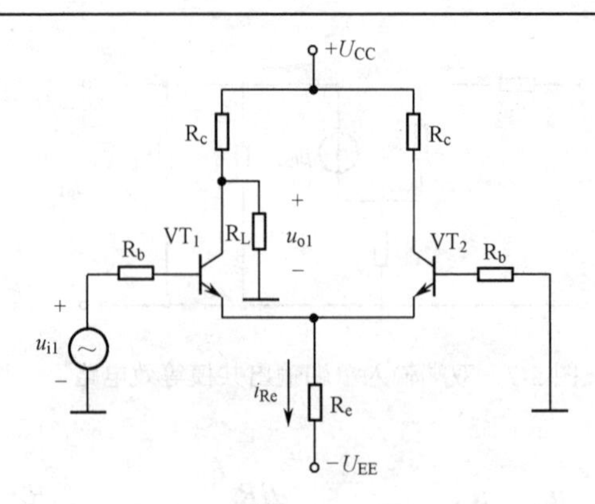

图 5-9 单端输入单端输出电路

放大倍数的正负号的意义是：从 VT_1 的基极输入信号，如果从 u_{o1} 输出为负号；从 u_{o2} 输出为正号。

差模输入电阻：$R_{id}=2(R_b+r_{be})$ （5-19）

输出电阻：$R_o=R_c$ （5-20）

共模电压放大倍数：$A_{uc}\approx -\dfrac{R_L'}{2R_e}$ （5-21）

5.2.2 集成运算放大器

运算放大器（简称运放）是一种具有高放大倍数的直接耦合放大电路。集成运算放大器具有使用方便、工作可靠、体积小、耗电省等一系列显著的优点，具有广泛的用途。因此，应该全面了解集成运算放大器组成的各种电路的功能，以及实用中应该注意的一些问题。

集成运算放大器配接不同的外围元件可以方便灵活地实现各种不同功能的电路（线性放大和非线性电路）。用运算放大器组成的运算电路（也叫运算器），可以实现输入信号与输出信号之间的数学运算和函数关系，是运算放大器基本的用途之一，这些运算器包括比例器、加法器、减法器、对数运算器、积分器、微分器、模拟乘法器等各种模拟运算功能电路。模拟运算器具有使用方便、简单可靠、响应速度快、信号连续平滑变化、无量化误差等优点，广泛使用在仪器仪表及各种实时控制电路之中。调零电位器阻值应根据不同型号的运放选用。

1. 集成运算放大器的特点

（1）元器件参数的一致性和对称性好；

（2）电阻的阻值受到限制，大电阻常用三极管恒流源代替，电位器需外接；

（3）电容的容量受到限制，电感不能集成，故大电容、电感和变压器均需外接；

（4）二极管多用三极管的发射结代替。

2. 集成运算放大器基本构成

模拟集成运算放大器方框图如图 5-10 所示。

输入级：输入电阻高，能减小零点漂移和抑制干扰信号，一般采用带恒流源的差分放大器。

中间级：要求电压放大倍数高，常采用带恒流源的共发射极放大电路构成。

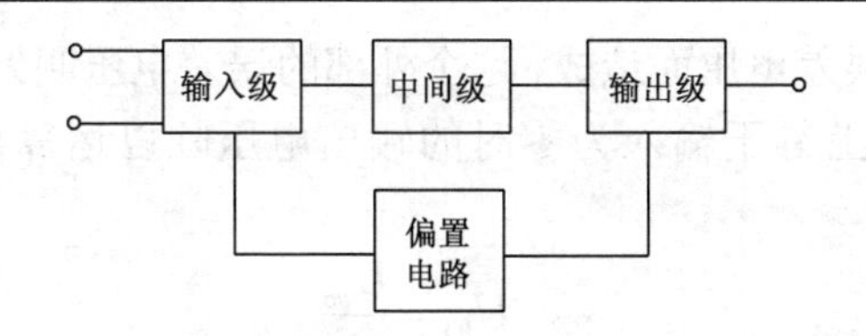

图 5-10　模拟集成运算放大器方框图

输出级：与负载相接，要求输出电阻低，带负载能力强，一般由互补对称电路或射极输出器构成。

偏置电路：由镜像恒流源等电路组成。作用是为上述各级电路提供稳定、合适的偏置电流，决定各级的静态工作点。

运放是由具有高放大倍数的直接耦合放大电路组成的半导体多端元件。而在本模块中所讲到"运放"，是指实际运放的电路模型——一种四端元件。其符号如图 5-11 所示。

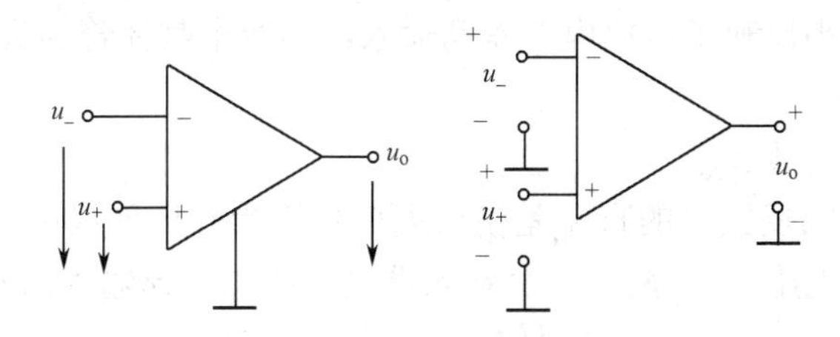

图 5-11　运放的符号

在新国标中，运放及理想运放的符号分别如图 5-12 所示。

图 5-12　运放的新国标符号

运算放大器是一个多端器件，它有两个输入端，一个同相输入端和一个反相输入端，分别用"+"和"−"表示。有一个对地输出端，还有一对施加直流电压的接线端，连接电压源，以供运放内部各元件所需的功率和传送给输出端负载的功率。有的运放可能还有调零和相位补偿端口。

3. 主要参数

由于运算放大器采用的是封装的形式，所以我们在使用运算放大电路时，最关心的就是各引脚的作用及放大器的主要参数。至于它们的内部结构如何无关紧要。

（1）输入失调电压

理想运算放大器，当输入信号为零时其输出也为零。但在实际的集成电路器件中，由于输入级的差动放大电路总会存在一些不对称的现象（由晶体管组成的差动输入级，不对称的主要原因是两个差放管的 u_{BE} 不相等），使得输入为零时，输出不为零。这种输入为零而输出不为零的现象称为"失调"。为讨论方便，人们将由于器件内部的不对称所造成的失调现象，看成是由于外部存在一个误差电压而造成，这个外部的误差电压叫做输入失调电压，记作 U_{IO}。

输入失调电压在数值上等于输入为零时的输出电压除以运算放大器的开环电压放大倍数：

$$U_{IO} = \frac{U_{oo}}{A_{od}} \tag{5-22}$$

式中：U_{IO}——输入失调电压；

U_{oo}——输入为零时的输出电压值；

A_{od}——运算放大器的开环电压放大倍数。

（2）输入失调电流 I_{IO}

当输入信号为的零时，运放两个输入端的输入偏置电流之差称为输入失调电流，记为 I_{IO}。

$$I_{IO} = \left| I_{B1} - I_{B2} \right| \tag{5-23}$$

式中：I_{B1}、I_{B2}——运算放大器两个输入端的输入偏置电流。

输入失调电流的大小反映了运放内部差动输入级的两个晶体管的失配度，I_{B1}、I_{B2} 本身的数值很小（μA 或 nA 级）。

（3）开环差模放大倍数 A_{od}

集成运放在没有外部反馈时的直流差模放大倍数称为开环差模电压放大倍数，用 A_{od} 表示。它定义为开环输出电压 U_o 与两个差分输入端之间所加差模输入信号 U_{id} 之比：

$$A_{od} = \frac{U_o}{U_{id}} \text{ 或 } A_{od} = 20\lg\frac{U_o}{U_{id}} \text{（dB）} \tag{5-24}$$

A_{od} 越高，所构成的运算电路越稳定，运算精度也越高。

（4）共模抑制比 K_{CMR}

集成运放的差模电压放大倍数 A_{od} 与共模电压放大倍数 A_{oc} 之比称为共模抑制比，记为 K_{CMR}。

$$K_{CMR} = \frac{A_{od}}{A_{oc}} \text{ 或 } K_{CMR} = 20\lg\left|\frac{A_{od}}{A_{oc}}\right| \quad \text{(dB)} \tag{5-25}$$

共模信号是指加在运算放大器两个输入端上幅值、相位都相等的输入信号，是一种无用的信号（常因电路结构、干扰和温漂造成）。理想运算放大器的输入级是完全对称的，其共模电压放大倍数为零，所以当只输入共模信号时，理想运放的输出信号为零；当输入信号中包含差模信号与共模信号两种成分时，理想运放输出信号中的共模成分为零。但在实际的集成运算放大器中，因为电路结构不可能完全对称，所以其共模电压放大倍数不可能为零，当输入信号中含有共模信号时，其输出信号中必然含有共模信号的成分。输出端共模信号越小，说明电路对称性越好，也就是说运放对共模干扰信号的抑制能力越强。人们用共模抑制比 K_{CMR} 来衡量集成运算放大器对共模信号的抑制能力。K_{CMR} 越大，对共模信号的抑制能力越强，抗共模干扰的能力越强。

（5）共模输入电压范围 U_{ICM}

集成运放所能承受的最大共模电压称为共模输入电压范围，超出这个范围，运放的 K_{CMR} 会大大下降，输出波形产生失真，有些运放还会出现“自锁”现象以及永久性的损坏。

（6）最大输出电压 U_{OPP}

能使输出和输入保持不失真关系的最大输出电压。集成运放的最大输出电压又称输出电压动态范围，记为 U_{OPP}，该参数与电源电压、外接负载及信号源频率有关。

4. 集成运算放大器的理想特性

（1）理想运算放大器的条件

在分析运算放大器的电路时，一般将它看成是理想的运算放大器。理想化的主要条件：

① 开环差模电压放大倍数 $A_{od} \to \infty$。

② 开环输入电阻 $r_{id} \to \infty$。

③ 开环输出电阻 $r_o \to 0$。

④ 共模抑制比 $K_{CMR} \to \infty$。

满足以上理想化条件的放大器，我们称之为理想运算放大器。图 5-13 为理想运算放大器的电压传输特性。表示输出电压和输入电压之间的关系曲线称为运算放大器的电压传输特性曲线。

（2）运放电压传输特性 $u_o=f(u_i)$

在运放的输入端分别同时加上输入电压 u^+和 u^-（即差动输入电压为 u_d）时，则其输出电压 u_o 为：

线性区：$u_o = A_{od}(u^+ - u^-)$　　（5-26）

非线性区：$u^+ > u^-$时，$u_o = +U_{o(sat)}$；$u^+ < u^-$ 时，$u_o = -U_{o(sat)}$　　（5-27）

实际上，运放是一种单向器件，即输出电压受输入电压的控制，而输入电压并不受输出电压的控制。由其输入输出关系可以看出，运放的线性放大部分很窄，当输入电压很小时，运放的工作状态就已经进入了饱和区，输出值开始保持不变。

运放的电路模型如图 5-14 所示。

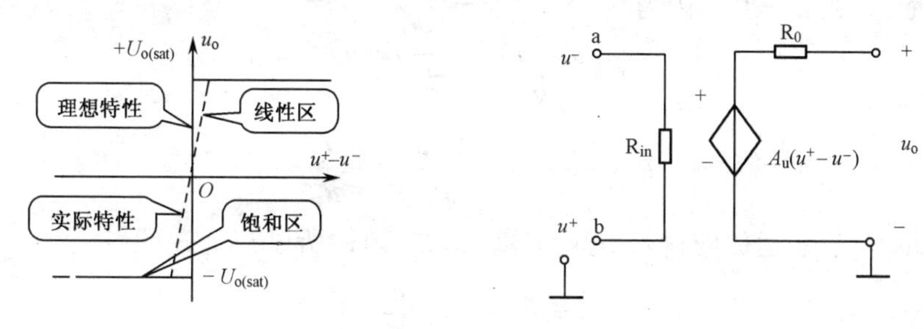

图 5-13　理想运算放大器的电压传输特性　　图 5-14　运放的电路模型

由运放的这一模型，我们可以通过将运放等效为一个含有受控源的电路，从而进行分析计算。

（3）理想运放工作在线性区的特点

① 虚短：由于理想运放的线性段放大倍数为无穷大，即从理论上说，要运放工作在线性区域，运放的输入电压应该无穷小，可见工作在线性区的理想运放的输入端电压近似为零，也就是说，输入端在分析时可以看成是短接的，这就是所谓的“虚短”。在分析计算中，运放的同相端与反相端等电位。

差模输入电压约等于 0，即 $u^+ = u^-$，称“虚短”。

② 虚断：由运放的模型可见，当运放工作在线性区内时，其输入电压近似为零，那么其

输入电流也近似为零。这样，我们在分析计算含运放的电路时，可以将运放的两个输入端视为开路。

输入电流约等于0，即 $i^{+}=i^{-}\approx 0$，称“虚断”。

③ 虚地：当运放的同相端（或反相端）接地时，运放的另一端也相当于接地，我们称其为“虚地”。

（4）理想运放工作在饱和区的特点

① 输出只有两种可能——$+U_{o(sat)}$或$-U_{o(sat)}$。

当$u^{+}>u^{-}$ 时，$u_o=+U_{o(sat)}$；当$u^{+}<u^{-}$时，$u_o=-U_{o(sat)}$。不存在“虚短”现象。

② $i^{+}=i^{-}\approx 0$，仍存在“虚断”现象。

5. 运算放大器在信号运算方面的运用

（1）反相比例器

如图5-15所示为反相比例器。

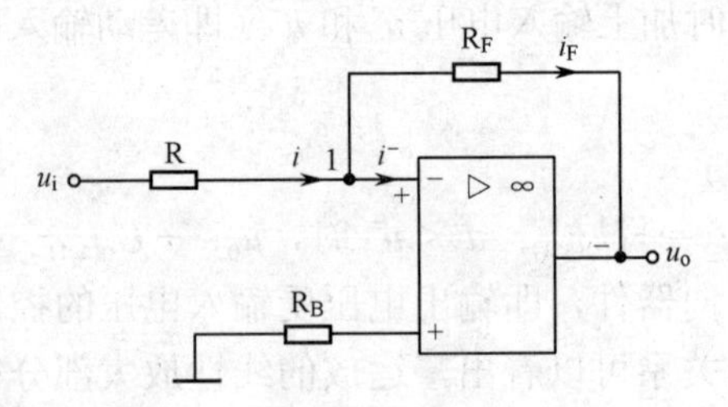

图5-15　反相比例器电路

由于“虚断”，则$u^{-}=0$。因为

$$i=\frac{u_i-u^{-}}{R}=\frac{u_i-0}{R}=\frac{u_i}{R}$$

$$i_F=\frac{u^{-}-u_o}{R_F}=\frac{0-u_o}{R_F}=-\frac{u_o}{R_F}$$

由于“虚短”，理想运放的输入电流为零，即$i^{-}=0$，所以$i=i_F$。即

$$i=\frac{u_i}{R}=i_F=-\frac{u_o}{R_F}$$

因此

$$u_o=-\frac{R_F}{R}u_i \tag{5-28}$$

由此可见，可以通过改变电阻R、R_F的大小，从而改变电路的比例系数。该电路正是一个由运放构成的反相比例器。

注意：其中的R_B是运放输出平衡电阻，主要是因为运放内部结构要求两个输入段对应的输出电阻平衡所致。其他的运放电路中均有此平衡电阻存在，只是具体的计算不在本课程中讲述。

（2）反相器

利用反相比例器实现$u_o=-u_i$。当比例器中的$R=R_F$时，则$u_o=-u_i$，即为一个反相器。

（3）同相比例运算电路

图 5-16（a）是同相比例运算电路，电压串联负反馈，输入端虚短、虚断，即

$$u^{-}=u^{+}=u_{\mathrm{i}}$$

它的输出电压与输入电压之间的关系为

$$u_{\mathrm{i}}=\frac{R_1}{R_{\mathrm{f}}+R_1}u_{\mathrm{o}}$$

$$u_{\mathrm{o}}=(1+\frac{R_{\mathrm{F}}}{R_1})u_{\mathrm{i}} \qquad (5\text{-}29)$$

$$R_2=R_1/R_{\mathrm{F}}$$

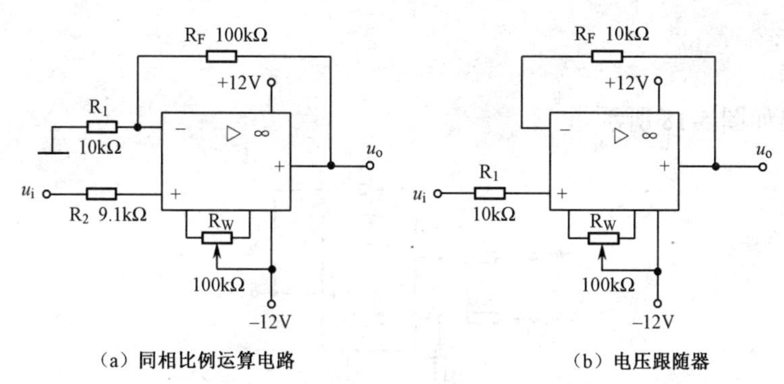

（a）同相比例运算电路　　（b）电压跟随器

图 5-16　同相比例运算电路

（4）电压跟随器

当 $R_1\to\infty$时，$u_{\mathrm{o}}=u_{\mathrm{i}}$，即得到如图 5-16（b）所示的电压跟随器。图 5-16（b）中 $R_2=R_{\mathrm{F}}$，用以减小漂移和起保护作用。一般 R_{F} 取 10kΩ，R_{F} 太小起不到保护作用，太大则影响跟随性。

（5）加法器

加法器电路如图 5-17 所示。

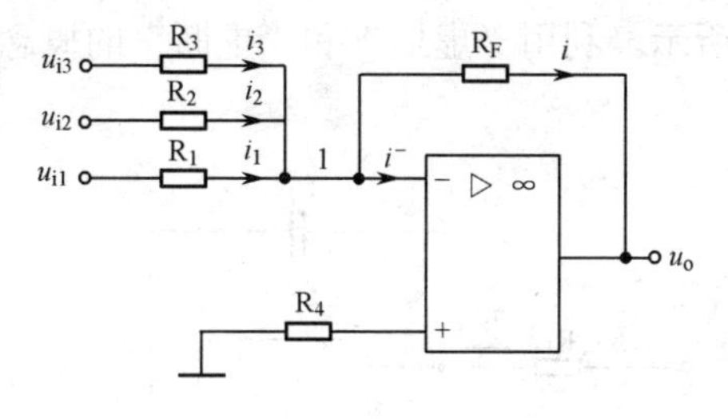

图 5-17　加法器电路

由于“虚短”，理想运放的输入电流为零，即$i^{-}=0$，所以$i=i_1+i_2+i_3$。

由于“虚断”，则节点 1 的电位为零。列写方程：

$$i_3=\frac{u_{\mathrm{i3}}-0}{R_3}=\frac{u_{\mathrm{i3}}}{R_3}$$

$$i_2=\frac{u_{\mathrm{i2}}-0}{R_2}=\frac{u_{\mathrm{i2}}}{R_2}$$

$$i_1 = \frac{u_{i1} - 0}{R_1} = \frac{u_{i1}}{R_1}$$

$$i = \frac{0 - u_o}{R_F} = -\frac{u_o}{R_F}$$

对节点 1 列写节点方程（KCL 方程），有

$i = i_1 + i_2 + i_3$，所以：

$$u_o = -R_F\left(\frac{u_{i1}}{R_1} + \frac{u_{i2}}{R_2} + \frac{u_{i3}}{R_3}\right) \tag{5-30}$$

由此可见，当 $R_1 = R_2 = R_3 = R_F$ 时，$u_o = -(u_{i1} + u_{i2} + u_{i3})$，其实，该电路正是一个由运放构成的反相加法器。

（6）减法器

减法器电路如图 5-18 所示。

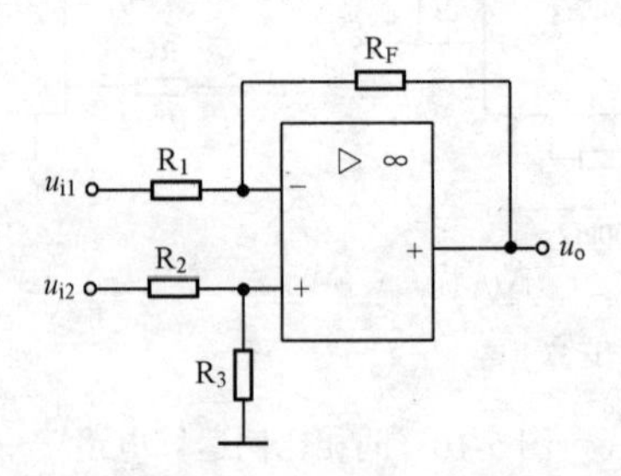

图 5-18　减法器电路

$$u_o = \left(1 + \frac{R_F}{R_1}\right)\frac{R_3}{R_2 + R_3}u_{i2} - \frac{R_F}{R_1}u_{i1} \tag{5-31}$$

如 $R_1 = R_2 = R_3 = R_F$，则 $u_o = u_{i2} - u_{i1}$。

（7）积分器

积分器电路如图 5-19 所示。利用“虚地”和“虚断”的概念，$i_1=i_F=u_i/R_1$，i_F 是电容 C_F 的充电电流，由此可得：

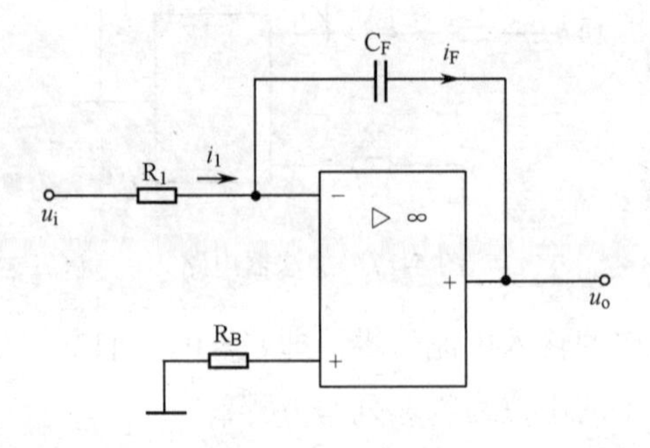

图 5-19　积分器电路

$$u_o = -u_c = -\frac{1}{C_F}\int i_F \mathrm{d}t = -\frac{1}{R_1 C_F}\int u_i \mathrm{d}t \tag{5-32}$$

上式表明，以 u_o 与 u_i 成积分关系。

（8）微分器

微分是积分的逆运算，它的输出电压与输入电压呈微分关系。微分器电路如图 5-20 所示。

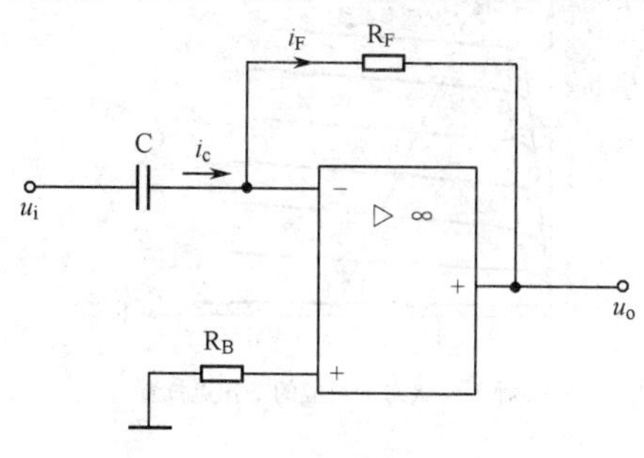

图 5-20　微分器电路

它的输入、输出电压的关系为：

$$u_o = -R_F i_F = -R_F i_c$$

$$i_c(t) = C\frac{du_i(t)}{dt}$$

所以

$$u_o = -R_F C\frac{du_i}{dt} \tag{5-33}$$

5.2.3　集成功率放大器

1. 低频功率放大器的基本要求

功率放大器（简称功放）和电压放大器是有区别的，电压放大器的主要任务是把微弱的信号电压进行放大，一般输入及输出的电压电流都比较小，是小信号放大器。它消耗能量少，信号失真小，输出信号的功率小。功率放大器的主要任务是输出大的信号功率，它的输入、输出电压和电流都较大，是大信号放大器。它消耗能量多，信号容易失真，输出信号的功率大。这就决定了一个性能良好的功率放大器应满足下列几点基本要求：

（1）具有足够大的输出功率。为了得到足够大的输出功率，三极管工作时的电压和电流应尽可能接近极限参数。

（2）效率要高。功率放大器是利用晶体管的电流控制作用，把电源的直流功率转换成交流功率输出，由于晶体管有一定的内阻，所以它会有一定的功率损耗。我们把负载获得的功率 P_o 与电源提供的功率 P_E 之比定义为功率放大电路的转换效率 η，用公式表示为：

$$\eta=\frac{P_o}{P_E}\times 100\%$$

显然，功率放大电路的转换效率越高越好。

（3）非线性失真要小。功率大、动态范围大，由晶体管的非线性引起的失真也大。因此提高输出功率与减少非线性失真是有矛盾的，但是依然要设法尽可能减小非线性失真。

（4）散热性能好。

2. 低频功率放大器的分类

（1）以晶体管的静态工作点位置分类

常见的功率放大器按晶体管静态工作点 Q 在交流负载线上的位置不同，可分为甲类、乙类和甲乙类3种，如图5-21所示。

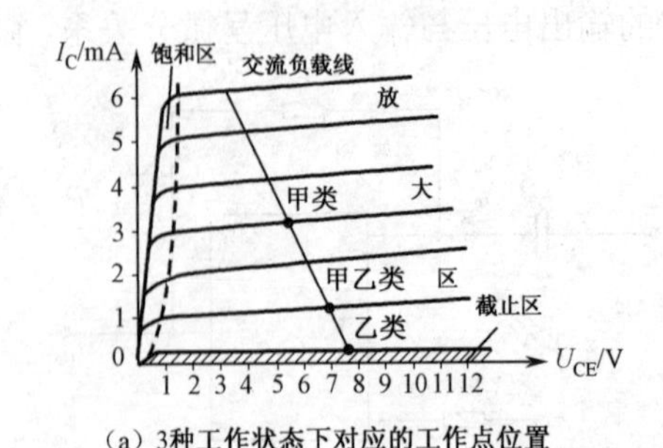

（a）3种工作状态下对应的工作点位置

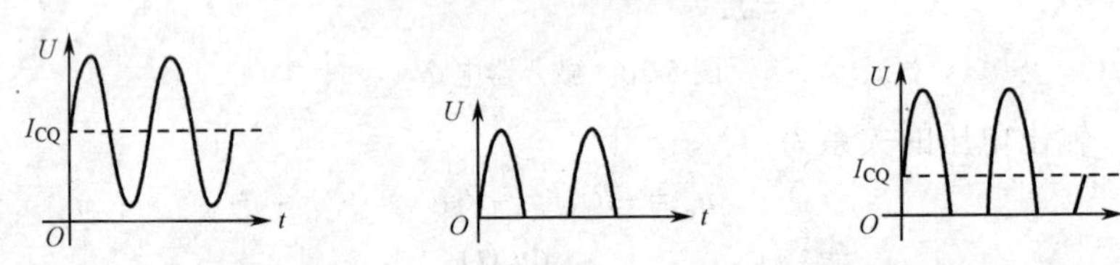

（b）甲类功率放大器的输出波形（c）乙类功率放大器的输出波形（d）甲乙类功率放大器的输出波形

图5-21　功率放大器的3种工作状态

① 甲类功率放大器。工作在甲类工作状态的晶体管，静态工作点Q选在交流负载线的中点附近，如图5-21（a）所示。在输入信号的整个周期内，晶体管都处于放大区内，输出的是没有削波失真的完整信号，如图5-21（b）所示它允许输入信号的动态范围较大，但其静态电流大、损耗大、效率低。

② 乙类功率放大器。工作在乙类工作状态的晶体管，静态工作点Q选在晶体管放大区和截止区的交界处，即交流负载线和I_B=0的交点处，如图5-21（a）所示。在输入信号的整个周期内，三极管半个周期工作在放大区，半个周期工作在截止区，放大器只有半波输出，如图5-21（c）所示。乙类工作状态的静态电流为零，故损耗小、效率高，但非线性失真太大。如果采用两个不同类型的晶体管组合起来交替工作，则可以放大输出完整的不失真的全波信号。

③ 甲乙类功率放大器。工作在甲乙类工作状态的晶体管，静态工作点Q选在甲类和乙类之间，如图5-21（a）所示。在输入信号的一个周期内，晶体管有时工作在放大区，有时工作在截止区，其输出为单边失真的信号，如图5-21（d）所示。甲乙类工作状态的电流较小，效率也比较高。

（2）以功率放大器输出端特点分类

① 有输出变压器功放电路。

② 无输出变压器功放电路（又称OTL功放电路）。

③ 无输出电容器功放电路（又称OCL功放电路）。

④ 桥接无输出变压器功放电路（又称BTL功放电路）。

（3）功率管的安全使用知识

就功率管而言，为了保证其安全运用，必须做到以下几个方面：

① 避免发生集电结的击穿。

② 避免集电结过热，集电极的功率损耗应低于最大容许值P_{CM}。晶体管的集电极容许损耗 P_{CM}不是一个固定不变的值，它和器件的散热情况有关，根据环境温度和器件的散热装置

不同而有所不同。

③ 功率管在工作时不能进入二次击穿区。

3. 乙类推挽功率放大器

（1）电路及其工作原理

乙类推挽功率放大器及其波形电路如图 5-22 所示。VT_1、VT_2 为功率放大管，组成对管结构，在信号一个周期内轮流导通，工作在互补状态。T_1 为输入变压器，作用是对输入信号进行倒相，产生两个大小相等、极性相反的信号电压，分别激励 VT_1 和 VT_2。T_2 为输出变压器，作用是将 VT_1、VT_2 输出信号合成完整的正弦波。

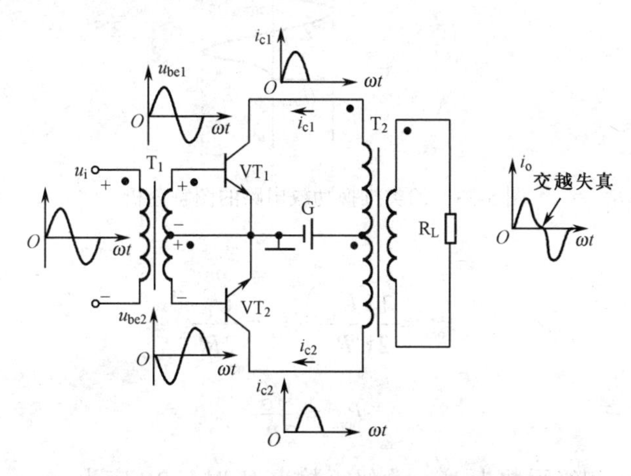

图 5-22　乙类推挽功率放大器电路及其波形

工作原理：输入信号 u_i 经 T_1 耦合，次级得两个大小相等、极性相反的信号。在输入信号正半周，VT_1 导通（VT_2 截止），集电极电流 i_{c1} 经 T_2 耦合，负载上得到电流 i_o 正半周；在信号负半周，VT_2 导通（VT_1 截止），集电极电流 i_{c2} 经 T_2 耦合，负载上得到电流 i_o 负半周。即经 T_2 合成，负载上得到一个放大后的完整波形 i_o。

由输出电流 i_o 波形可见，正、负半周交接处出现了失真，这是由于两管交接导通过程中，基极信号幅值小于门槛电压时管子截止造成的，故称为交越失真。

（2）输出功率和效率

由于两管特性相同，工作在互补状态，因此图解分析时，常将两管输出特性曲线相互倒置，如图 5-23 所示。

① 作直流负载线，求静态工作点。静态时，管子截止 $I_{BQ}=0$，当 I_{CEO} 很小时，$I_{CQ}\approx 0$。过点 U_G 作 u_{CE} 轴垂线，得直流负载线。它与作 $I_{BQ}=0$ 特性曲线的交点 Q，即为静态工作点。

② 作交流负载线，画交流电压和电流幅值。过点 Q 作斜率为 $1/R_L'$ 的直线 AB，即交流负载线。其中 R_L' 为单管等效交流负载电阻。在不失真情况下，功率管 VT_1、VT_2 最大交流电流 i_{c1}、i_{c2} 和交流电压 u_{CE1}、u_{CE2} 波形如图 5-23 所示。

③ 电路最大输出功率。若忽略管子 U_{CES}，交流电压和交流电流幅值分别为

$$U_{cem}=U_G;\qquad I_{cm}=\frac{U_G}{R_L'} \tag{5-34}$$

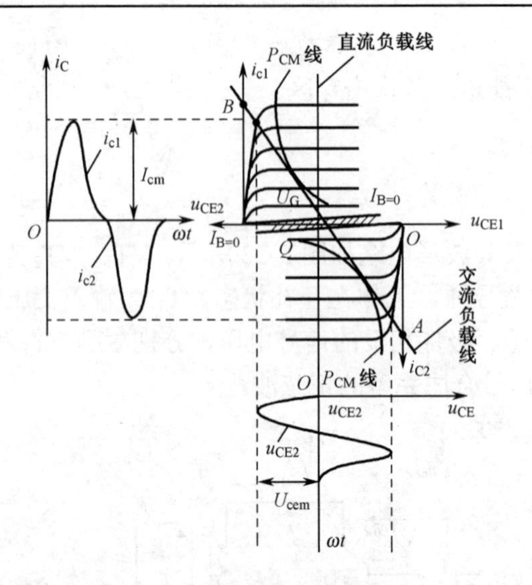

图 5-23　乙类推挽功放电路的图解分析

则最大输出功率

$$P_{om}=\frac{1}{2}\left(\frac{U_G}{R_L'}\right)U_G=\frac{U_G^2}{2R_L'}$$

即

$$P_{om}=\frac{U_G^2}{2R_L'} \tag{5-35}$$

式中，在输出变压器的初级匝数为 N_1，次级匝数为 N_2 时，R_L' 应为

$$R_L'=\left[\frac{\frac{1}{2}N_1}{N_2}\right]^2\cdot R_L=\frac{1}{4}n^2R_L \tag{5-36}$$

式中，$n=N_1/N_2$。

④ 效率。理想最大效率为 η_m。若考虑输出变压器的效率 η_T，则乙类推挽功放的总效率为

$$\eta'=\eta_T\eta_m \tag{5-37}$$

总效率可达 60%，比单管甲类功放的效率高。

电路优点：总效率高。电路缺点：存在交越失真，频率特性不好。

4. 甲乙类推挽功率放大器

如图 5-24 所示，R_{b1}、R_{b2}、R_e 组成分压式电流负反馈偏置电路。静态时，VT_1、VT_2 处于微导通状态，从而避免了交越失真。由于静态工作点处于甲、乙类之间，所以叫做甲乙类推挽功率放大器。

5. 互补对称式推挽功放电路（OTL 电路）

(1) 电路结构

互补对称式推挽功放电路如图 5-25 所示。VT_2、VT_3 为特性对称的异型功放管；VT_1 为激励放大管，推动 VT_2、VT_3 功放管。R_{p1} 作用是调节 A 点电位保持 $U_G/2$。R_{p2} 作用是调节 VT_2、VT_3 管偏置电流，克服交越失真。C_4 为自举电容，使 VT_2、VT_3 工作时为共射组态，提高功率增益。R_4 为隔离电阻，对交流而言把 B 点电位和"地"点电位分开。

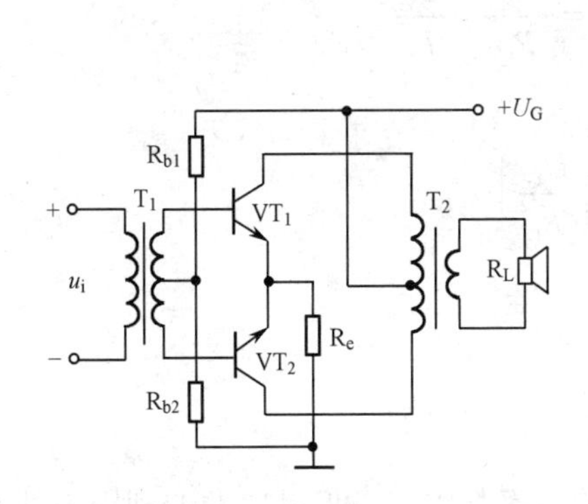

图 5-24　甲乙类推挽功率放大电路

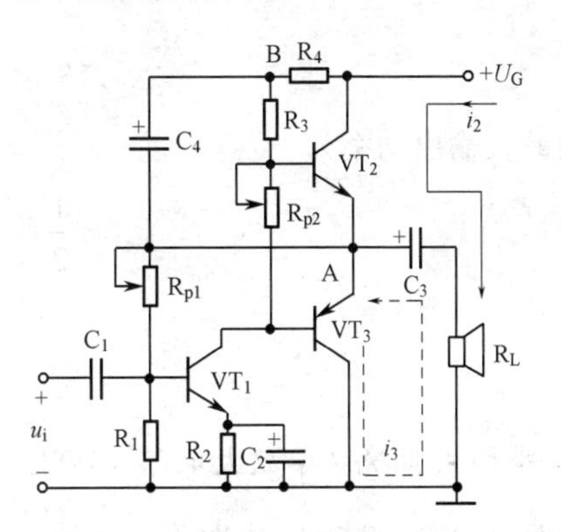

图 5-25　互补对称式推挽功放电路

（2）信号的放大过程

输入信号 u_i 负半周时，VT_1 输出正半周信号，VT_2 导通（VT_3 截止），i_2 通过 R_L；u_i 正半周时，VT_1 输出负半周信号，VT_3 导通（VT_2 截止），i_3 流过 R_L。在 u_i 一周期内，VT_2、VT_3 轮流导电，R_L 上得到完整的信号。

（3）最大输出功率

因 C_3 的作用，单管电源电压为 $U_G/2$。则输出最大功率时，输出管的集电极电压和集电极电流峰值分别为

$$U'_{cem} \approx \frac{1}{2}U_G ; \qquad I'_{cm} \approx \frac{U'_{cem}}{R_L} = \frac{U_G}{2R_L}$$

忽略饱和压降和穿透电流，则最大输出功率为

$$P_{om} = \frac{1}{2}I'_{cm}U'_{cem} = \frac{1}{2}\left(\frac{U_G}{2R_L}\right)\left(\frac{1}{2}U_G\right)$$

即

$$P_{om} = \frac{U_G^2}{8R_L} \tag{5-38}$$

【例 5-1】 设图 5-25 互补对称 OTL 功放电路中，$U_G = 6V$，$R_L = 8\Omega$，求该电路的最大输出功率？

解：

$$P_{om} = \frac{U_G^2}{8R_L} = \frac{6^2}{8 \times 8} \approx 0.56 \text{ W}$$

6. 无输出电容功率放大器（OCL 电路）

OCL 功放电路是指无输出耦合电容的功率放大器。

（1）中点静态电位必须为零（U_A=0）

如图 5-26 所示，为了防止因输出端 A 与负载 R_L 直接耦合，造成直流电流对扬声器性能的影响，则 A 点静态电位必为零。采用的办法是：

① 双电源供电：电压大小相等、极性相反的正负电源。

② 采用差分放大电路。

(2) 最大输出功率

输出最大功率时，集电极电压和电流的峰值分别为

$$U'_{\mathrm{cem}} = U_{\mathrm{G}}, \qquad I'_{\mathrm{cm}} = \frac{U'_{\mathrm{cem}}}{R_{\mathrm{L}}} \approx \frac{U_{\mathrm{G}}}{R_{\mathrm{L}}}$$

则最大输出功率为

$$P_{\mathrm{om}} = \frac{1}{2} I'_{\mathrm{cm}} \cdot U'_{\mathrm{cem}} = \frac{1}{2}\left(\frac{U_{\mathrm{G}}}{R_{\mathrm{L}}}\right) \cdot U_{\mathrm{G}}$$

即

$$P_{\mathrm{om}} = \frac{U_{\mathrm{G}}^2}{2R_{\mathrm{L}}} \tag{5-39}$$

7. 平衡式推挽功率放大电路（BTL 电路）

前面对 OTL 和 OCL 电路作了讨论，两种电路的效率都很高，但是电源的利用率都不高。其主要原因是在输入正弦信号时，每半个周期中电路只有一个晶体管和一半电源在工作。为了提高电源的利用率，也就是在较低的电源电压作用下，使负载获得较大的输出功率，可采用平衡式推挽功率放大电路，又称为 BTL 电路，如图 5-27 所示，单电源供电，4 只管子特性对称。

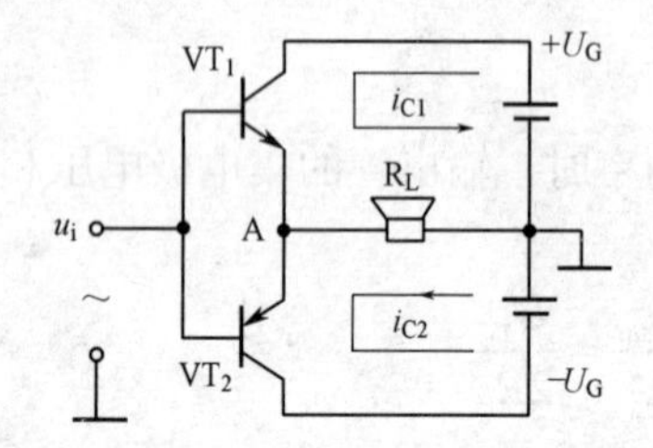

图 5-26　OCL 功放示意图

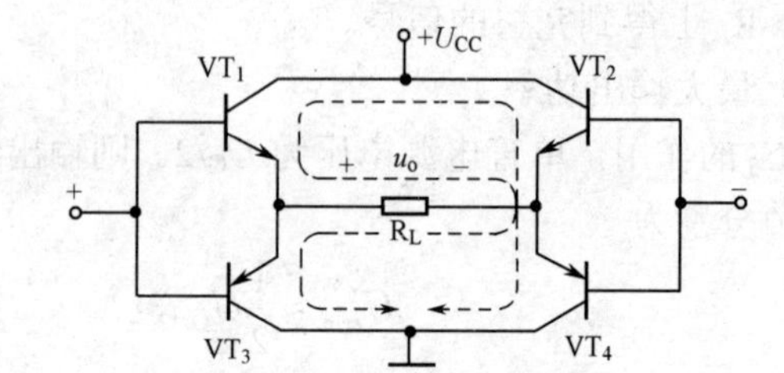

图 5-27　平衡式推挽功率放大电路

静态时，电桥平衡，4 只晶体管均截止，输出电压为零，负载 $\mathrm{R_L}$ 中无直流电流。动态时，桥臂对管轮流导通。在 u_{i} 正半周，上正下负，$\mathrm{VT_1}$、$\mathrm{VT_4}$ 导通，$\mathrm{VT_2}$、$\mathrm{VT_3}$ 截止，流过负载 $\mathrm{R_L}$ 的电流如图中实线所示；在 u_{i} 负半周，上负下正，$\mathrm{VT_1}$、$\mathrm{VT_4}$ 截止，$\mathrm{VT_2}$、$\mathrm{VT_3}$ 导通，流过负载 $\mathrm{R_L}$ 的电流如图中虚线所示。忽略饱和压降，则两个半周合成，在负载上可得到幅度为 U_{CC} 的输出信号电压，因而负载上获得交流功率。

8. 集成功率放大电路及应用

集成功率放大器是在集成运放基础上发展起来的，其内部电路与集成运放相似。但是，由于安全、高效、大功率和低失真的要求，使得它与集成运放又有很大的不同。电路内部多施加深度负反馈。

目前单片集成功率放大电路的种类很多，除单片集成功放电路外，还有集成功率驱动器，它与外配的大功率管及少量阻容元件构成大功率放大电路，有的集成电路本身包含两个功率放大器，称为双声道功放。输出功率由几毫瓦到几十瓦。

TDA2030 集成功率放大器的应用电路

其外引线如图 5-28 所示。1 脚为同相输入端，2 脚为反相输入端，4 脚为输出端，3 脚接负电源，5 脚接正电源。电路特点是引脚和外接元件少。

外特性：电源电压范围为 ±6V～±18V，静态电流小于 60μA，频响为 10Hz～140kHz，谐波失真小于 0.5%，在 $U_{CC}=\pm 14V$，$R_L=4\Omega$ 时，输出功率为 14W。

如图 5-29 所示，VD_1、VD_2 组成电源极性保护电路，防止电源极性接反损坏集成功放。C_3、C_5 与 C_4、C_6 为电源滤波电容，100μF 电容并联 0.1μF 电容的原因是 100μF 电解电容具有电感效应。信号从 1 脚同相端输入，4 脚输出端向负载扬声器提供信号功率，使其发出声响。

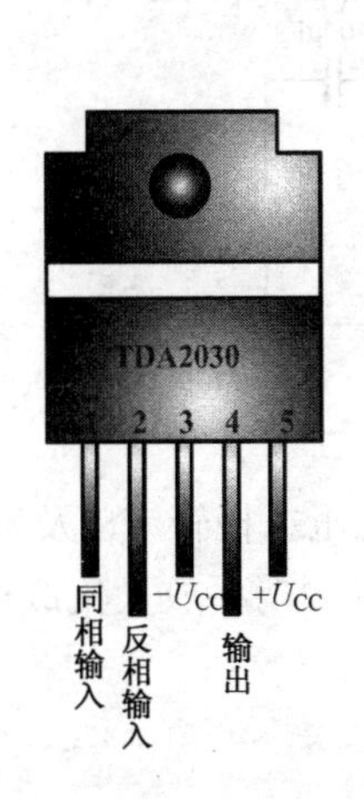

图 5-28　TDA2030 的外引线排列

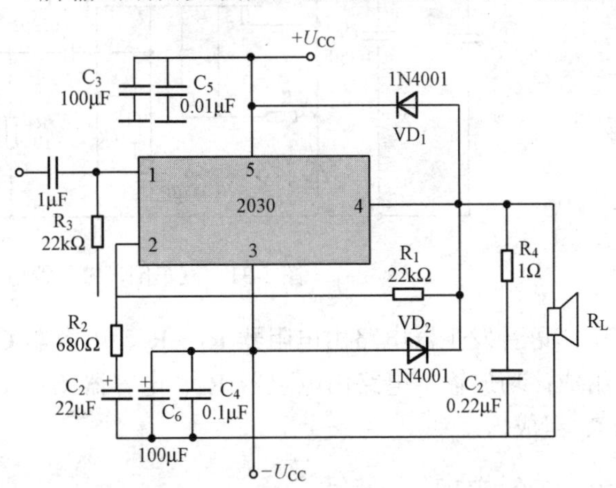

图 5-29　TDA2030 接成 OCL 功放电路

TDA2030 是一种超小形 5 引脚单列直插塑封集成功放。由于具有低瞬态失真、较宽频响和完善的内部保护措施，因此，常用在高保真组合音响中。

5.3　任务实施过程

5.3.1　任务分析

根据任务目标，绘制原理框图如图 5-30 所示。

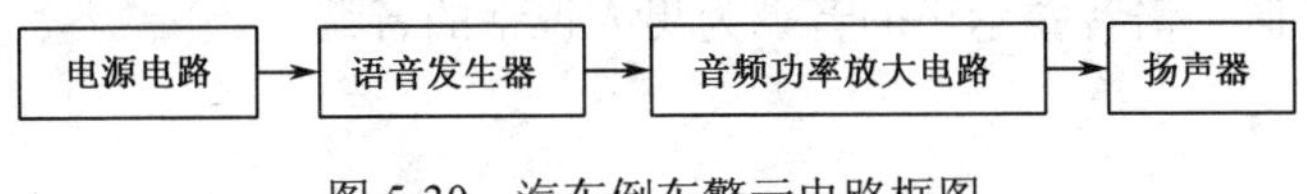

图 5-30　汽车倒车警示电路框图

如图 5-30 所示，该汽车倒车警示器电路包括电源电路、语音发生器、音频功率放大电路和扬声器四部分。本例介绍的汽车倒车警示器采用语音集成电路，能在汽车倒车时重复发出“叮咚，倒车”的语音警示声，提醒行人注意安全。

利用汽车电瓶 12V 电压供电；语音发生器可选用语音集成电路，产生特有的人声语音效果；音频功率放大器可选用集成功放。

5.3.2 任务设计

汽车倒车警示器电路如图 5-31 所示。该汽车倒车警示器电路由语音发生器和功放输出电路组成。

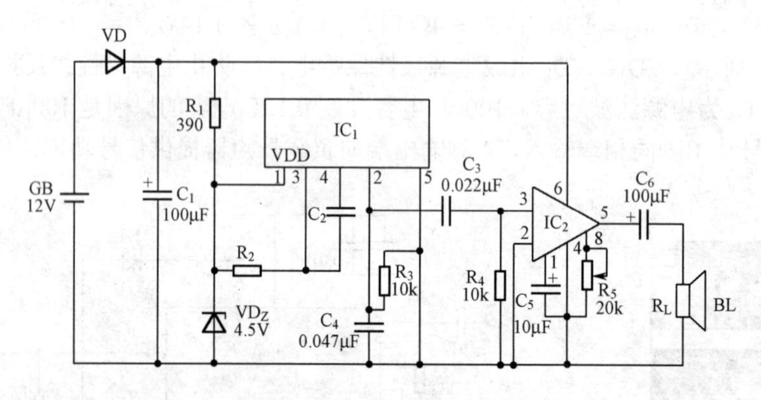

图 5-31 汽车倒车警示器电路

电路中，语音发生器电路由电阻器 R_1～R_3、电容器 C_2、C_4、稳压二极管 VS 及语音集成电路 IC_1 组成；功放输出电路由电阻器 R_4、电容器 C_3、C_5、C_6，音频功率放大集成电路 IC_2 和扬声器 R_L 组成。

5.3.3 任务实现

1. 电源电路

来自倒车灯上的+12V 电压经 VD 隔离、C_1 滤波后，一路直接供给 IC_2；另一路经 R_1 限流及 VD_Z 稳压后，为 IC_1 提供+4.5V 的工作电压。

2. 语音产生电路

汽车倒车时 IC_1 通电工作，产生“叮咚，倒车”的语音警示声。改变 R_2 的阻值或改变 C_2 的容量，可以改变语音警示声音调的变化：R_2 为 330kΩ、C_2 为 20pF 时，语音警示声的音调为小孩说话的音调；R_2 为 330kΩ，C_2 为 40pF 时，语音警示声的音调为女人说话的音调；R_2 为 510kΩ，C_2 为 50pF 时，语音警示声的音调为男人说话的音调。

3. 功率放大电路

用 LM386 组成 OTL 应用电路。

如图 5-31 所示，4 脚接地，6 脚接电源（6～9 V）。2 脚接地，信号从同相输入端 3 脚输入，5 脚通过 100μF 电容向扬声器 BL 提供信号功率。1、8 脚之间接 10μF 电容和 20kΩ 电位器，用来调节增益。

4. 元件的选择

R_1 选用 1/2W 金属膜电阻器；R_2～R_4 均选用 1/4W 金属膜电阻器。

C_1、C_5 和 C_6 均选用耐压值为 16V 的铝电解电容器；C_2 选用高频瓷介电容器；C_3 和 C_4 选用独石电容器或涤纶电容器。

VD 选用 1N4001 或 1N4007 型硅整流二极管。

VD_Z 选用 1/2W、4.5V 的硅稳压二极管。

IC_1 选用 HFC5209 型语音集成电路；IC_2 选用 LM386 型音频功放集成电路。

R_L 选用 0.5～1W、8Ω的小口径电动式扬声器。

5.4　知识链接

5.4.1　LM386 集成功率放大器的应用电路

集成功率放大器具有体积小、工作稳定、易于安装和调试的优点，了解其外特性和外线路的连接方法，就能组成实用电路，因此得到了广泛的应用。

1. 引脚及参数

LM386 是小功率音频集成功放。外形如图 5-32（a）所示，采用 8 脚双列直插式塑料封装。引脚如图 5-32（b）所示，4 脚为接地端，6 脚为电源端，2 脚为反相输入端，3 脚为同相输入端，5 脚为输出端，7 脚为去耦端，1、8 脚为增益调节端。外特性：额定工作电压为 4～16V，当电源电压为 6V 时，静态工作电流为 4mA，适合用电池供电。频响范围可达数百千赫。最大允许功耗为 660mW（25°C），不需散热片。工作电压为 4V，负载电阻为 4Ω时，输出功率（失真为 10%）为 300mW。工作电压为 6V，负载电阻为 4Ω、8Ω、16Ω时，输出功率分别为 340mW、325mW、180 mW。

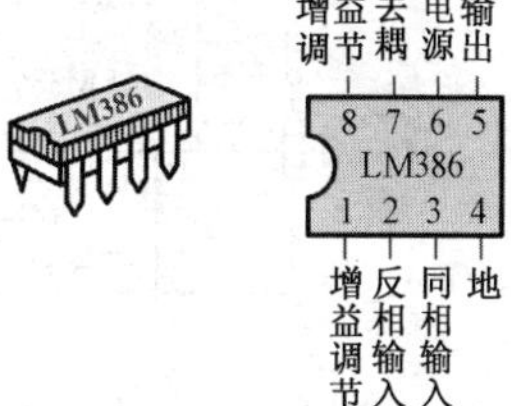

（a）外形图　（b）引脚排列图

图 5-32　LM386 外形

2. 内部电路

内部电路如图 5-33 所示，由输入级、中间级和输出级等组成。输入级由 VT_2、VT_4 组成双端输入单端输出差分电路；VT_3、VT_5 是其恒流源负载；VT_1、VT_6 是射级跟随器，VT_7～VT_{10}、

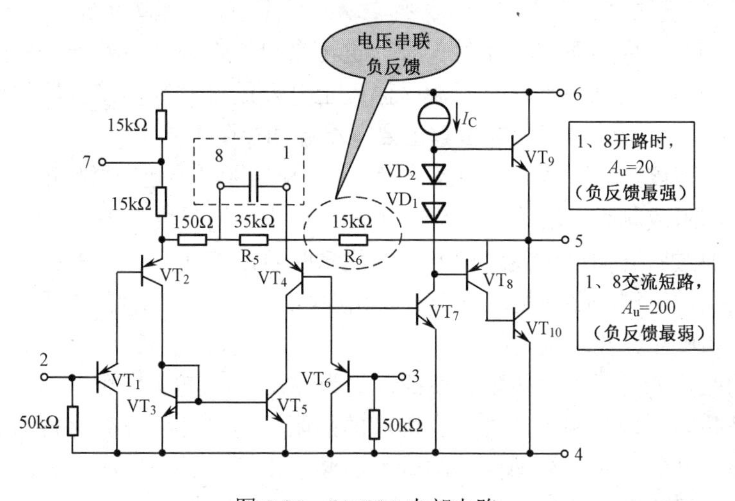

图 5-33　LM386 内部电路

VD_1～VD_2为功率放大电路；VT_7为驱动级（I_C为恒流源负载）；VD_1、VD_2用于消除交越失真；VT_8～VT_{10}构成 PNP→准互补对称功率放大器；1、8 开路时，负反馈最强，整个电路的电压放大倍数 A_u=20，若在 1、8 间外接旁路电容，以短路 R_5 两端的交流压降，可使电压放大倍数提高到 200。

3．用 LM386 组成 OTL 应用电路

如图 5-34 所示，4 脚接地，6 脚接电源（6～9V）。2 脚接地，信号从同相输入端 3 脚输入，5 脚通过 220μF 电容向扬声器 R_L 提供信号功率。7 脚接 20μF 去耦电容。1、8 脚之间接 10μF 电容和 20kΩ电位器，用来调节增益。

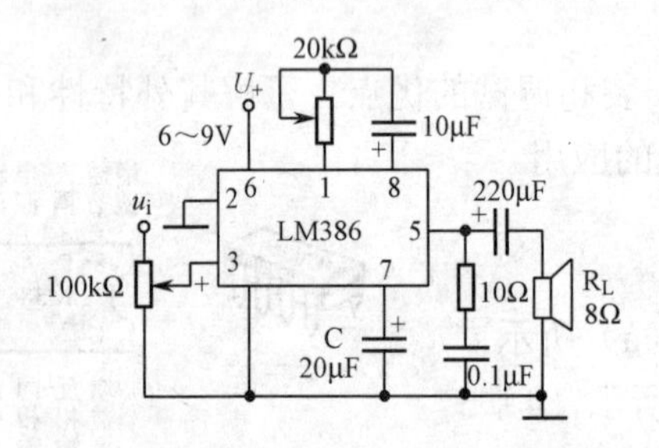

图 5-34　用 LM386 组成 OTL 电路

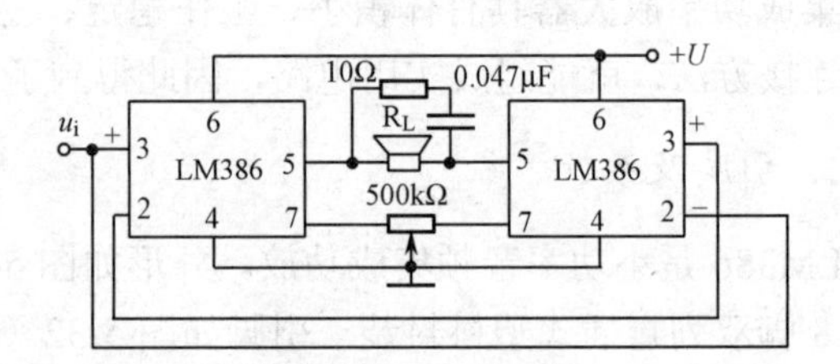

图 5-35　用 LM386 组成 BTL 电路

4．用 LM386 组成 BTL 电路

如图 5-35 所示，两集成功放 LM386 的 4 脚接地，6 脚接电源，3 脚与 2 脚互为短接，其中输入信号从一组（3 脚和 2 脚）输入，5 脚输出分别接扬声器 R_L，驱动扬声器发出声音。BTL 电路的输出功率一般为 OTL、OCL 的 4 倍，是目前大功率音响电路中较为流行的音频放大器。图中电路最大输出功率可达 3 W 以上。其中，500 kΩ 电位器用来调整两集成功放输出直流电位的平衡。

5.4.2　功率放大器的散热问题

1．功率器件热性能的主要参数

功率器件受到的热应力可来自器件内部，也可来自器件外部。若器件的散热能力有限，则功率的耗散就会造成器件内部芯片有源区温度上升及结温升高，使得器件可靠性降低，无法安全工作。表征功率器件热能力的参数主要有结温和热阻。

器件的有源区可以是结型器件（如晶体管）的 PN 结区、场效应器件的沟道区，也可以是集成电路的扩散电阻或薄膜电阻等。当结温 T_j 高于周围环境温度 T_a 时，热量通过温差形成扩散热流，由芯片通过管壳向外散发，散发出的热量随着温差（T_j-T_a）的增大而增大。为了保证器件能够长期正常工作，必须规定一个最高允许结温 $T_{j\,max}$。$T_{j\,max}$ 的大小是根据器件的芯片材料、封装材料和可靠性要求确定的。

功率器件的散热能力通常用热阻来表征，记为 R_t，热阻越大，则散热能力越差。热阻又分为内热阻和外热阻。内热阻是器件自身固有的热阻，与管芯、外壳材料的导热率、厚度和截面积以及加工工艺等有关；外热阻则与管壳封装的形式有关，一般来说，管壳面积越大，则外热阻越小。金属管壳的外热阻明显低于塑封管壳的外热阻。

当功率器件的功率耗散达到一定程度时，器件的结温升高，系统的可靠性降低，为了提高可靠性，应进行功率器件的散热设计。

2. 功率器件热设计

功率器件热设计主要是防止器件出现过热或温度交变引起的热失效，可分为器件内部芯片的热设计、封装的热设计和管壳的热设计以及功率器件实际使用中的热设计。

对于一般的功率器件，只需要考虑器件内部、封装和管壳的热设计，而当功耗较大时，则需要安装合适的散热器，通过其有效散热，保证器件结温在安全结温之内正常工作。

3. 散热器的选取

散热器一般是标准件，也可提供型材，由用户根据要求切割成一定长度而制成非标准的散热器。散热器的表面处理有电泳涂漆或黑色氧极化处理，其目的是提高散热效率及绝缘性能。在自然冷却下可提高 10%～15%，在通风冷却下可提高 3%，电泳涂漆可耐压 500～800V。散热器厂家对不同型号的散热器给出热阻值或给出有关曲线，并且给出在不同散热条件下的不同热阻值。

功率器件使用散热器是要控制功率器件的温度，尤其是结温 T_j，使其低于功率器件正常工作的安全结温，从而提高功率器件的可靠性。常规散热器趋向标准化、系列化、通用化，而新产品则向低热阻、多功能、体积小、质量轻、适用于自动化生产与安装等方向发展。如图 5-36 所示为散热器的几种形状。合理地选用、设计散热器，能有效降低功率器件的结温，提高功率器件的可靠性。

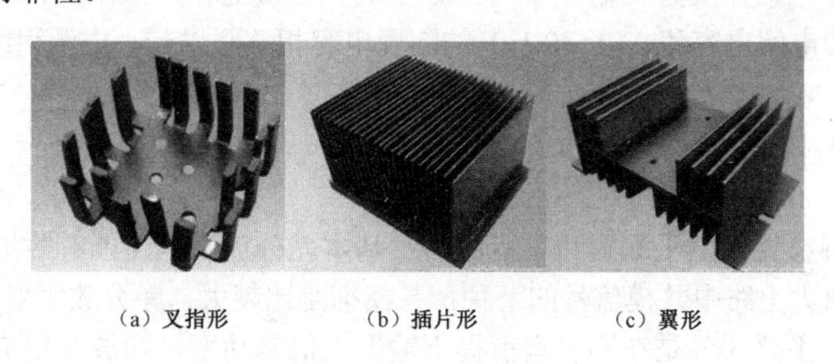

（a）叉指形　　（b）插片形　　（c）翼形

图 5-36　散热器的几种形状

5.4.3　集成运放在使用时应考虑的一些问题

1. 输入信号的选用

输入信号的选用交、直流量均可， 但在选取信号的频率和幅度时，应考虑运放的频响特性和输出幅度的限制。

2. 调零

为提高运算精度，在运算前应首先对直流输出电位进行调零，即保证输入为零时，输出也为零。当运放有外接调零端子时，可按组件要求接入调零电位器 R_W，调零时，将输入端接地，调零端接入电位器 R_W，用直流电压表测量输出电压 U_o，细心调节 R_W，使 U_o 为零（即失调电压为零）。如运放没有调零端子，若要调零，可按图 5-37 所示电路进行调零。

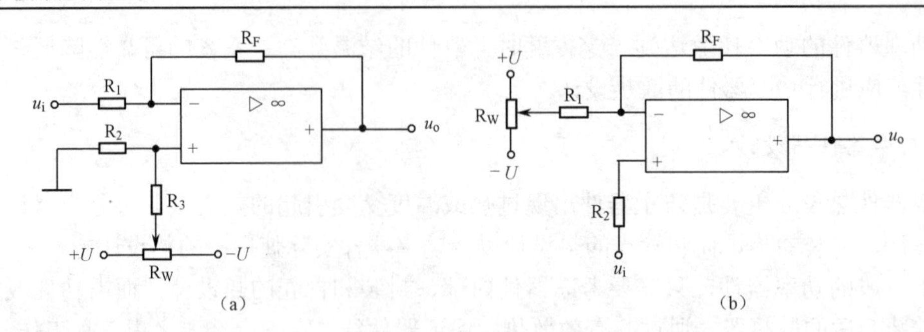

图 5-37　调零电路

一个运放如不能调零，大致有如下原因：①组件正常，接线有错误。②组件正常，但负反馈不够强（R_F / R_1 太大），为此可将 R_F 短路，观察是否能调零。③组件正常，但由于它所允许的共模输入电压太低，可能出现自锁现象，因而不能调零。为此可将电源断开后，再重新接通，如能恢复正常，则属于这种情况。④组件正常，但电路有自激现象，应进行消振。⑤组件内部损坏，应更换好的集成块。

3. 消振

一个集成运放自激时，表现为即使输入信号为零，也会有输出，使各种运算功能无法实现，严重时还会损坏器件。在实验中，可用示波器监视输出波形。为消除运放的自激，常采用如下措施：①若运放有相位补偿端子，可利用外接 RC 补偿电路，产品手册中有补偿电路及元件参数提供。②电路布线、元器件布局应尽量减少分布电容。③在正、负电源进线与地之间接上几十微法的电解电容和 0.01～0.1μF 的陶瓷电容相并联以减小电源引线的影响。

5.5　阶段小结

直接耦合需解决直流电平配置和零点漂移；基本差分放大电路能有效地遏止零点漂移；零点漂移是差分放大电路中共模信号的一种；共模抑制比越大，差分放大器的性能越好。

功率放大器的主要任务是在不失真前提下输出大信号功率。功放有甲类、乙类和甲乙类三种工作状态。电路形式有 OTL、OCL、BTL 功放电路。

甲类单管功放电路简单，最大缺点是效率低；乙类功放采用双管推挽输出，效率高，缺点是产生交越失真。甲乙类功放克服了交越失真，并具有较高的效率。

为了减少输出变压器和输出电容给功放带来的不便和失真，出现了单电源供电的 OTL 和双电源供电的 OCL 功放电路。

集成功率放大器具有体积小、工作可靠、调试组装方便的优点，目前得到广泛的应用。

5.6　边学边议

1. 差动放大器差模电压放大倍数大，共模电压放大倍数小，共模抑制比高，原因是什么？
2. 什么是理想运算放大器？理想运算放大器工作在线性区和非线性区时各有什么特点？
3. 在信号运算的应用电路中，运算放大器一般工作在什么区域？

4．运放具有虚短、虚断的条件是什么？你能否根据运放输出电压的大小判断其是否存在虚短、虚断？

5．如图 5-38 所示，试比较反相输入和同相输入比例运算电路的特点（包括闭环放大倍数、输入电阻、是否虚地、负反馈组态等）。

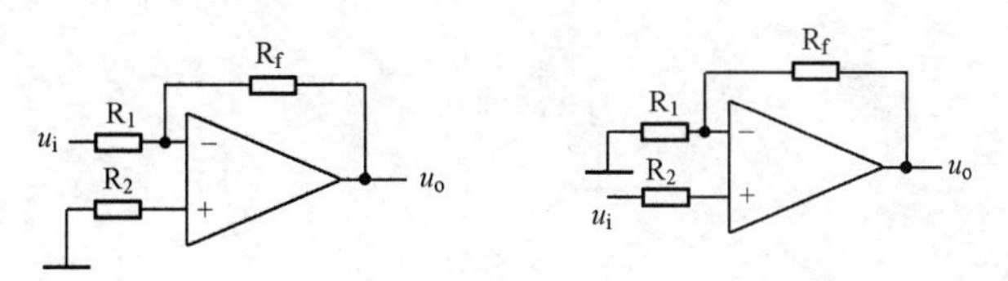

图 5-38

6. 比较器的功能是什么？试画出过零比较器和单限比较器的电路原理图及其输入/输出特性。

7．如图 5-39 所示电路参数理想对称，晶体管的β均为 50，$r_{bb'}$=100Ω，U_{BEQ}≈0.7。试计算 R_W 滑动端在中点时 VT_1 管和 VT_2 管的发射极静态电流 I_{EQ} 以及动态参数 A_d 和 R_i。

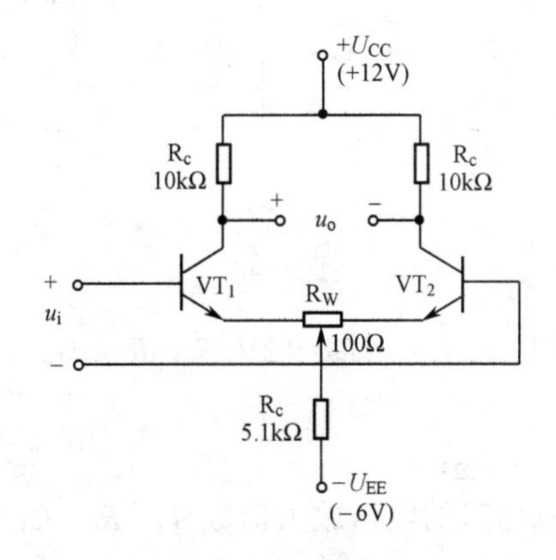

图 5-39

8．如图 5-40 所示电路，什么是正反馈和负反馈，直流反馈和交流反馈，电压反馈和电流反馈，串联反馈和并联反馈。分别判断各是什么反馈类型。

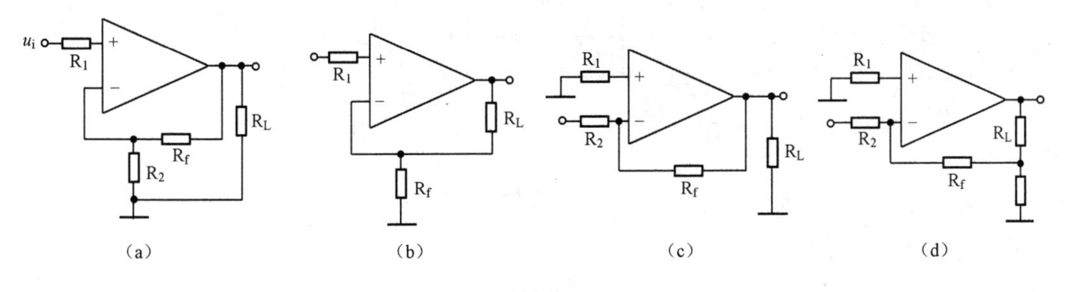

图 5-40

9．如图 5-41 所示集成运放 A 有理想特性，试分别求出它的输出电压的函数关系式，并指出输入共模电压为多少？

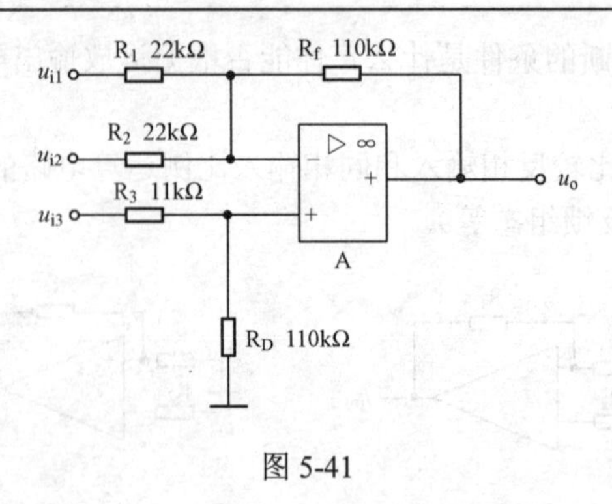

图 5-41

10．求如图 5-42 电路所示的开关在以下情况中的电压放大倍数：①S_1、S_2断开；②S_1闭合、S_2断开；③S_1、S_2闭合。

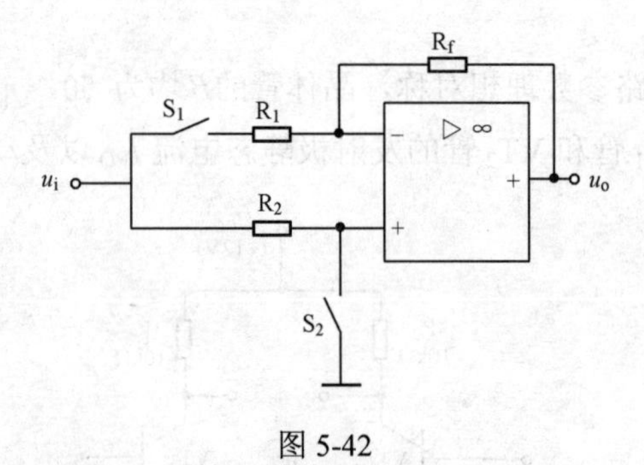

图 5-42

11. 如图 5-43 所示的电路中，若 $U_{CC}=U_{EE}=12V$，$R_{b1}=R_{b2}=1k\Omega$，$R_{c1}=R_{c2}=R_c=6.8k\Omega$，$R_e=6.8k\Omega$，三极管 VT_1、VT_2的$\beta=50$。

（1）求每管的静态电流 I_{C1}，I_{C2}；

（2）接 $R_L=6.8k\Omega$，双端输出时的电压放大倍数 A_u、R_i、R_o。

（3）接 $R_L=6.8k\Omega$，单端输出时的电压放大倍数 A_u、R_i、R_o、K_{CMR}。

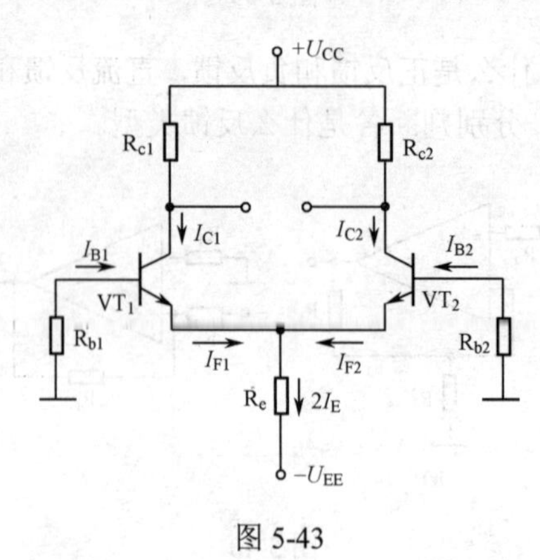

图 5-43

12．2030 集成功率放大器的一种应用电路如图 5-44 所示，假定其输出级三极管的饱和压降 U_{CES} 可以忽略不计，u_i 为正弦电压。

（1）指出该电路是属于 OTL 还是 OCL 电路；

（2）求理想情况下最大输出功率 P_{om}；

（3）求电路输出级的效率 η。

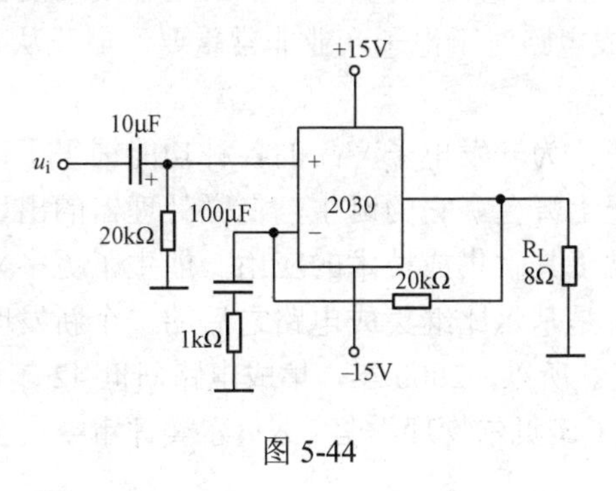

图 5-44

5.7　知识阅读

世界上第一块集成电路诞生

科技总是在一个个梦想的驱动下前进。1952 年，英国雷达研究所的 G.W.A.达默首先提出了集成电路的构想：把电子线路所需要的晶体三极管、晶体二极管和其他元件全部制作在一块半导体晶片上。虽然从对杰克·基尔比的自述中我们看不出这一构想对他是否有影响，但我们也能感受到，微电子技术的概念即将从工程师们的思维里喷薄欲出。

1947 年，伊利诺斯大学毕业生杰克·基尔比怀着对电子技术的浓厚兴趣，在威斯康星州的密尔瓦基找了份工作，为一个电子器件供应商制造收音机、电视机和助听器的部件。工作之余，他在威斯康星大学上电子工程学硕士班夜校。当然，工作和上课的双重压力对基尔比来说可算是一个挑战，但他说："这件事能够做到，且它的确值得去努力"。

取得硕士学位后，基尔比与妻子迁往得克萨斯州的达拉斯市，供职于得州仪器公司，因为它是唯一允许他差不多把全部时间用于研究电子器件微型化的公司，给他提供了大量的时间和不错的实验条件。基尔比生性温和，寡言少语，加上 6 英尺 6 英寸的身高，被助手和朋友称作"温和的巨人"。正是这个不善于表达的巨人酝酿出了一个巨人式的构思。

当时的得州仪器公司有个传统，炎热的 8 月里员工可以享受双周长假。但是，初来乍到的基尔比却无缘长假，只能待在冷清的车间里独自研究。在这期间，他渐渐形成一个天才的想法：电阻器和电容器（无源元件）可以用与晶体管（有源器件）相同的材料制造。另外，既然所有元器件都可以用同一块材料制造，那么这些部件可以先在同一块材料上就地制造，再相互连接，最终形成完整的电路。他选用了半导体硅。

"我坐在桌子前，待的时间好像比平常晚一点"。他在 1980 年接受采访时回忆说，"整个构想其实在当天就已大致成形，接着我将所有想法整理出来，并在笔记本上画出了一些设计图。等到主管回来后，我就将这些设计图拿给他看。当时虽然有些人略有怀疑，但他们基本上都了解这项设计的重要性。"

于是，我们回到文章开头的那一幕，那一天，公司的主管来到实验室，和这个巨人一起接通了测试线路。试验成功了。得州仪器公司很快宣布他们发明了集成电路，基尔比为此申请了专利。

集成电路发明的意义：

开创了硅时代。当时，他也许并没有真正意识到这项发明的价值。在获得诺贝尔奖后，他说："我知道我发明的集成电路对于电子产业非常重要，但我从来没有想到它的应用会像今天这样广泛。"

集成电路取代了晶体管，为开发电子产品的各种功能铺平了道路，并且大幅度降低了成本，第三代电子器件从此登上舞台。它的诞生，使微处理器的出现成为了可能，也使计算机变成普通人可以使用的日常工具。集成技术的应用，催生了更多方便快捷的电子产品，比如常见的手持电子计算器，就是基尔比继集成电路之后的一个新发明。直到今天，硅材料仍然是我们电子器件的主要材料。所以，2000 年，集成电路问世 42 年以后，人们终于了解到他和他的发明的价值，他被授予了诺贝尔物理学奖。诺贝尔奖评审委员会曾经这样评价基尔比："为现代信息技术奠定了基础"。

1959 年，仙童半导体公司的罗伯特・罗伊斯申请了更为复杂的硅集成电路，并马上投入了商业领域。但基尔比首先申请了专利，因此，罗伊斯被认为是集成电路的共同发明人。罗伊斯于 1990 年去世，与诺贝尔奖擦肩而过。

杰克・基尔比相当谦逊，他一生拥有六十多项专利，但在获奖发言中，他说："我的工作可能引入了看待电路部件的一种新角度，并开创了一个新领域，自此以后的多数成果和我的工作并无直接联系。"

模块 4

波形发生电路

音频信号发生器

任务6　简易音频信号发生器的设计

6.1　任务目标

- 知道电路产生正弦波振荡的幅值平衡条件和相位平衡条件，并能够根据相位平衡条件正确判断电路是否可能产生正弦波振荡。
- 知道 RC 桥式正弦波振荡电路的组成、工作原理和分析方法。
- 理解变压器反馈式、电感反馈式、电容反馈式的工作原理，知道它们的振荡频率与电路参数的关系。
- 知道石英晶体正弦波振荡电路的特性和电路形式。
- 通过对 RC 桥式正弦波振荡电路的改进设计一个简易的音频信号发生器。

6.2　知识积累

6.2.1　正弦波振荡电路

正弦波振荡电路是在没有外加输入信号的情况下，依靠电路自身振荡而产生正弦波输出电压的电路。例如，在通信、广播、电视系统中，都需要射频（高频）发射，这里的射频波就是载波，把音频（低频）、视频信号或脉冲信号运载出去，这就需要能产生高频信号的振荡器。又如在工业、农业、生物医学等领域内，如量测、遥控、通信、自动控制、热处理、超声波电焊、超声诊断、核磁共振成像等，都需要一定功率、一定频率的振荡器，此外也可作为模拟电子电路的测试信号。可见，正弦波振荡电路在各个科学技术领域的应用十分广泛。

1．产生正弦波振荡的条件

从结构上来看，正弦波振荡电路就是一个没有输入信号的带选频网络的正反馈放大电路。图 6-1（a）表示接成正反馈时，放大电路在输入信号 $\dot{X}_i = 0$ 时的方框图，改画一下得到图 6-1（b）。由图可知，若放大电路的输入端（1 端）外接一定频率、一定幅度的正弦波信号 $\dot{X}_a$，经过基本放大电路和反馈网络所构成的环路传输后，在反馈网络的输出端（2 端）得到反馈信号 $\dot{X}_f$，如果 $\dot{X}_f$ 和 $\dot{X}_a$ 在大小和相位上都一致，那么就可以除去外接信号 $\dot{X}_i$，而将 1、2 端连接在一起形成闭环系统，如图 6-1（b）中的虚线所示，其输出端可能继续维持与开环时一样的输出信号。

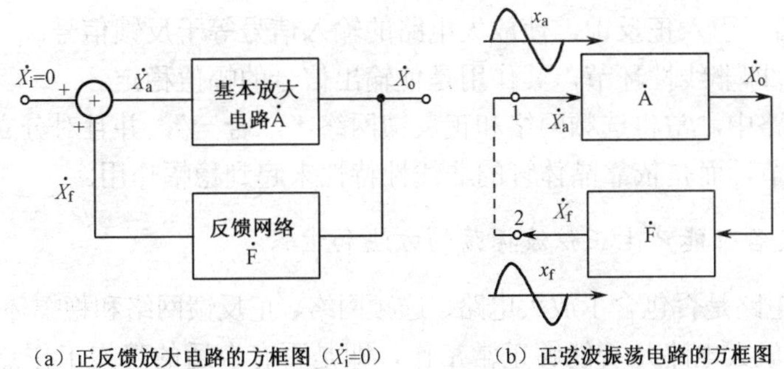

（a）正反馈放大电路的方框图（$\dot{X}_i$=0）　（b）正弦波振荡电路的方框图

图 6-1　正弦波振荡电路的方案框图

在正反馈过程中，X_o越来越大，由于晶体管的非线性特性，当X_o的幅值增大到一定程度时，放大倍数的数值将减小。因此，X_o不会无限制地增大，当X_o增大到一定数值时，电路达到动态平衡。这时，输出量通过反馈网络产生反馈量作为放大电路的输入量，而输入量又通过放大电路维持着输出量，写成表达式为

$$\dot{X}_o = \dot{A}\dot{X}_f = \dot{A}\dot{F}\dot{X}_o$$

也就是说正弦波振荡的平衡条件为

$$\dot{A}\dot{F} = 1 \tag{6-1}$$

写成模与相角的形式为

$$\begin{cases} \left|\dot{A}\dot{F}\right| = 1 & (6\text{-}2) \\ \varphi_A + \varphi_F = 2n\pi \quad （n 为整数） & (6\text{-}3) \end{cases}$$

式（6-2）称为幅值平衡条件，式（6-3）称为相位平衡条件，这是正弦波振荡电路产生持续振荡的两个条件。值得注意的是，无论负反馈放大电路的自激条件（$-\dot{A}\dot{F}=1$）或振荡电路的振荡条件（$\dot{A}\dot{F}=1$），都是要求环路增益等于 1，不过由于反馈信号送到比较环节输入端的正负号不同，所以环路增益各异，从而导致相位条件不一致。

振荡电路的振荡频率f_0是由式（6-3）的相位平衡条件决定的。一个正弦波振荡电路只在一个频率下满足相位平衡条件，这个频率就是f_0。这就要求在ȦḞ环路中包含一个具有选频特性的网络（称为选频网络）。它可以设置在放大电路Ȧ中，也可以设置在反馈网络Ḟ中，它可以由 R、C 元件组成，也可以由 L、C 元件组成。用 R、C 元件组成选频网络的振荡电路称为 RC 振荡电路，一般用来产生 1Hz～1MHz 范围内的低频信号；用 L、C 元件组成选频网络的振荡电路称为 LC 振荡电路，一般用来产生 1MHz 以上的高频信号。

为了使振荡电路能自行建立振荡，就必须满足$\left|\dot{A}\dot{F}\right|>1$的条件。这样，在接通电源后，振荡电路就有可能自行振荡起来，或者说能够自激，最终趋于稳态平衡。

2. 正弦波振荡电路的组成

从以上分析可知，正弦波振荡电路必须由以下 4 个部分组成：

① 放大电路　保证电路能够有从起振到动态平衡的过程，使电路获得一定幅值的输出量，实现能量的控制。

② 选频网络　确定电路的振荡频率，使电路产生单一频率的振荡，即保证电路产生正弦波振荡。

③ 正反馈网络　引入正反馈，使放大电路的输入信号等于反馈信号。

④ 稳幅环节　即非线性环节，其作用是使输出信号的幅值稳定。

在不少实用电路中，常将选频网络和正反馈网络“二合一”，并且对分立元件放大电路，也不再加入稳幅环节，而是依靠晶体管的非线性特性来起到稳幅作用。

3．判断电路是否可能产生正弦波振荡的方法和步骤

第一步，观察电路是否包含了放大电路、选频网络、正反馈网络和稳幅环节4个组成部分。

第二步，判断放大电路是否能够正常工作，即是否有合适的静态工作点且动态信号是否能够输入、输出和放大。

第三步，利用瞬时极性法判断电路是否满足正弦波振荡的相位条件。具体做法：断开反馈，在断开处给放大电路加一个频率为 f_0 的输入电压 $\dot{U}_i$，并给定其瞬时极性，如图6-2所示；然后以 $\dot{U}_i$ 极性为依据判断输出电压 $\dot{U}_o$ 的极性，从而得到反馈电压 $\dot{U}_f$ 的极性；若 $\dot{U}_f$ 与 $\dot{U}_i$ 极性相同，则说明满足相位条件，电路有可能产生振荡，否则表明不满足相位条件，电路不可能产生正弦波振荡。

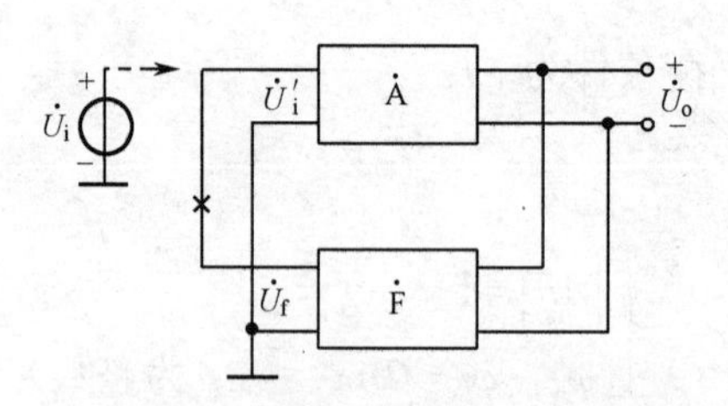

图6-2　利用瞬时极性法判断相位条件

第四步，判断电路是否满足正弦波振荡的幅值条件，即是否满足起振条件。具体做法：分别求解电路的 $\dot{A}$ 和 $\dot{F}$，然后判断 $|\dot{A}\dot{F}|$ 是否大于1。只有在电路满足相位条件的情况下，判断是否满足幅值条件才有意义。换句话说，若电路不满足相位条件，则电路不可能振荡，也就无需判断幅值条件了。

6.2.2　RC正弦波振荡电路

RC正弦波振荡电路有桥式振荡电路、双T网络式和移相式振荡电路等类型，但最具典型性的是RC桥式正弦波振荡电路，简称文氏桥（Wien-bridge）振荡电路。

图6-3是RC桥式振荡电路。这个电路由放大电路 $\dot{A}_V$ 和选频网络 $\dot{F}_V$ 两部分组成。其中 $\dot{A}_V$ 为集成运放所组成的电压串联负反馈放大电路，取其输入阻抗高和输出阻抗低的特点；F_V 则由 Z_1、Z_2 组成，同时兼作正反馈网络。由图可知，Z_1、Z_2 和 R_1、R_f 正好形成一个四臂电桥，电桥的对角线顶点接到放大电路的两个输入端，桥式振荡电路的名称即由此得来。

1．RC串/并联选频网络的选频特性

由图6-3有

$$Z_1 = R + \frac{1}{sC} = \frac{1 + sCR}{sC}$$

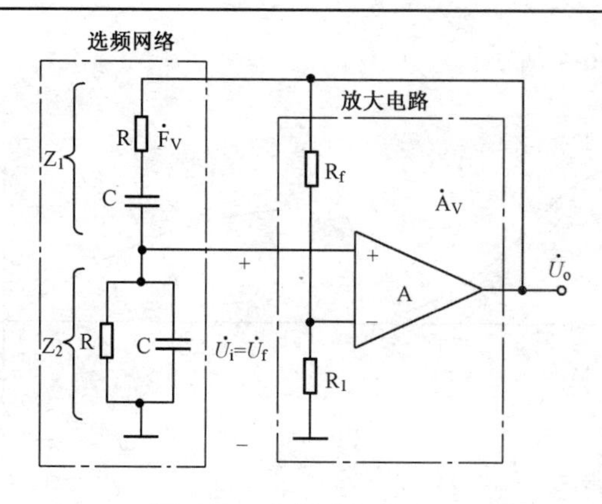

图 6-3　RC 桥式振荡电路

$$Z_2=\frac{R\cdot\frac{1}{sC}}{R+\frac{1}{sC}}=\frac{R}{1+sCR}$$

反馈网络的反馈系数为

$$F_V(s)=\frac{U_f(s)}{U_o(s)}=\frac{Z_2}{Z_1+Z_2}=\frac{sCR}{1+3sCR+(sCR)^2} \tag{6-4}$$

用 $s=j\omega$ 替换，则得

$$\dot{F}_V=\frac{j\omega RC}{(1-\omega^2R^2C^2)+j3\omega RC}$$

如令 $\omega_0=\frac{1}{RC}$，则上式变为

$$\dot{F}_V=\frac{1}{3+j\left(\frac{\omega}{\omega_0}-\frac{\omega_0}{\omega}\right)} \tag{6-5}$$

由此可得 RC 串并联选频网络的幅频响应和相频响应分别为

$$F_V=\frac{1}{\sqrt{3^2+\left(\frac{\omega}{\omega_0}-\frac{\omega_0}{\omega}\right)^2}} \tag{6-6}$$

$$\varphi_f=-\arctan\frac{\left(\frac{\omega}{\omega_0}-\frac{\omega_0}{\omega}\right)}{3} \tag{6-7}$$

由式（6-6）和式（6-7）可知，当 $\omega=\omega_0=\frac{1}{RC}$ 或 $f=f_0=\frac{1}{2\pi RC}$ 时，幅频响应的幅值为最大，即 $F_{V\max}=\frac{1}{3}$；而相频响应的相位角为零，即 $\varphi_f=0$。换言之，当 $\omega=\omega_0=\frac{1}{RC}$ 时，输出电压的幅值最大（当输入电压的幅值一定而频率可调时），并且输出电压的幅值为输入电压幅值的 $\frac{1}{3}$，同时输出电压与输入电压同相。根据式（6-6）和式（6-7）可画出串并联选频网络的幅

频响应和相频响应，如图 6-4 所示。

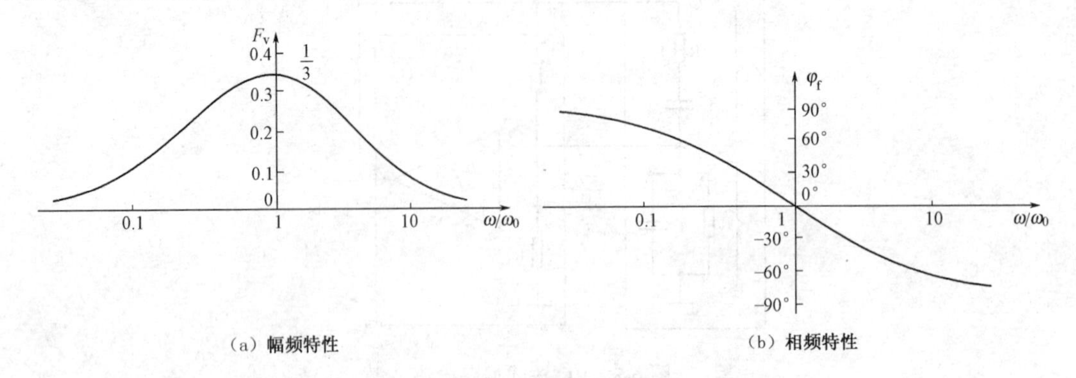

（a）幅频特性　　（b）相频特性

图 6-4　RC 串并联选频网络的频率响应

2. 振荡的建立与稳定

由图 6-3 所示，在 $\omega=\omega_0=\dfrac{1}{RC}$ 时，经 RC 选频网络传输到运放同相端的电压 $\dot{U}_f$ 与 $\dot{U}_0$ 同相，即有 $\varphi_f=0^\circ$ 和 $\varphi_a+\varphi_f=0^\circ$，这样放大电路和由 Z_1、Z_2 组成的反馈网络刚好形成正反馈系统，可以满足式（6-3）的相位平衡条件，因而有可能振荡。

所谓建立振荡，就是要使电路自激，从而产生持续的振荡，将直流电源的能量变为交流信号输出。对于 RC 振荡电路来说，直流电源就是能源。那么如何产生自激呢？由于电路中存在噪声，它所包含的频谱范围很广，其中包括有 $\omega=\omega_0=\dfrac{1}{RC}$ 这样一个频率成分。这种微弱的信号，经过放大通过正反馈的选频网络，使输出的幅度越来越大，最后受电路中元件的非线性特性限制，使振荡幅度自动地稳定下来，开始时 $\dot{A}_V=1+\dfrac{R_f}{R_1}$ 略大于 3，达到稳定平衡状态时，$\dot{A}_V=3$，$\dot{F}_V=\dfrac{1}{3}$（此时 $\omega=\omega_0=\dfrac{1}{RC}$）。

3. 稳幅措施

为进一步改善输出电压幅度的稳定问题，可以在放大电路的负反馈回路中采用非线性元件来自动调整负反馈的强弱以达到维持输出电压恒定。例如，在图 6-3 所示的电路中，R_f 可采用一负温度系数的热敏电阻替代。当输出电压 $|\dot{U}_o|$ 增加时，通过负反馈回路的电流 $|\dot{I}_f|$ 也随之增加，结果使热敏电阻的阻值减小，负反馈加强，放大电路的增益下降，从而使输出电压 $|\dot{U}_o|$ 下降；反之，当 $|\dot{U}_o|$ 下降时，由于热敏电阻的自动调整作用，将使 $|\dot{U}_o|$ 上升，因此可以维持输出电压基本恒定。

6.2.3　LC 正弦波振荡电路

LC 正弦波振荡电路与 RC 桥式正弦波振荡电路的组成原则在本质上是相同的，只是选频网络采用 LC 电路。在 LC 振荡电路中，当 $f=f_0$ 时，放大电路的放大倍数数值最大，而其余频率的信号均被衰减到零；当引入正反馈后，使反馈电压作为放大电路的输入电压，以维持输出电压，从而形成正弦波振荡。因为 LC 正弦波振荡电路的振荡频率较高（1MHz 以上），所以放大电路大多采用分立元件电路。

1. LC 谐振电路的频率特性

LC 正弦波振荡电路的选频网络最常采用 LC 并联网络如图 6-5 所示。图 6-5（a）为理想电路（无损耗），谐振频率为 $f_0=\dfrac{1}{2\pi\sqrt{LC}}$。当信号频率较低时，电容的容抗很大，选频网络呈感性；当信号频率较高时，电感的感抗很大，选频网络呈容性；只有当 $f=f_0$ 时，选频网络才呈纯阻性且阻抗无穷大。

但实际的 LC 并联网络是有损耗的，各种损耗等效成电阻 R，如图 6-5（b）所示。

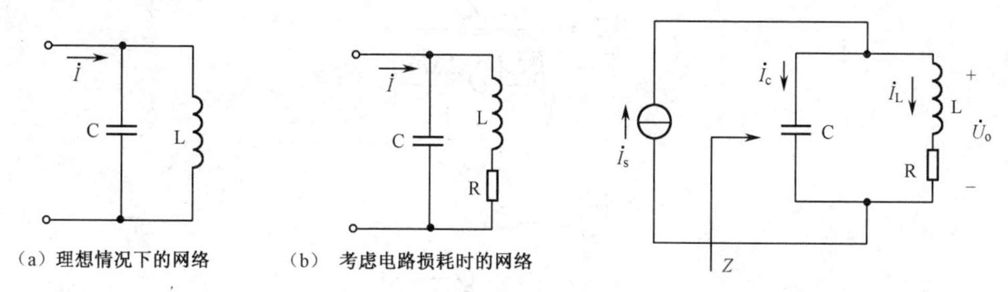

图 6-5　LC 并联网络

图 6-6　LC 并联谐振回路

由图 6-6 可知，LC 并联谐振回路的等效阻抗为

$$Z=\frac{\dfrac{1}{\mathrm{j}\omega C}(R+\mathrm{j}\omega L)}{\dfrac{1}{\mathrm{j}\omega C}+R+\mathrm{j}\omega L} \tag{6-8}$$

通常有 $R\ll\omega L$，故有

$$Z\approx\frac{\dfrac{1}{\mathrm{j}\omega C}\cdot\mathrm{j}\omega L}{R+\mathrm{j}\left(\omega L-\dfrac{1}{\omega C}\right)}=\frac{\dfrac{L}{C}}{R+\mathrm{j}(\omega L-\dfrac{1}{\omega C})} \tag{6-9}$$

由式（6-9）可知，LC 并联谐振回路具有如下特点：

① 回路的谐振频率为 $\omega_0=\dfrac{1}{\sqrt{LC}}$ 或 $f_0=\dfrac{1}{2\pi\sqrt{LC}}$；

② 谐振时回路的等效阻抗为纯电阻性质，其值最大即 $Z_0=\dfrac{L}{RC}=Q\omega_0 L=\dfrac{Q}{\omega_0 C}$。式中 $Q=\dfrac{\omega_0 L}{R}=\dfrac{1}{\omega_0 CR}=\dfrac{1}{R}\sqrt{\dfrac{L}{C}}$ 称为回路的品质因数，它是用来评价回路损耗大小的指标。一般 Q 值在几十到几百范围内。

根据式（6-9）有

$$Z=\frac{\dfrac{L}{RC}}{1+\mathrm{j}\dfrac{\omega L}{R}\left(1-\dfrac{\omega_0^2}{\omega^2}\right)}=\frac{\dfrac{L}{RC}}{1+\mathrm{j}\dfrac{\omega L}{R}\cdot\dfrac{(\omega+\omega_0)(\omega-\omega_0)}{\omega^2}} \tag{6-10}$$

上式中若并联等效阻抗只局限于 ω_0 附近，则可认为 $\omega\approx\omega_0$，$\omega L/R\approx\omega_0 L/R=Q$，$\omega+\omega_0\approx 2\omega_0$，$\omega-\omega_0=\Delta\omega$，则式（6-10）可写为

$$Z=\frac{Z_0}{1+\mathrm{j}Q\dfrac{2\Delta\omega}{\omega_0}} \tag{6-11}$$

从而得到阻抗的模值为

$$|Z|=\frac{Z_0}{\sqrt{1+\left(Q\dfrac{2\Delta\omega}{\omega_0}\right)^2}} \tag{6-12a}$$

或

$$\frac{|Z|}{Z_0}=\frac{1}{\sqrt{1+\left(Q\dfrac{2\Delta\omega}{\omega_0}\right)^2}} \tag{6-12b}$$

其相角为

$$\varphi=-\arctan Q\frac{2\Delta\omega}{\omega_0} \tag{6-13}$$

式中，$|Z|$ 为角频率偏离谐振角频率 ω_0 时，即 $\omega=\omega_0+\Delta\omega$ 时的回路等效阻抗；Z_0 为谐振阻抗；$2\Delta\omega/\omega_0$ 为相对失谐量，表明信号角频率偏离回路谐振角频率 ω_0 的程度。

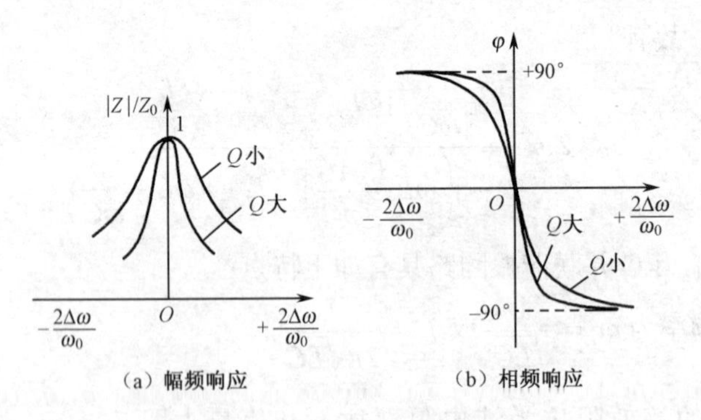

图 6-7　LC 并联谐振回路的频率响应

图 6-7 给出了 LC 并联谐振回路的频率响应曲线，从图中的两条曲线可得出以下结论：

① 从幅频响应可见，当外加信号角频率 $\omega=\omega_0$（即 $2\Delta\omega/\omega_0=0$）时，产生并联谐振，回路等效阻抗达最大值 $Z_0=L/RC$。当角频率 ω 偏离 ω_0 时，$|Z|$ 将减小，而 $\Delta\omega$ 越大，$|Z|$ 越小。

② 从相频响应可知，当 $\omega>\omega_0$ 时，相对失谐（$2\Delta\omega/\omega_0$）为正，等效阻抗呈电容性，因此 Z 的相角为负值，即回路输出电压 $\dot{U}_0$ 滞后于 $\dot{I}_s$；反之，当 $\omega<\omega_0$ 时，等效阻抗呈电感性，因此 φ 为正值，$\dot{U}_0$ 超前于 $\dot{I}_s$。

③ 谐振曲线的形状与回路的 Q 值的关系密切，Q 值越大，谐振曲线越尖锐，相角变化越快，在 ω_0 附近 $|Z|$ 值和 φ 值变化越剧烈，选频网络的选频特性越好。

根据 LC 并联网络的频率特性，当 $f = f_0$ 时，电压放大倍数的数值最大，且无附加相移；对于其余频率的信号，电压放大倍数不但数值减小，而且有附加相移。LC 并联网络具有选频特性，故称之为选频放大电路。若在电路中引入正反馈，并能用反馈电压取代输入电压，则电路就称为正弦波振荡电路。根据引入反馈的方式不同，LC 正弦波振荡电路分为变压器反馈式、电感反馈式和电容反馈式三种。

2. 变压器反馈式 LC 振荡电路

（1）电路组成

采用变压器反馈方式是引入正反馈最简单的方法，如图 6-8 所示；为使反馈电压与输入电压同相，同名端如图中所标注。当反馈电压取代输入电压时，就得到变压器反馈式振荡电路，如图 6-9 所示。

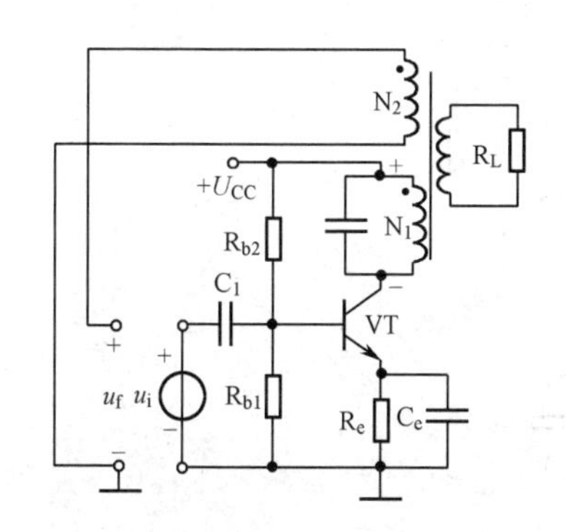

图 6-8　在选频放大电路中引入正反馈

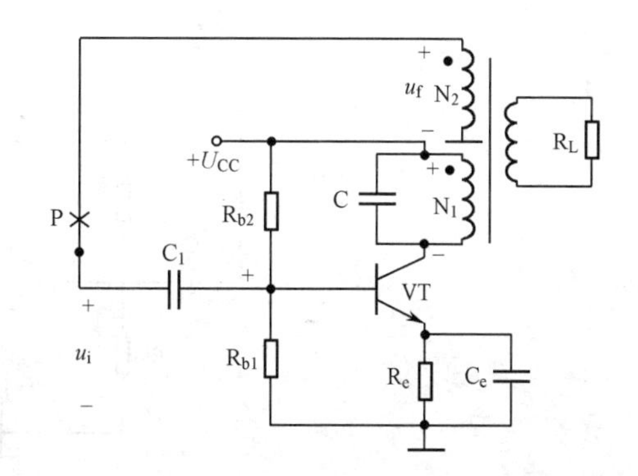

图 6-9　变压器反馈式振荡电路

（2）平衡条件分析

图 6-9 所示电路可用前面所述的方法判断电路产生正弦波振荡的可能。首先，观察电路是否包含放大电路、选频网络、正反馈网络和用晶体管的非线性特性所实现的稳幅环节；然后，判断放大电路能否正常工作，图中放大电路是典型的工作点稳定电路，可以设置合适的静态工作点，交流信号传递过程中无开路或短路现象，电路可以正常放大；最后，采用瞬时极性法判断电路是否满足相位平衡条件。具体做法：断开 P 点，在断开处给放大电路加 $f = f_0$ 的输入电压 $\dot{U}_i$，给定其极性对地为正，因而晶体管基极动态电位对地为正，由于放大电路为共射接法，故集电极动态电位对地为负；对于交流信号，电源相当于接地，所以变压器原边线圈 N_1 电压上正下负；根据同名端得到副边线圈 N_2 电压上正下负，即反馈电压对地为正，与输入电压假设极性相同，故电路满足相位条件，有可能产生正弦波振荡。

要满足幅度平衡条件，需要 $AF \geqslant 1$。可以据此证明，满足幅度平衡条件时，对晶体管放大倍数的要求为

$$\beta \geqslant \frac{r_{be}RC}{M} \tag{6-14}$$

式中，M 为电感 L_1 和 L_2（线圈 N_1 和 N_2 的电感）的互感，r_{be} 为晶体管的输入电阻值，β 为

晶体管的电流放大系数，R 为谐振回路中全部能量损耗的等效电阻值。

一般来说，在满足相位和幅值平衡条件下，电路可能发生谐振。式（6-14）对 β 值的要求并不是很高，通常情况下容易满足。故分析过程中应把重点放在振荡电路能否满足相位平衡条件的分析上。

（3）优缺点

变压器反馈式振荡电路容易产生振荡，波形较好，应用范围广泛。但由于输出电压与反馈电压靠磁路耦合，因而耦合不紧密，损耗大，并且振荡频率的稳定性不高。

3. 电感反馈式 LC 振荡电路

（1）电路组成

为了克服变压器反馈式振荡电路中变压器原边线圈和副边线圈耦合不紧密的缺点，可将 N_1 和 N_2 合并为一个线圈，把图 6-9 所示电路中线圈 N_1 接电源的一端和 N_2 接地的一端相连作为中间抽头，同时为加强谐振效果，将电容 C 跨接在整个线圈两端，如图 6-10 所示。

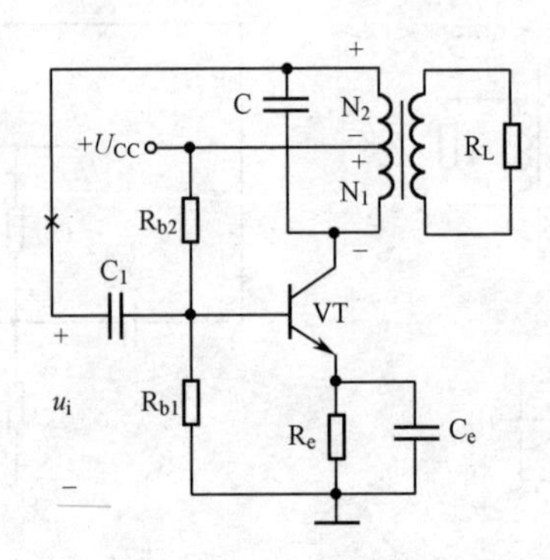

图 6-10　电感反馈式振荡电路

（2）平衡条件分析

利用判断电路能否产生正弦波振荡的方法来分析图 6-10 所示电路。首先，观察电路，它包含了放大电路、选频网络、反馈网络和非线性元件——晶体管 4 个部分，并且放大电路能够正常工作；然后，用瞬时极性法判断电路是否满足正弦波振荡的相位条件：断开反馈，加频率为 f_0 的输入电压，给定其极性，判断出从 N_2 上获得的反馈电压的极性与输入电压同相，故电路满足正弦波振荡的相位条件，各点瞬时极性如图中所标注。只要电路参数选择得当，电路就满足幅值平衡条件，从而产生正弦波振荡。

设 N_1 的电感量为 L_1，N_2 的电感量为 L_2，N_1 与 N_2 间的互感为 M，且 $Q \gg 1$，则振荡频率为

$$f_0 \approx \frac{1}{2\pi\sqrt{(L_1 + L_2 + 2M)C}} \tag{6-15}$$

图 6-11 所示为电感反馈式振荡电路的交流通路，原边线圈的三个端分别接在晶体管的三个极，故称电感反馈式振荡电路为电感三点式电路。

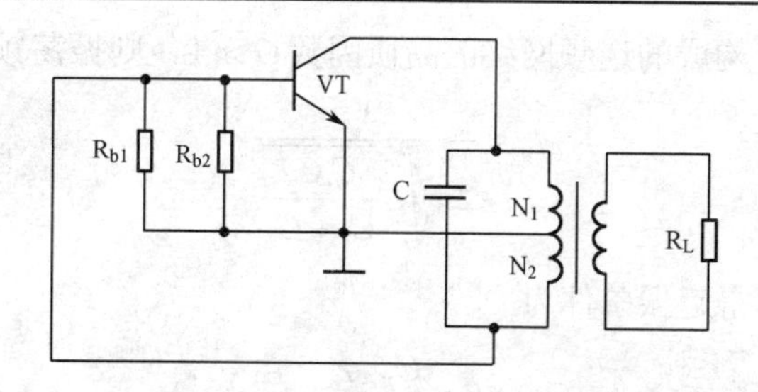

图 6-11　电感反馈式振荡电路的交流通路

根据$|\dot{A}\dot{F}|>1$时，可得起振条件为

$$\beta > \frac{L_1 + M}{L_2 + M} \cdot \frac{r_{be}}{R_L'} \tag{6-16}$$

式中，R_L'为折合到晶体管的集电极和发射极间的等效负载电阻值。

（3）优缺点

电感反馈式振荡电路中 N_2 与 N_1 之间耦合紧密，振幅较大；当 C 采用可变电容时，可获得调节范围较宽的振荡频率，最高振荡频率可达几十兆赫兹。由于反馈电压取自电感，对高频信号具有较大的电抗，输出电压波形中常含有高次谐波。因此，电感反馈式振荡电路常用在对波形要求不高的设备中，如接收机的本机振荡器、高频加热器等。

4. 电容反馈式 LC 振荡电路

（1）电路组成

为了获得较好的输出电压波形，若将电感反馈式振荡电路中的电容和电感互换，并在置换后将两个电容的公共端接地，且增加集电极电阻R_c，便可得到电容反馈式振荡电路，如图 6-12 所示。由于两个电容的三个端分别接在晶体管的三个极，故也称为电容三点式电路。

（2）平衡条件分析

根据正弦波振荡电路的判断方法，观察图 6-12 所示电路，它包含了放大电路、选频网络、反馈网络和非线性元件——晶体管 4 个部分，并且放大电路能够正常工作；然后断开反馈，加频率为f_0的输入电压u_i，给定其极性，判断出从C_2上获得的反馈电压的极性与输入电压同相，故电路满足正弦波振荡的相位条件，各点瞬时极性如图中所标注。只要电路参数选择得当，电路就满足幅值平衡条件，从而产生正弦波振荡。

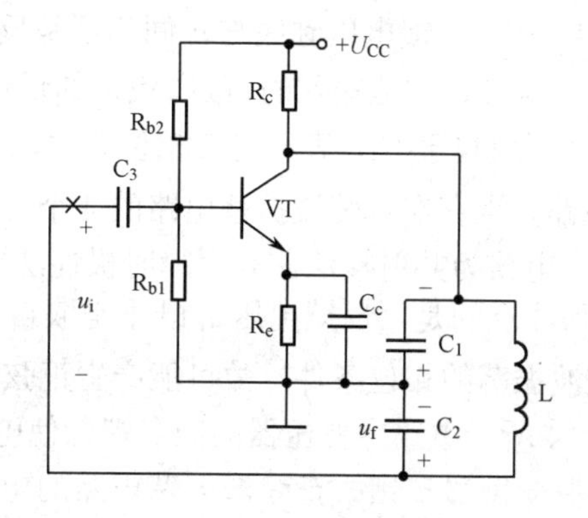

图 6-12　电容反馈式振荡电路

当由L、C_1和C_2所构成的选频网络的品质因数$Q \gg 1$，则振荡频率为

$$f_0 \approx \frac{1}{2\pi\sqrt{L\frac{C_1C_2}{C_1+C_2}}} \tag{6-17}$$

根据$\left|\dot{A}\dot{F}\right|>1$时，可得起振条件为

$$\beta > \frac{C_2}{C_1} \cdot \frac{r_{be}}{R'_L} \tag{6-18}$$

式中，R'_L为折合到晶体管的集电极和发射极间的等效负载电阻值。

（3）优缺点

电容反馈式振荡电路的输出电压波形好，但若用改变电容的方法来调节振荡频率，则会影响电路的起振条件；而若用改变电感的方法来调节振荡频率，则比较困难，故常常用在固定频率的场合。

【例 6-1】 如图 6-13 所示，试分析他们是否有可能产生正弦波振荡。

分析： 在正弦波振荡电路中，反馈电压总是取自于某个元件。对于大多数电路，在交流通路中有这个元件有一端接地，因而这一特点成为寻找反馈电压的依据。在分立元件正弦波振荡电路中通常不需外加稳幅环节，晶体管的非线性特性即可实现稳幅。

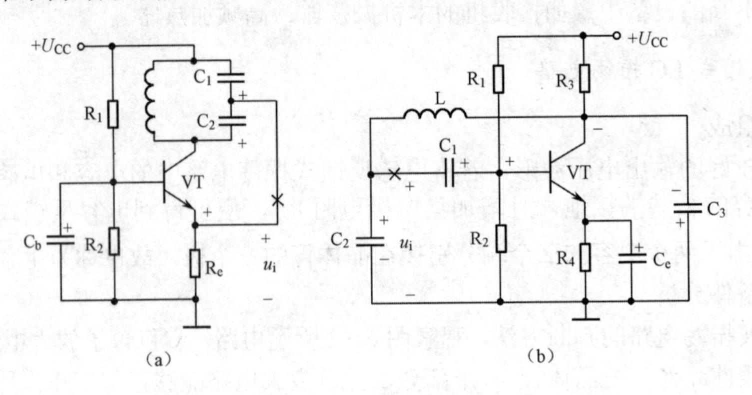

图 6-13　例 6-1 电路图

解： 观察图 6-13（a）所示电路，存在正弦波振荡电路的 4 个必要组成部分（放大电路、选频网络、反馈网络和稳幅环节）。放大电路为共基接法，如图中所标注。在 C_1 和 C_2 的连接点既标注为“＋”又标注为“－”，反馈电压到底与 u_i 同相还是反相？这决定于反馈电压取自于 C_1 还是 C_2。放大电路的输入信号是对地输入的，故取代 u_i 的反馈电压 u_f 一定有接地点，U_{CC} 在交流通路中相当于接地，故 u_f 取自于 C_1，表明符合相位条件，电路有可能产生正弦波振荡。

观察图 6-13（b）所示电路，也存在正弦波振荡电路的 4 个必要组成部分，C_2、C_3 与 L 组成选频网络和反馈网络，放大电路为共射接法。利用瞬时极性法判断电路中 C_2、C_3 电压的瞬时极性，如图中所标注。值得注意的是，反馈电压 u_f 既不是取自于 L，也不是取自于 C_3，而是取自于 C_2。电路满足正弦波振荡的相位条件，故可能产生正弦波振荡。

【例 6-2】 试标出如图 6-14 所示电路中变压器的同名端，使电路可能产生正弦波振荡。

分析： 本题考查是否掌握变压器反馈式正弦波振荡电路的电路组成和工作原理。判断电

路产生正弦波振荡可能性的依据是看其是否满足正弦波振荡的相位条件。对于变压器反馈式正弦波振荡电路，是否满足相位条件常常取决于变压器是否有正确的同名端。本题应首先确定反馈电压取自于哪个线圈，然后判断为使电路产生正弦波振荡该线圈上电压的极性，从而得到变压器的同名端。

解：在图 6-14（a）所示电路中，反馈电压取自 L_3。采用瞬时极性法，断开反馈，在断开处给放大电路加一个 $f=f_0$ 的输入电压，规定其极性对地为"＋"。若要使电路满足正弦波振荡的相位条件，反馈电压极性应与输入电压相同。因而，各点的瞬时极性如图 6-15（a）所示，变压器的同名端如图中所标注。

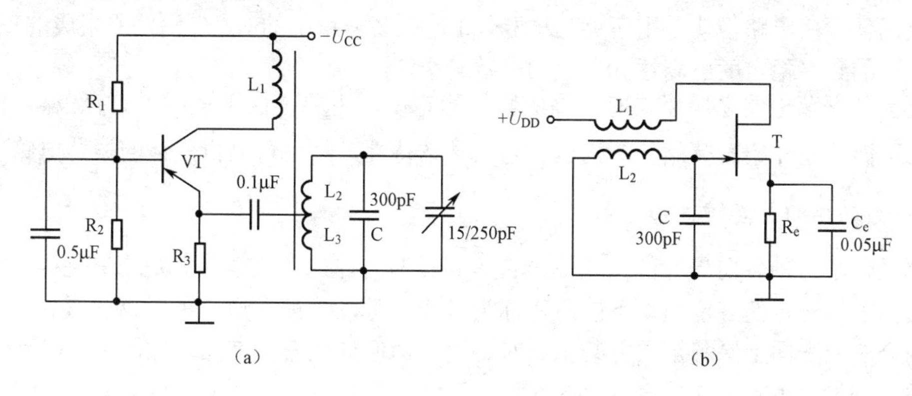

图 6-14　例 6-2 电路图

在图 6-14（b）所示电路中，反馈电压取自 L_2。采用瞬时极性法，断开反馈，在断开处给放大电路加一个 $f=f_0$ 的输入电压，规定其极性对地为"＋"。以 u_i 的极性为依据，各点的瞬时极性如图 6-15（b）所示，故变压器的同名端如图中所标注。

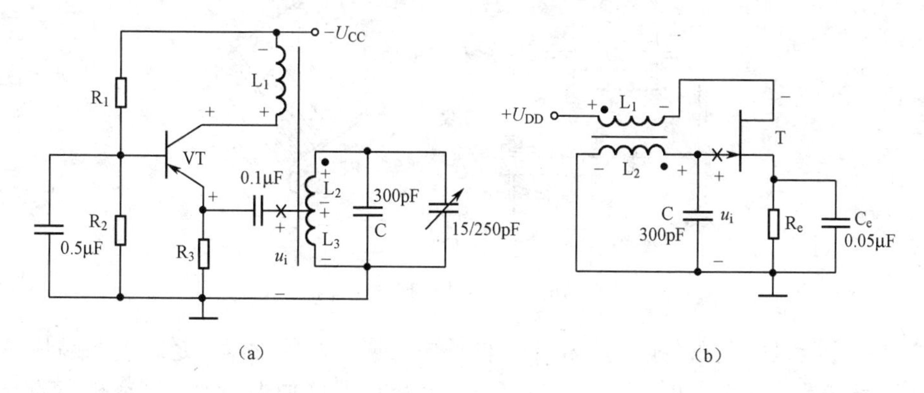

图 6-15　例 6-2 解图

6.2.4　石英晶体正弦波振荡电路

1. 正弦波振荡电路的频率稳定问题

在工程应用中，如在实验室用的高、低频信号发生器，往往要求正弦波振荡电路的振荡频率具有一定的稳定度，有时要求振荡频率要十分稳定（如数字系统的时钟产生电路等）。故常采用"频率稳定度"来作为衡量振荡电路的质量指标。频率稳定度一般用频率的相对变化量$\Delta f/f_0$表示，f_0为振荡频率，Δf为频率偏移。频率稳定度越大越好。

通过前述内容我们知道，影响LC振荡电路振荡频率f_0的主要因素是LC并联谐振回路的参数L、C和R。LC谐振电路的Q值对频率稳定度影响较大，可以证明，Q值越大频率稳定度越高。由电路理论可知，$Q=\omega_0 L/R=\frac{1}{R}\cdot\sqrt{\frac{L}{C}}$，为了提高$Q$值，应尽量减小回路的损耗电阻$R$的同时加大$\sqrt{\frac{L}{C}}$值。但一般LC振荡电路，其$Q$值最高达数百，在要求频率稳定度高的场合，往往采用石英晶体振荡电路。

石英晶体振荡电路，就是用石英晶体取代LC振荡电路中的L、C元件所组成的正弦波振荡电路。它的频率稳定度可高达$10^{-9}\sim10^{-11}$数量级。

石英晶体振荡电路之所以具有极高的频率稳定度，主要是由于采用了具有极高Q值的石英晶体。下面首先介绍石英晶体的构造和它的基本特性，然后再分析具体的振荡电路。

2. *石英晶体的基本特性与等效电路*

石英晶体是一种各向异性的结晶体，它是硅石的一种，其化学成分是二氧化硅（SiO_2）。从一块晶体上按一定的方位角切下的薄片称为晶片（可以是正方形、矩形或圆形等），然后在晶片的两个对应表面上涂覆银层并装上一对金属板，便构成石英产品，如图6-16所示，一般用金属外壳密封，也有用玻璃壳密封的。

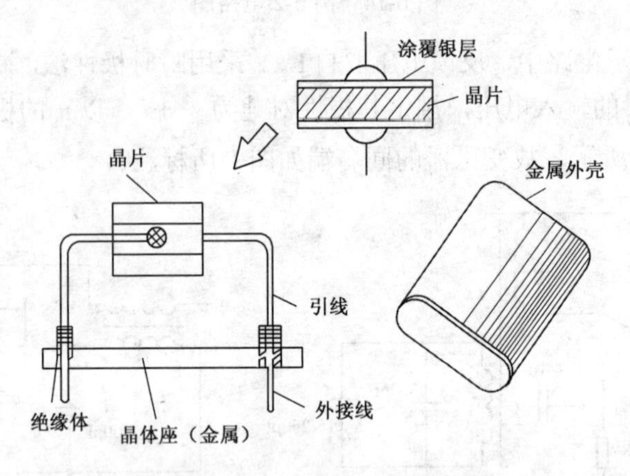

图6-16　石英晶体的一种结构

石英晶片之所以能做振荡电路是由于它的压电效应。从物理学知道，若在晶片的两个极板间加一电场，晶体会产生机械形变；反之，若在极板间施加机械力，则在相应的方向上会产生电场，这种现象称为压电效应。若在极板间所加的是交变电压，则会产生机械变形振动，同时机械变形振动又会产生交变电压。一般来说，这种机械振动的振幅比较小，其振动频率则是很稳定的。但当外加交变电压的频率与晶片的固有频率（决定于晶片的尺寸）相等时，机械振动的幅度将急剧增加，这种现象称为压电谐振，因此石英晶体又称为石英晶体谐振器。

石英晶体的压电谐振现象可用如图6-17所示等效电路模型表示。图中C_0为切片与金属板构成的静电电容，L和C分别为模拟晶体的质量（代表惯性）和弹性。晶片振动时，因摩擦而造成的损耗则用电阻R来等效。因此，一块石英晶体相当于一个LC回路。

图 6-17 为石英晶体的代表符号、等效电路和电抗特性。

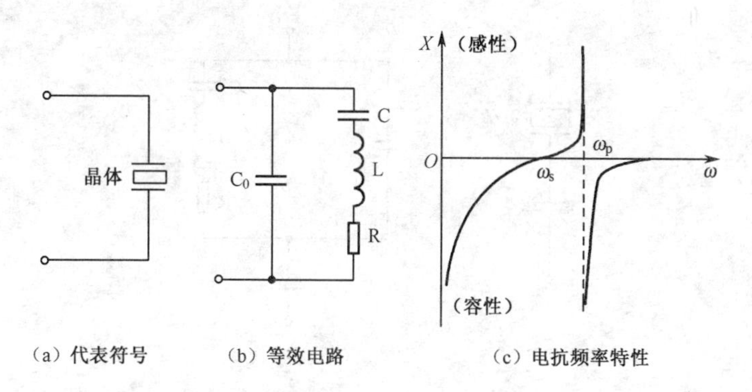

图 6-17　石英晶体的代表符号、等效电路和电抗特性

当等效电路中的 R、L、C 支路发生串联谐振时，该支路呈纯电阻性，等效电阻为 R，其串联谐振频率为

$$f_s = \frac{1}{2\pi\sqrt{LC}} \tag{6-19}$$

由于 $R \ll \omega_0 C_0$，因此串联谐振的等效阻抗近似为 R，呈纯阻性且其阻值很小。

当 $f < f_s$ 时，C_0 和 C 电抗较大，起主导作用，石英晶体呈容性。

当 $f > f_s$ 时，L、C、R 支路呈感性，将与 C_0 产生并联谐振，石英晶体呈纯阻性，其振荡频率为

$$f_P = \frac{1}{2\pi\sqrt{LC}} \cdot \sqrt{1+\frac{C}{C_0}} = f_s\sqrt{1+\frac{C}{C_0}} \tag{6-20}$$

由于 $C \ll C_0$，故 $f_s \approx f_P$。

当 $f > f_P$ 时，电抗主要决定于 C_0，石英晶体又呈容性。因此，$R = 0$ 时石英晶体电抗的频率特性如图 6-17（c）所示，只有在 $f_s < f < f_P$ 的情况下，石英晶体才呈感性。

R、L、C 的数值可由实验测出，通常 $C = 0.01 \sim 0.1\text{pF}$，$C_0$ 是极板电容，约几十皮法，R 约几十欧姆，$L = 0.01 \sim 100\text{H}$。可见，石英晶体的等效电感很大，而等效电容很小，故它的等效品质因数 Q 值很高，可达 $10^4 \sim 10^6$。因为振荡频率几乎仅取决于晶片的尺寸，所以其稳定度 $\Delta f / f_0$ 可达 $10^{-6} \sim 10^{-8}$，甚至更高达 $10^{-10} \sim 10^{-11}$。而即使最好的 LC 振荡电路，Q 值最大只能达到几百，振荡频率的稳定度也只能达到 10^{-5}。因此石英晶体的选频特性是其他任何选频网络不能比拟的。

通常，石英晶体产品所给出的标称频率既不是 f_s，也不是 f_P，而是外接一个小电容 C_s 时校正的振荡频率，C_s 与石英晶体串接，如图 6-18 所示。利用 C_s 可使石英晶体的谐振频率在一个小范围内调整，C_s 应选得比 C 大。

3. 石英晶体振荡电路

选频网络中含有石英谐振器的正弦波振荡电路称为石英晶体振荡电路。石英晶体振荡电路的形式是多种多样的，但其基本电路只有两类：并联型石英晶体振荡电路——工作在 f_s 与 f_P 之间，利用晶体作为一个电感来组成振荡电路；串联型石英晶体振荡电路——工作于串联谐

振频率 f_s 处，利用其阻抗最小且为纯阻性来组成振荡电路。

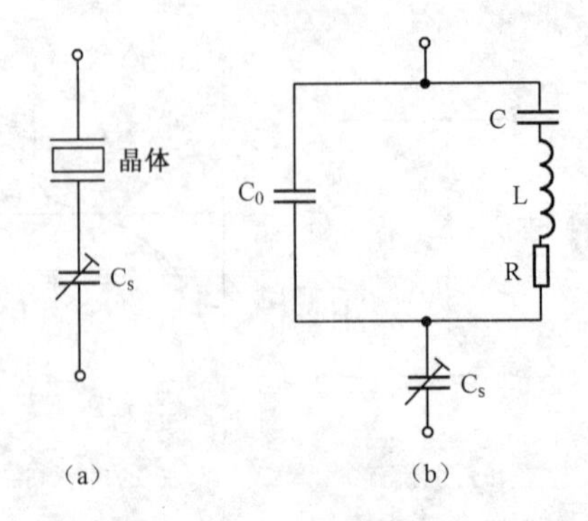

图 6-18　石英晶体串联谐振频率的调整

（1）并联型石英晶体振荡电路

若用石英晶体取代图 6-12 所示电路中的电感，便得到并联型石英晶体振荡电路，如图 6-19 所示，其交流等效电路如图 6-20 所示。石英晶体谐振器作为电感元件构成并联 LC 网络的一个组成部分，“并联型”振荡器由此而得名。

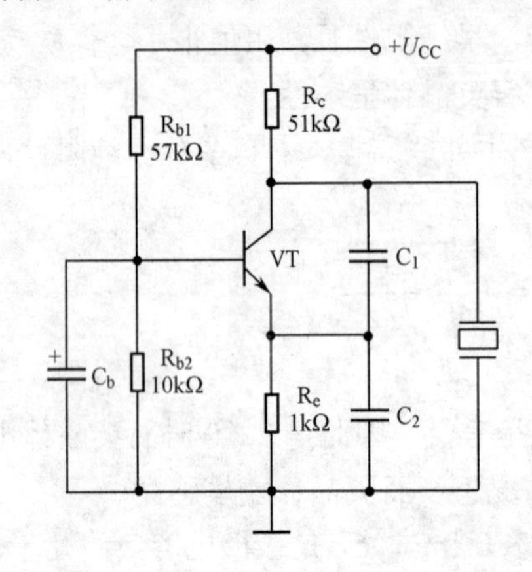

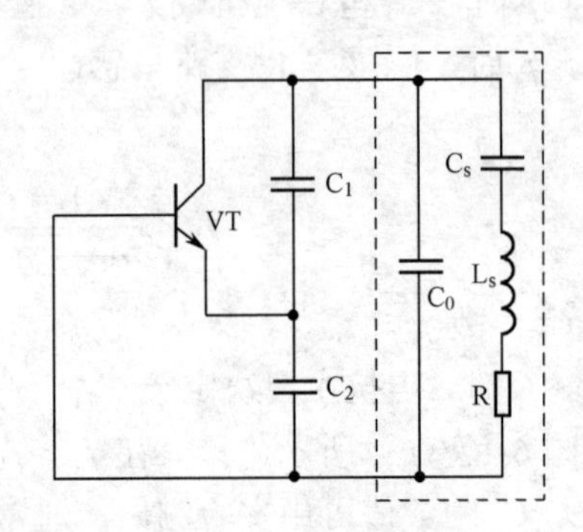

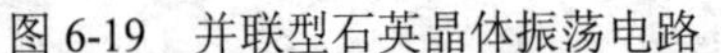

图 6-19　并联型石英晶体振荡电路　　　　图 6-20　并联型石英晶体振荡电路交流电路

图中石英晶体必须等效为电感元件电路才可能谐振。由图 6-17（c）可知，只有当振荡信号的频率处于 f_s 与 f_P 之间时，石英晶体才会呈感性，电路才有进行谐振的条件。当石英晶体等效为电感元件时，该电路是一个典型的电容三点式振荡电路，只要满足 $AF>1$ 的起振条件，电路就能起振并最终达到平衡。

由图 6-20 可知，电容 C_1、C_2 串联，其容量为 $C'=\dfrac{C_1C_2}{C_1+C_2}$；再与晶体静电电容 C_0 并联，容量为 $C'+C_0$；最后与晶体的弹性等效电容 C_s 串联，得到总电容为 $C=\dfrac{C_s\left(C'+C_0\right)}{C_s+C'+C_0}$，故振荡电路的振荡频率为

$$f_0=\frac{1}{2\pi\sqrt{L_sC}}=\frac{1}{2\pi\sqrt{L_s\dfrac{C_s\left(C'+C_0\right)}{C_s+C'+C_0}}} \tag{6-21}$$

由于 $C_s \ll C' + C_0$，故回路中起决定作用的是 C_s，则谐振频率近似为

$$f_0 \approx \frac{1}{2\pi\sqrt{L_s C_s}} = f_s \tag{6-22}$$

由式（6-22）可知，并联型石英晶体振荡电路的振荡频率基本上由晶体的固有频率 f_s 决定，而与 C' 的关系很小。这样由于 C' 不稳定而引起的频率漂移就很小，且参数 f_s 可以做得既精确又稳定，所以并联型石英晶体振荡电路的振荡频率可以十分准确和稳定。

（2）串联型石英晶体振荡电路

图 6-21 所示为串联型石英晶体振荡电路。电容 C 为旁路电容，对交流信号可视为短路。电路的第一级为共基放大电路，第二级为共集放大电路。若断开反馈，给放大电路加输入电压，极性上正下负；则 VT_1 管集电极动态电位为正，VT_2 管发射极动态电位也为正。只有在石英晶体呈纯阻性，即产生串联谐振时，反馈电压才与输入电压同相，电路才满足正弦波振荡的相位平衡条件。故此电路的振荡频率为石英晶体的串联谐振频率 f_s。通过调整 R_p 的阻值，可使电路满足正弦波振荡的幅值平衡条件。

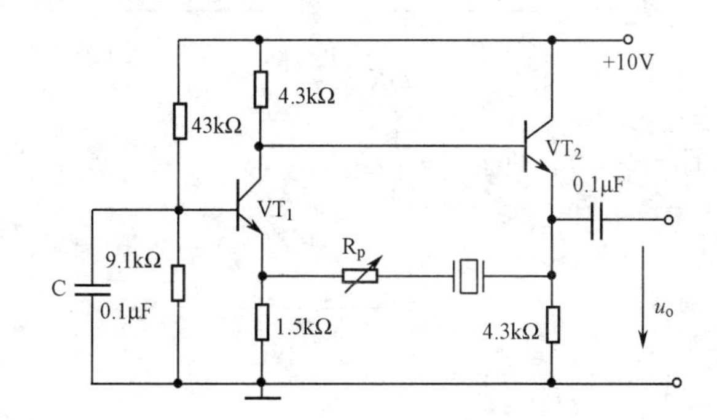

图 6-21　串联型石英晶体振荡电路

6.3　任务实施过程

6.3.1　任务分析

根据任务要求，对 RC 桥式正弦波振荡电路进行改进，要求获得振荡频率从几赫兹到几十千赫兹范围连续可调的效果，从而构成简易音频信号发生器。

如图 6-22 所示为 RC 桥式正弦波振荡电路。RC 桥式正弦波振荡电路包括放大器和正反馈支路组成的 RC 电桥两部分，如图 6-23 所示。

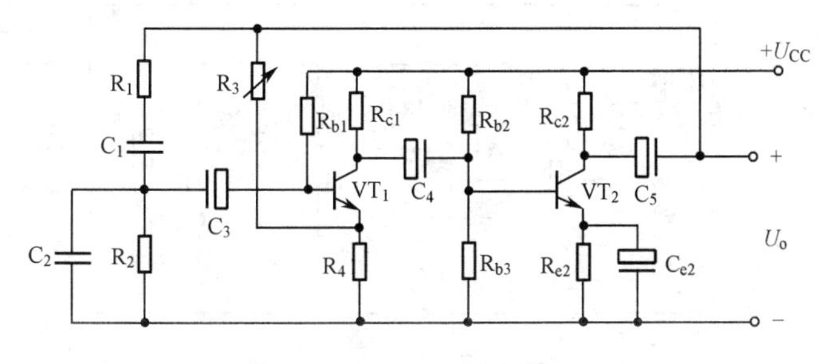

图 6-22　RC 桥式正弦波振荡电路

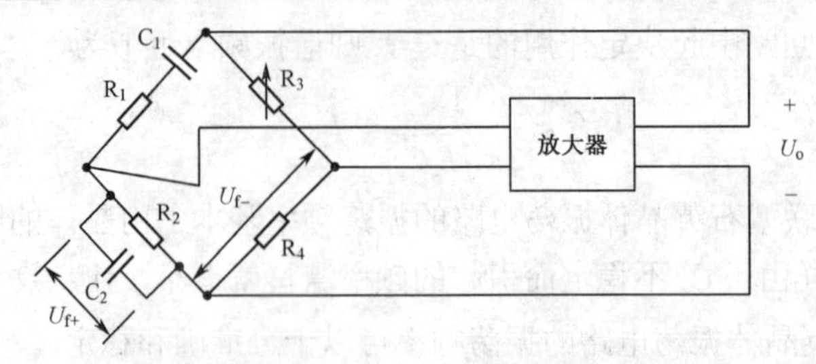

图 6-23　RC 桥式正弦波振荡电路的组成

6.3.2　任务设计

在图 6-23 中，R_3、R_4 组成电压负反馈支路（减小振荡波形失真、提高电路稳定性并决定振荡电路的起振），R_1、C_1、R_2 和 C_2 组成正反馈支路（选频网络，决定振荡频率）。一般取 $R_1 = R_2 = R$，$C_1 = C_2 = C$。

电路的正反馈系数为

$$F_+ = \frac{1}{3 + \mathrm{j}(\omega RC - \dfrac{1}{\omega RC})} = \frac{1}{3 + \mathrm{j}\left(\dfrac{\omega}{\omega_0} - \dfrac{\omega_0}{\omega}\right)}$$

当 $\omega = \omega_0$ 时，$F_{+\max} = \dfrac{1}{3}$ 且 $\phi F_+ = 0$，即 $U_{f+} = \dfrac{1}{3}U_0$。

电路的负反馈系数为

$$F_- = \frac{R_4}{R_3 + R_4}$$

当 $R_3 = 2R_4$ 时，$F_- = \dfrac{1}{3}$，即 $U_{f-} = \dfrac{1}{3}U_0$。

当 $U_{f+} - U_{f-} = 0$ 即电桥平衡，所以电桥平衡条件：$\omega = \omega_0 = \dfrac{1}{RC}$，$R_3 = 2R_4$。要振荡电路起振必须满足 $U_{f+} - U_{f-} > 0$，故实际电路中 $R_3 > 2R_4$，$U_{f-} < \dfrac{1}{3}U_0$；振荡频率为 $f_0 = \dfrac{1}{2\pi RC}$。

6.3.3　任务实现

将图 6-23 中的 RC 串并联选频网络改接成图 6-24 所示结构，用双连开关 S 切换不同阻值的电阻，实现其粗调，直接旋动双连可变电容器 C 的旋钮，改变其容量实现细调，这样就构成一个频率范围较宽的简易音频信号发生器。

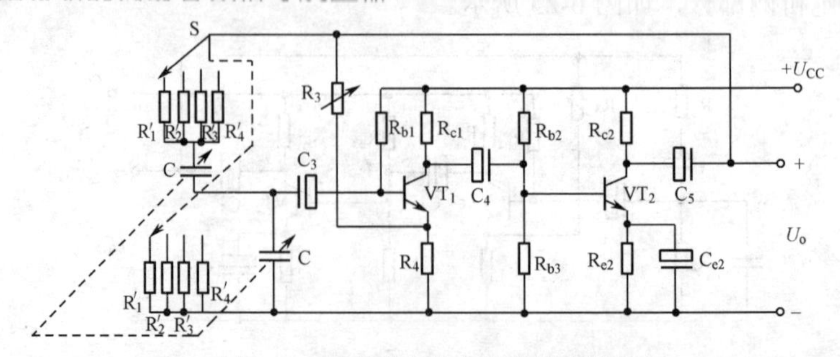

图 6-24　简易音频信号发生器电路图

6.4　知识链接

振荡频率可调的 RC 桥式正弦波振荡电路

通过前述内容可知，RC 桥式正弦波振荡电路以 RC 串并联网络作为选频网络和正反馈网络，以电压串联负反馈放大电路为放大环节，具有振荡频率稳定、带负载能力强、输出电压失真小等优点，因此得到了相当广泛的应用。为使振荡频率可调，通常在 RC 串并联网络中采用双层波段开关接不同的电容，作为振荡频率 f_0 的粗调；采用同轴电位器实现 f_0 的微调，如图 6-25 所示。振荡频率的可调范围能够从几赫兹到几百千赫兹。

为提高 RC 桥式正弦波振荡电路的振荡频率，必须减小 R 和 C 的数值。一方面，当 R 减小到一定程度时，同相比例运算电路的输出电阻将影响选频特性；另一方面，当 C 减小到一定程度时，晶体管的极间电容和电路的分布电容将影响选频特性；因此，振荡频率 f_0 高到一定程度时，其大小不仅决定于选频网络，还与放大电路的参数有关。因此，当振荡频率较高时，应选用 LC 正弦波振荡电路。

【例 6-3】如图 6-25 所示电路，若电容的取值分别为 $0.01\mu F$、$0.1\mu F$、$1\mu F$、$10\mu F$，电阻 $R = 100\Omega$，电位器 $R_W = 5k\Omega$。试问振荡频率 f_0 的调节范围为多少？

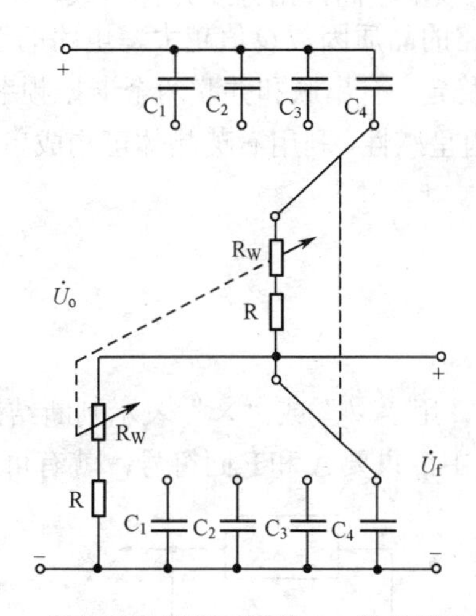

图 6-25　振荡频率连续可调的 RC 串并联选频网络

解：$\because f_0 = \dfrac{1}{2\pi RC}$

$\therefore f_0$ 的最大值为 $f_{0\max} = \dfrac{1}{2\pi RC_{\min}} = \dfrac{1}{2\pi \times 100 \times 0.01 \times 10^{-6}} \approx 159\text{kHz}$

f_0 的最小值为 $f_{0\min} = \dfrac{1}{2\pi(R + R_W)C_{\max}} = \dfrac{1}{2\pi(100 + 5 \times 10^3) \times 10 \times 10^{-6}} \approx 3.12\text{Hz}$

故 f_0 的调节范围为 3.12Hz～159kHz。

6.5 阶段小结

在模块 2 中曾经讨论过，从振荡条件考虑，当反馈深度过深或环路增益过大时，负反馈放大电路易于产生自己振荡。本模块则是在电路中有意构成正反馈以满足相位平衡和振幅平衡条件，形成自激振荡以产生正弦波信号，两者的工作过程本质上是相同的。

正弦波振荡电路由放大电路、选频网络、正反馈网络和稳幅环节 4 部分组成。正弦波振荡的幅值平衡条件为$|\dot{A}\dot{F}=1$，相位平衡条件为$\varphi_A+\varphi_F=2n\pi$（$n$为整数）。按选频网络所用元件的不同，正弦波振荡电路可分为 RC、LC 和石英晶体三种类型。在分析电路是否可能产生正弦波振荡时，应首先观察电路是否包含这 4 个组成部分，进而检查放大电路能否正常放大，然后利用瞬时极性法判断电路是否满足相位平衡条件，必要时再判断电路是否满足幅值平衡条件。

RC 正弦波振荡电路的振荡频率较低。常用的 RC 桥式正弦波振荡电路由 RC 串并联网络和同相比例运算电路组成。若 RC 串并联网络中的电阻均为 R，电容均为 C，则振荡频率$f_0=\dfrac{1}{2\pi RC}$，反馈系数$\dot{F}=\dfrac{1}{3}$，因而$\dot{A}_u\geqslant3$。

LC 正弦波振荡电路的振荡频率较高，由分立元件组成，可分为变压器反馈式、电感反馈式和电容反馈式三种。谐振回路的品质因数Q值越大，电路的选频特性越好。

石英晶体的振荡频率非常稳定，有串联和并联两个谐振频率，分别为f_s和f_P，且$f_P\approx f_s$。在$f_s<f<f_P$极窄的频率范围内呈感性。利用石英晶体可构成串联型和并联型两种正弦波振荡电路。

6.6 边学边议

1. 判断下列说法是否正确，用“√”或“×”表示判断结果并填入空内。

（1）在图 6-26 所示方框图中，只要$\dot{A}$和$\dot{F}$同符号，就有可能产生正弦波振荡。（　　）

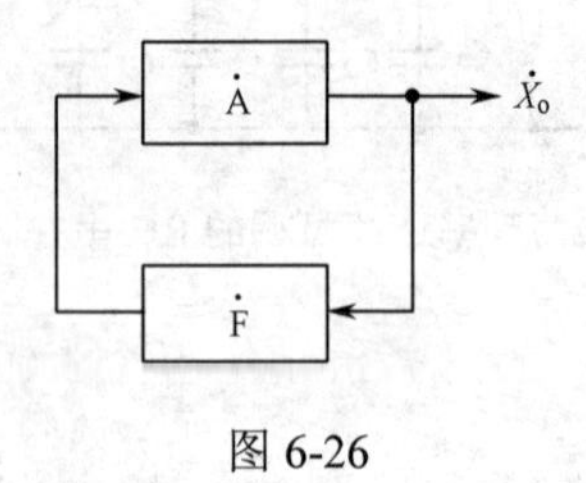

图 6-26

（2）因为 RC 串并联选频网络作为反馈网络时的$\varphi_F=0^\circ$，单管共集放大电路的$\varphi_A=0^\circ$，满足正弦波振荡的相位条件$\varphi_A+\varphi_F=2n\pi$（$n$为整数），故合理连接它们可以构成正弦波振荡电路。（　　）

（3）电路只要满足$\left|\dot{A}\dot{F}\right|=1$，就一定会产生正弦波振荡。（　　）

（4）负反馈放大电路不可能产生自激振荡。（　　）

（5）在 LC 正弦波振荡电路中，不用通用型集成运放作放大电路的原因是其上限截止频率

太低。（　　）

（6）只要集成运放引入正反馈，就一定工作在非线性区。（　　）

2. 将正确的答案填入空内。

（1）LC 并联网络在谐振时呈______，在信号频率大于谐振频率时呈______，在信号频率小于谐振频率时呈______。

（2）当信号频率等于石英晶体的串联谐振频率或并联谐振频率时，石英晶体呈______；当信号频率在石英晶体的串联谐振频率和并联谐振频率之间时，石英晶体呈______；其余情况下呈______。

（3）当信号频率 $f = f_0$ 时，RC 串并联网络呈______。

3. 判断图 6-27 所示电路是否可能产生正弦波振荡，简述理由。设图 6-27（b）中 C_4 的容量远大于其他三个电容的容量。

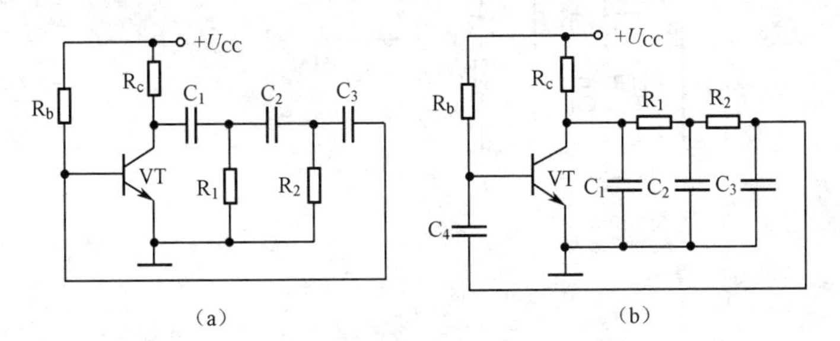

图 6-27

4. 图 6-28 所示的各振荡器的交流通路（或电路），试用相位平衡条件判断哪个可能振荡，哪个不能，指出可能振荡的电路属于什么类型。

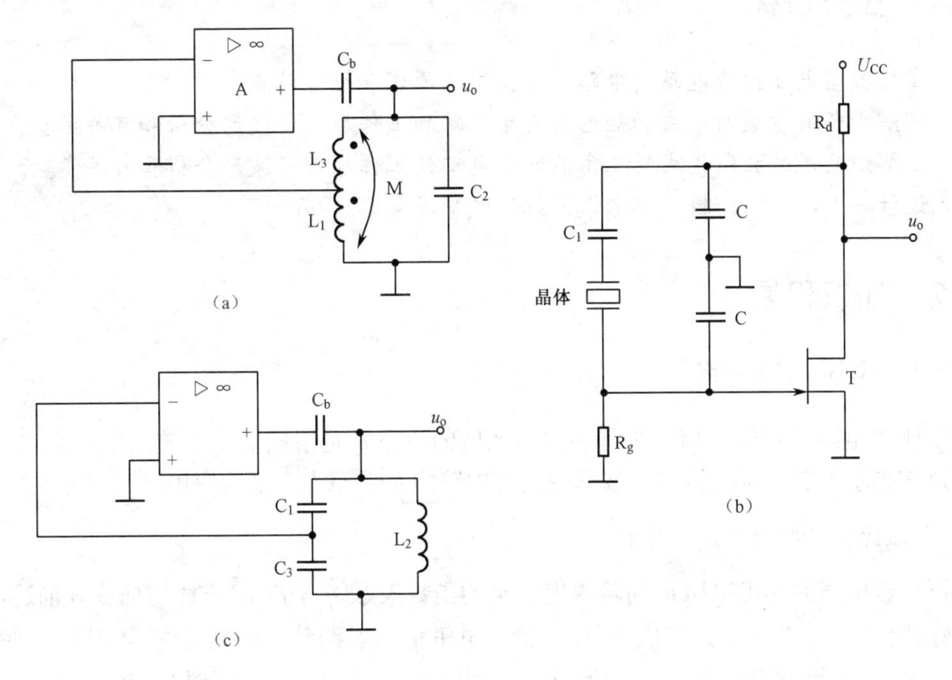

图 6-28

5. 图 6-29 所示为 RC 串并联桥式正弦波振荡电路，所用运算放大器为理想的。

（1）根据相位平衡条件判断电路能否产生正弦波振荡？

（2）推导电路产生正弦波振荡的振荡频率表达式。

（3）说明电阻 R_1 和 R_2 的大小关系。若 $R_1' = 2R_2$，$R_P = 0$，说明电路能否起振；若不能起振，应当怎样调整 R_P 的大小？

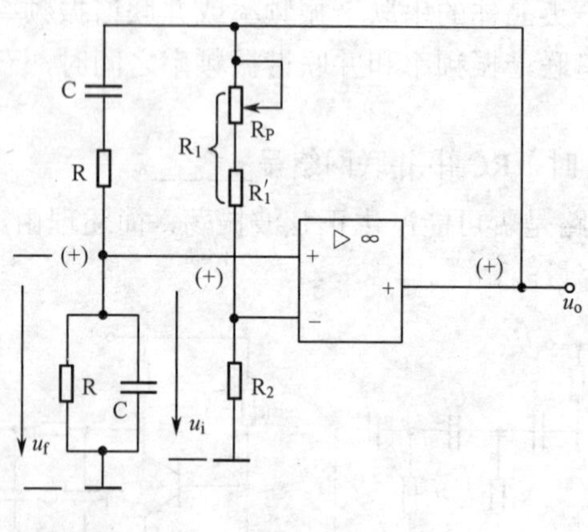

图 6-29

任务 7　红外线警戒装置

7.1　任务目标

- 掌握典型电压比较电路的电路组成、工作原理和性能特点。
- 理解由集成运放所构成的矩形波发生电路的工作原理、波形分析和有关参数。
- 了解由集成运放所构成的三角波发生电路的工作原理、波形分析和有关参数。
- 设计一个以电压比较电路形式的红外线警戒电路。

7.2　知识积累

7.2.1　电压比较电路

电压比较电路是对输入信号进行鉴幅与比较的电路，是组成非正弦波发生电路的基本单元电路，在自动控制、越限报警、波形变换等电路中有着相当广泛的应用。

1. 电压比较电路的电压传输特性

电压比较电路的输出电压 u_o 与输入电压 u_i 的函数关系 $u_o = f(u_i)$ 一般用曲线来描述，称为电压传输特性。输入电压 u_i 是模拟信号，而输出电压 u_o 只有两种可能的状态，不是高电平 U_{OH}，就是低电平 U_{OL}，用此表示比较的结果。从一个电平跳变到另一个电平时相应的输入电压 u_i 值称为阈值电压U_T或门限电压。

为了正确画出电压传输特性，必须给出以下三个要素：

（1）输出电压高电平U_{OH}和输出电压低电平U_{OL}；

（2）阈值电压U_T；

（3）当输入电压u_i变化且经过U_T时，输出电压u_o跳变的方向，即是从U_{OH}跳变为U_{OL}还是从U_{OL}跳变到U_{OH}。

2. 集成运放的非线性工作区

在电压比较电路中，绝大多数集成运放不是处于开环状态（即没有引入反馈）就是只引入了正反馈，如图 7-1（a）、（b）所示；图 7-1（b）中反馈通路是电阻网络。对于理想运放，由于差模增益无穷大，只要同相输入端与反相输入端之间有无穷小的差值电压，输出电压就将达到正的最大值或负的最大值，即输出电压u_o与输入电压（$u_P - u_N$）不再满足线性关系，称集成运放工作在非线性工作区，其电压传输特性如图 7-1（c）所示。若集成运放的输出电压u_o的幅值为$\pm U_{OM}$，则当$u_P > u_N$时，$u_o = +U_{OM}$；当$u_P < u_N$时，$u_o = -U_{OM}$。由于理想运放的差模输入电阻无穷大，故净输入电流为零，即$i_P = i_N = 0$。

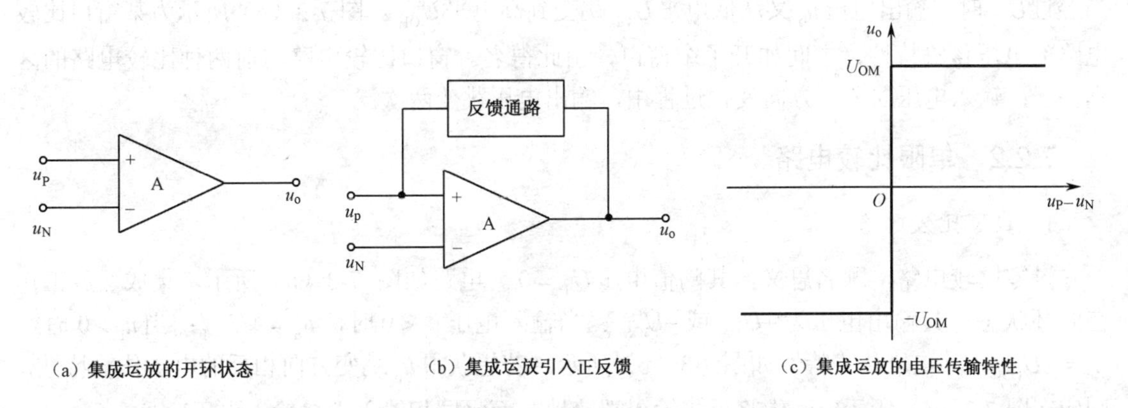

（a）集成运放的开环状态　（b）集成运放引入正反馈　（c）集成运放的电压传输特性

图 7-1　集成运放工作在非线性区的电路特点及其电压传输特性

由此可知，分析比较电路时要注意以下两点：

① 比较电路中的运放，“虚短”的概念不再成立，而“虚断”的概念依然成立；

② 应着重抓住输出发生跳变时的输入电压值来分析其输入/输出关系，画出电压传输特性。

3. 电压比较电路的种类

（1）单限比较电路

电路只有一个阈值电压，输入电压u_i逐渐增大或减小过程中，当通过U_T时，输出电压u_o产生跳变。图 7-2（a）所示为某单限比较电路的电压传输特性。

（2）滞回比较电路

电路有两个阈值电压，输入电压u_i从小变大过程中使输出电压u_o产生跳变的阈值电压U_{T1}，不等于从大变小过程中使输出电压u_o产生跳变的阈值电压U_{T2}，电路具有滞回特性。它与单限比较电路的相同之处在于：当输入电压向单一方向变化时，输出电压只跳变一次。

图 7-2（b）所示为某滞回比较电路的电压传输特性。

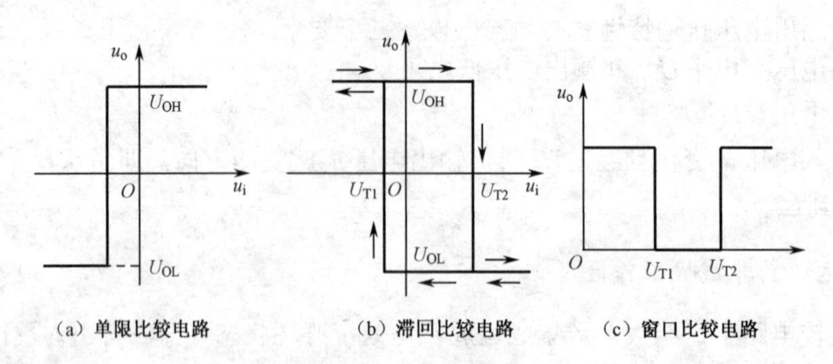

（a）单限比较电路　　（b）滞回比较电路　　（c）窗口比较电路

图 7-2　电压比较电路传输特性

（3）窗口比较电路

电路有两个阈值电压，输入电压 u_i 从小变大或从大变小过程中使输出电压 u_o 产生两次跳变。比如，某窗口比较电路的两个阈值电压 U_{T1} 小于 U_{T2}，且均大于零；输入电压 u_i 从零开始增大，当经过 U_{T1} 时，输出电压 u_o 从高电平 U_{OH} 跳变为低电平 U_{OL}；当输入电压 u_i 继续增大，当经过 U_{T2} 时，输出电压 u_o 又从低电平 U_{OL} 跳变到高电平 U_{OH}。图 7-2（c）所示为某窗口比较电路的电压传输特性，中间如开了个窗口，由此得名。窗口比较电路与前两种比较电路的区别在于：输入电压向单一方向变化过程中，输出电压跳变两次。

7.2.2　单限比较电路

1. 过零比较电路

过零比较电路，顾名思义，其阈值电压 $U_T = 0$。电路如图 7-3（a）所示，集成运放工作在开环状态，其输出电压为 $+U_{OM}$ 或 $-U_{OM}$。当输入电压 $u_i < 0$ 时，$u_o = +U_{OM}$；当 $u_i > 0$ 时，$u_o = -U_{OM}$。其电压传输特性如图 7-3（b）所示。若想获得 u_o 跳变方向相反的电压传输特性，则应在图 7-3（a）所示电路中将反相输入端接地，而将同相输入端接输入电压。

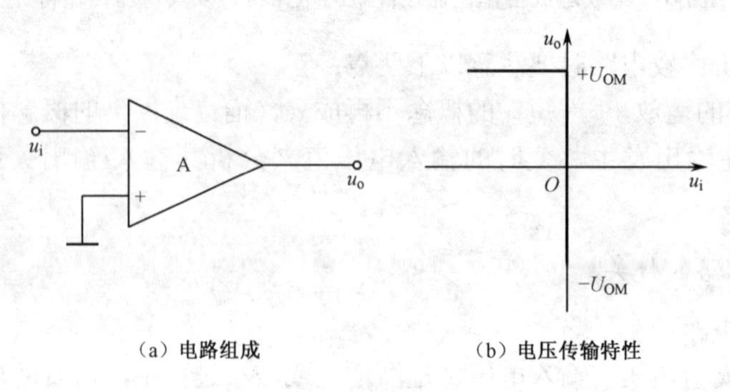

（a）电路组成　　（b）电压传输特性

图 7-3　过零比较电路及其电压传输特性

在实际电路中为了满足负载的需求，常在集成运放的输出端加稳压管限幅电路，从而获得合适的 U_{OL} 和 U_{OH}，如图 7-4（a）所示。图中 R 为限流电阻，两只稳压管的稳定电压均应小于集成运放的最大输出电压 U_{OM}。设稳压管 VD_{Z1}、VD_{Z2} 的稳定电压分别为 U_{Z1}、U_{Z2}，两管的正向导通电压均为 U_D。当 $u_i < 0$ 时，由于集成运放的输出电压 $u_o' = +U_{OM}$，使 VD_{Z1} 工作在

稳压状态，VD_{Z2} 工作在正向导通状态，所以输出电压 $u_o = U_{OH} = +(U_{Z1} + U_D)$；当 $u_i > 0$ 时，由于集成运放的输出电压 $u'_o = -U_{OM}$，使 VD_{Z2} 工作在稳压状态，VD_{Z1} 工作在正向导通状态，所以输出电压 $u_o = U_{OL} = -(U_{Z2} + U_D)$。若要求 $U_{Z1} = U_{Z2}$，则可以采用两只特性相同而又制作在一起的稳压管，其符号如图 7-4（b）所示，导通时的端电压记为 $\pm U_Z$。当 $u_i < 0$ 时，$u_o = U_{OH} = +U_Z$；当 $u_i > 0$ 时，$u_o = U_{OL} = -U_Z$。

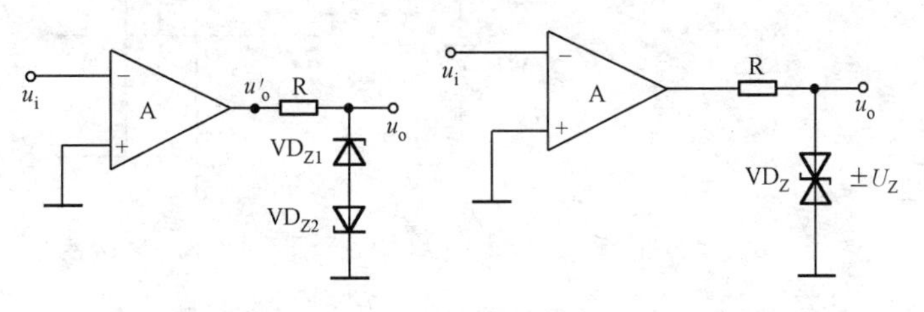

图 7-4　电压比较电路的输出限幅电路

限幅电路的稳压管还可跨接在集成运放的输出端和反相输入端之间，如图 7-5 所示。假设稳压管截止，集成运放必然工作在开环状态，输出电压不是 $+U_{OM}$ 就是 $-U_{OM}$，这样必将导致稳压管击穿而工作在稳压状态，VD_Z 构成负反馈通路，使反相输入端为“虚地”，限流电阻上的电流 i_R 等于稳压管的电流 i_Z，输出电压 $u_o = \pm U_Z$。由图可见，虽然电路中引入了负反馈，但它仍具有电压比较电路的基本特性。图 7-5 所示电路具有如下优点：一是由于集成运放的净输入电压和净输入电流均近似为零，从而保护了输入级；二是由于集成运放并没有工作到非线性区，因而在输入电压过零时，其内部的晶体管不需要从截止区逐渐进入饱和区，或从饱和区逐渐进入截止区，故提高了输出电压的变化速度。

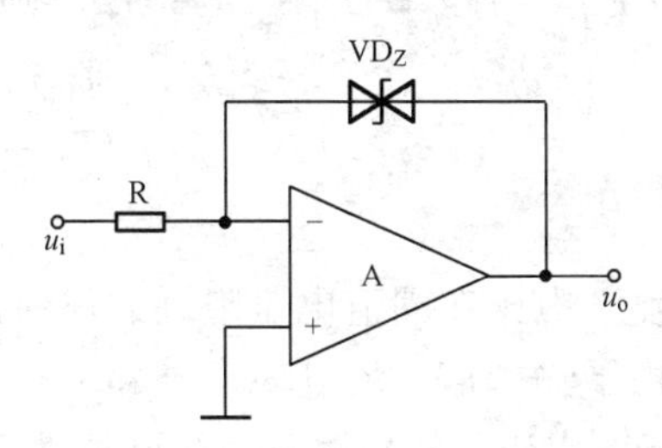

图 7-5　稳压管接在反馈电路

2. 基本电压比较电路

如图 7-6（a）所示为基本电压比较电路，U_{REF} 为参考电压。根据叠加原理，集成运放反相输入端的电位

$$u_N = \frac{R_1}{R_1 + R_2} u_i + \frac{R_2}{R_1 + R_2} U_{REF}$$

令 $u_N = u_P = 0$，则求出阈值电压

$$U_T = -\frac{R_2}{R_1} U_{REF} \tag{7-1}$$

当 $u_i < U_T$ 时，$u_N < u_P$，故 $u'_o = +U_{OM}$，则 $u_o = U_{OH} = +U_Z$；当 $u_i > U_T$ 时，$u_N > u_P$，故

$u'_o = -U_{OM}$，则$u_o = U_{OL} = -U_Z$。若$U_{REF} < 0$，则图 7-6（a）所示电路的电压传输特性如图 7-6（b）所示。

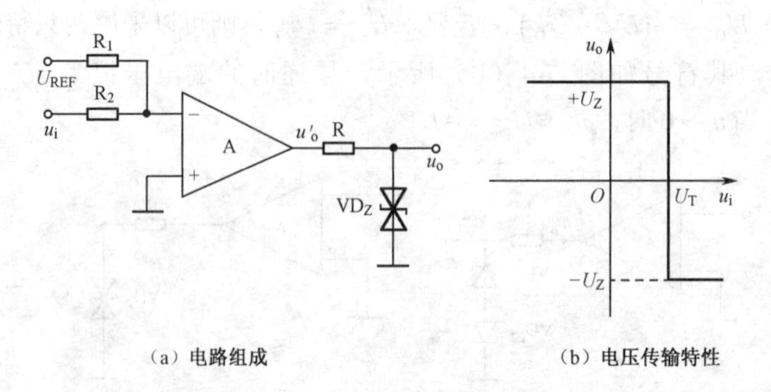

（a）电路组成　　（b）电压传输特性

图 7-6　基本电压比较电路及其电压传输特性

根据式（7-1）可知，只要改变参考电压的大小和极性以及电阻R_1和R_2的阻值，就可以改变阈值电压的大小和极性。若要改变u_i经过U_T时u_o的跳变方向，则应将集成运放的同相输入端和反相输入端所接外电路互换。

综上所述，分析电压传输特性三个要素的方法如下：

① 通过研究集成运放输出端所接的限幅电路来确定电压比较电路的输出低电平U_{OL}和输出高电平U_{OH}。

② 写出集成运放同相输入端、反相输入端电位u_P和u_N的表达式，令$u_P = u_N$，求得的输入电压就是阈值电压U_T。

③ u_o在u_i过U_T时的跳变方向决定于u_i作用于集成运放的哪个输入端。当u_i从反相输入端（或通过电阻）输入时，$u_i < U_T$，则$u_o = U_{OH}$；$u_i > U_T$，则$u_o = U_{OL}$。当u_i从同相输入端（或通过电阻）输入时，$u_i < U_T$，则$u_o = U_{OL}$；$u_i > U_T$，则$u_o = U_{OH}$。

7.2.3　滞回电压比较电路

在基本电压比较电路中，输入电压在阈值电压附近的任何微小变化，都将引起输出电压的跳变，不管这种微小变化是由于输入信号还是来自外部干扰。因此，虽然基本电压比较电路很灵敏，但抗干扰能力差。滞回电压比较电路具有滞回特性（即具有惯性），因而具有一定的抗干扰能力。反相输入端的滞回电压比较电路如图 7-7（a）所示，滞回电压比较电路中引入了正反馈。

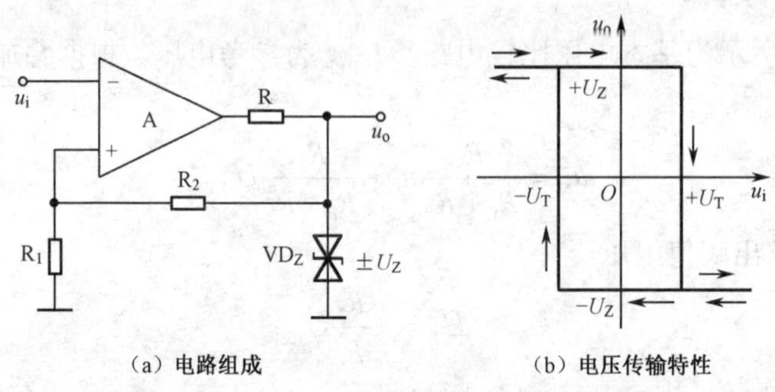

（a）电路组成　　（b）电压传输特性

图 7-7　滞回电压比较电路及其电压传输特性

从集成运放输出端的限幅电路看出，$u_o = \pm U_Z$。集成运放反相输入端电位 $u_N = u_i$，同相输入端电位 $u_P = \pm\frac{R_1}{R_1+R_2}\cdot U_Z = \frac{R_1}{R_1+R_2}\cdot u_o$。

令 $u_N = u_P$，求出的 u_i 就是阈值电压，由此得出

$$\pm U_T = \pm\frac{R_1}{R_1+R_2}\cdot U_Z \tag{7-2}$$

当输入电压 u_i 等于阈值电压时，输出电压如何变化呢？

假设 $u_i < -U_T$，则 $u_N < u_P$，因而 $u_o = +U_Z$，故有 $u_P = +U_T$，只有当输入电压 u_i 增大到 $+U_T$，再增大一个无穷小的增量时，输出电压 u_o 才会从 $+U_Z$ 跳变为 $-U_Z$；同理，假设 $u_i > +U_T$，则 $u_N > u_P$，因而 $u_o = -U_Z$，故有 $u_P = -U_T$，只有当输入电压 u_i 减小到 $-U_T$，再减小一个无穷小的增量时，输出电压 u_o 才会从 $-U_Z$ 跳变为 $+U_Z$。由此可见，滞回电压比较电路的两个阈值电压是不相同的，其电压传输特性如图 7-7（b）所示。

从电压传输特性曲线可以看出：当 $-U_T < u_i < +U_T$ 时，u_o 可能为 $+U_Z$，也可能为 $-U_Z$；如果 u_i 从小于 $-U_T$ 的值逐渐增大到 $-U_T < u_i < +U_T$，那么 u_o 应为 $+U_Z$；如果 u_i 从大于 $+U_T$ 的值逐渐减小到 $-U_T < u_i < +U_T$，那么 u_o 应为 $-U_Z$；曲线具有方向性，如图 7-7（b）中箭头标注。由于它类似于磁滞回线，因而得名滞回电压比较电路。

将两个阈值电压叠加一个相同的正电压或负电压，可使滞回电压比较电路的电压传输特性曲线向左或向右平移。具体做法：把图 7-7（a）中电阻 R_1 的接地端接参考电压 U_{REF}，如图 7-8（a）所示。图中同相输入端的电位为

$$u_P = \frac{R_2}{R_1+R_2}\cdot U_{REF} \pm \frac{R_1}{R_1+R_2}\cdot U_Z$$

令 $u_N = u_P$，求出的 u_i 就是阈值电压，由此得出

$$U_{T1} = \frac{R_2}{R_1+R_2}\cdot U_{REF} - \frac{R_1}{R_1+R_2}\cdot U_Z \tag{7-3}$$

$$U_{T2} = \frac{R_2}{R_1+R_2}\cdot U_{REF} + \frac{R_1}{R_1+R_2}\cdot U_Z \tag{7-4}$$

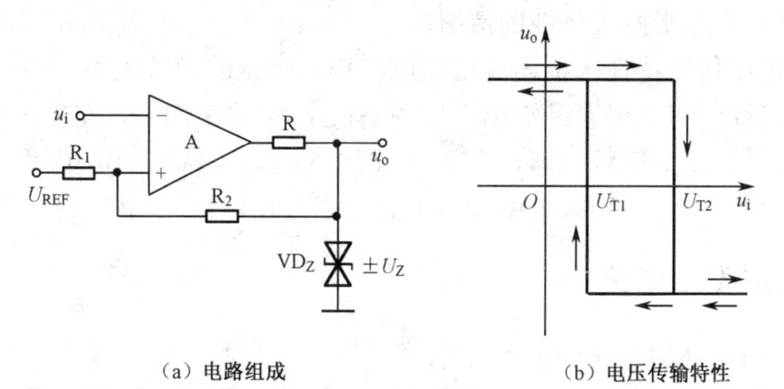

（a）电路组成　　（b）电压传输特性

图 7-8　外加参考电压的滞回电压比较电路及电压传输特性

式（7-3）和式（7-4）中第一项为曲线在横轴上向左或向右平移的距离。当 $U_{REF} > 0$ 时，图 7-8（a）所示电路的电压传输特性如图 7-8（b）所示，通过改变 U_{REF} 的极性可改变曲线平移的方向。当 $U_{REF} = 0$ 时，称为过零滞回电压比较电路。

7.2.4 窗口电压比较电路

以上介绍的几种电压比较电路中，当输入信号向单一方向变化时，输出电压只跳变一次，因而只能检查一个电平。若要检测输入电压 u_i 是否在两个给定电压之间，则要采用如图 7-9（a）所示的窗口电压比较电路，外加参考电压 $U_{RH} > U_{RL}$，电阻 R_1、R_2 和稳压管 VD_Z 构成限幅电路。

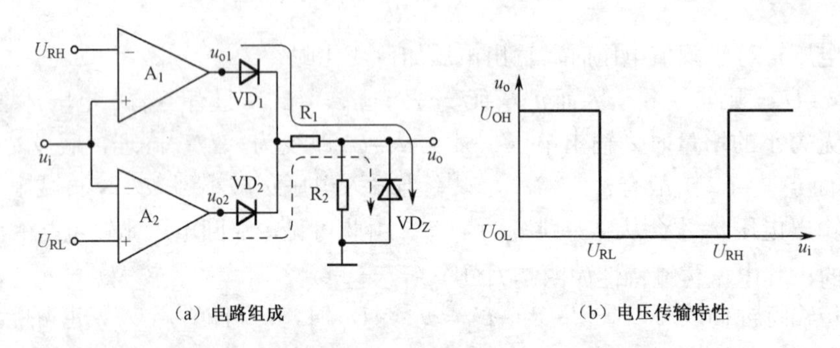

（a）电路组成　　（b）电压传输特性

图 7-9　窗口电压比较电路及其电压传输特性

当输入电压 $u_i > U_{RH}$ 时，必然有 $u_i > U_{RL}$，故集成运放 A_1 的输出电压 $u_{o1} = +U_{OM}$，A_2 的输出电压 $u_{o2} = -U_{OM}$。这样，使得二极管 VD_1 导通，VD_2 截止，电流通路如图 7-9（a）中实线所标注，稳压管 VD_Z 工作在稳压状态，输出电压 $u_o = +U_Z$；当输入电压 $u_i < U_{RL}$ 时，必然有 $u_i < U_{RH}$，故集成运放 A_1 的输出电压 $u_{o1} = -U_{OM}$，A_2 的输出电压 $u_{o2} = +U_{OM}$，因而使 VD_2 导通，VD_1 截止，电流通路如图 7-9（a）中虚线所标注，稳压管 VD_Z 工作在稳压状态，输出电压 $u_o = +U_Z$；当 $U_{RL} < u_i < U_{RH}$ 时，$u_{o1} = u_{o2} = -U_{OM}$，故 VD_1 和 VD_2 均截止，稳压管也截止，输出电压 $u_o = 0$。

U_{RH} 和 U_{RL} 分别为窗口比较电路的两个阈值电压，若 U_{RH} 和 U_{RL} 均大于零，则图 7-9（b）所示为窗口电压比较电路的电压传输特性。

通过上述几种电压比较电路的分析，可得出如下结论：

① 由于电压比较电路通常工作在开环或正反馈状态，集成运放多工作在非线性区，其输出电压只有高电平和低电平两种可能的情况；

② 一般采用电压传输特性来描述输出电压与输入电压的函数关系；

③ 电压传输特性的三个要素是输出电压的高低电平、阈值电压和输出电压的跳变方向。输出电压的高低电平决定于限幅电路；令 $u_P = u_N$ 所求出的 u_i 就是阈值电压；u_i 等于阈值电压时输出电压的跳变方向决定于输入电压作用于同相输入端还是反相输入端。

7.2.5 矩形波发生电路

矩形波发生电路是其他非正弦波发生电路的基础，例如，若方波电压加在积分运算电路的输入端，则输出端就可获得三角波电压；若改变积分电路正向积分和反向积分时间常数，使某一方向的积分常数趋于零，则可获得锯齿波。

1. 电路组成与工作原理

因为矩形波电压只有两种状态，不是高电平就是低电平，所以电压比较器是它的重要组成部分；因为产生振荡，就是要求输出的两种状态自动地相互转换，所以电路中必须引入反馈；因为输出状态应按一定的时间间隔交替变化，即产生周期性变化，所以电路中要有延迟环节来确定每种状态维持的时间。图 7-10（a）所示为矩形波电路组成，它由反相输入的滞回比较电路和 RC 电路组成。RC 回路既作为延迟环节，又作为反馈网络，通过 RC 充放电实现输出状态的自动转换。

图 7-10（a）中滞回比较电路的输出电压 $u_o = \pm U_Z$，阈值电压为

$$\pm U_T = \pm \frac{R_1}{R_1 + R_2} \cdot U_Z \tag{7-5}$$

因而电压传输特性如图 7-10（b）所示。

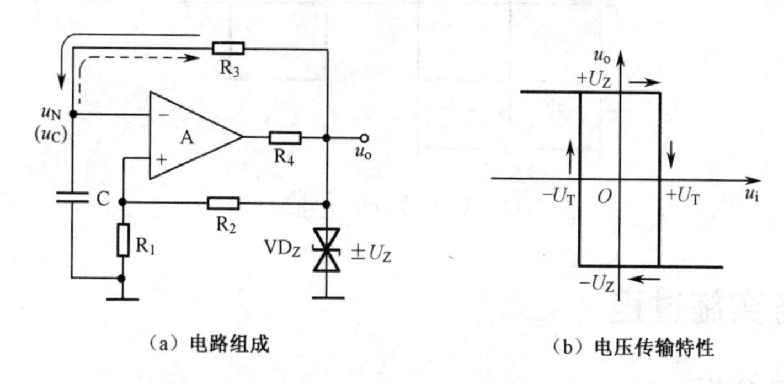

（a）电路组成　　（b）电压传输特性

图 7-10　矩形波发生电路及其电压传输特性

设某一时刻输出电压 $u_o = +U_Z$，则同相输入端电位 $u_P = +U_T$。u_o 通过电阻 R_3 对电容 C 正向充电，如图 7-10（a）中实线箭头所示。反相输入端电位 u_N 随时间 t 增长而逐渐升高，当 t 趋于无穷时，u_N 趋于 $+U_Z$；但当一旦 $u_N = +U_T$，再稍增大，u_o 就从 $+U_Z$ 跳变为 $-U_Z$，与此同时 u_P 从 $+U_T$ 跳变为 $-U_T$。随后，u_o 又通过电阻 R_3 对电容 C 反向充电，或者说放电，如图 7-10（a）中虚线箭头所示。反相输入端电位 u_N 随时间 t 增长而逐渐降低，当 t 趋近于无穷时，u_N 趋于 $-U_Z$；但当 $u_N = -U_T$，再稍减小，u_o 就从 $-U_Z$ 跳变为 $+U_Z$，与此同时 u_P 从 $-U_T$ 跳变为 $+U_T$，电容又开始正向充电。上述过程周而复始，电路产生了自激振荡。

2. 波形分析

由于图 7-10（a）所示电路中电容正向充电与反向充电的时间常数均为 RC，而且充电的总幅值也相等，因而在一个周期内 $u_o = +U_Z$ 的时间与 $u_o = -U_Z$ 的时间相等，u_o 为对称的方波，故该电路也称为方波发生电路。电容上电压 u_C（即集成运放反相输入端电位 u_N）和电路输出电压 u_o 波形如图 7-11 所示。矩形波的宽度 T_K 与周期 T 之比称为占空比，因此 u_o 是占空比为 $1/2$ 的矩形波。

根据电容上电压波形可知，在 $1/2$ 周期内，电容充电的起始值为 $-U_T$，终了值为 $+U_T$，时间常数为 R_3C；时间 t 趋于无穷时，u_C 趋于 $+U_Z$。根据式（7-5）可求出振荡周期

$$T = 2R_3C\ln\left(1 + \frac{2R_1}{R_2}\right) \tag{7-6}$$

振荡频率 $f = 1/T$。

通过以上分析可知，调整电压比较电路的电路参数 R_1 和 R_2 可以改变 u_C 的幅值，调整电阻

R_1、R_2、R_3和电容C的数值可以改变电路的振荡频率。若要调整输出电压u_o的振幅，则通过换稳压管可以改变U_Z，此时u_C的幅值也将随之改变。

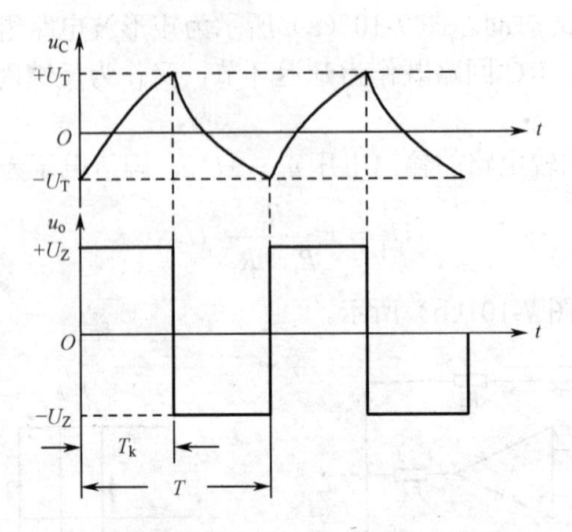

图 7-11　矩形波发生电路波形图

7.3　任务实施过程

7.3.1　任务分析

根据任务目标，设计一个在 1～2m 警戒距离内，采用电压比较电路形式的红外线警戒电路。

7.3.2　任务设计

电路如图 7-12 所示，C_1、C_2、R_1、VD_1～VD_5构成电源供给电路，给电路提供 5 V 的电压。LM741 的正向输入端的LED_1既是工作指示又有一定的稳压作用。反向输入端有由红外接收管VD_7和R_3构成的分压器。红外接收管的反向暗阻，一般都在几十兆以上，而在有红外线照

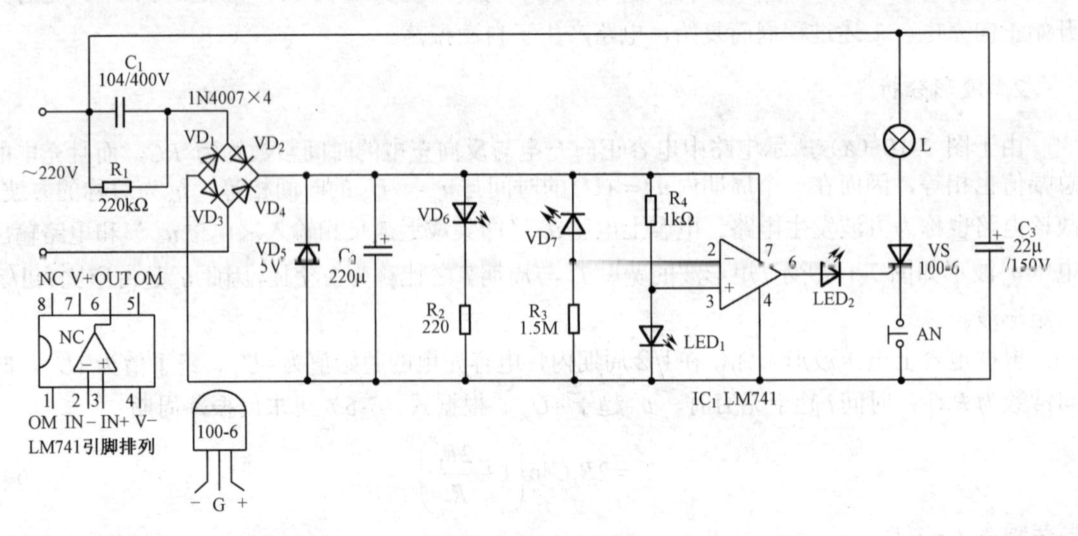

图 7-12　红外线警戒电路

射的情况下。电阻会降至 200～500kΩ（由光照强度和管子的特性决定）。在 VD_7 受到 VD_6 的红外线光照时，电阻较小，R_3 上的分压大于 2V，IC 输出低电平，VS 不能被触发，当人走到 VD_6 和 VD_7 之间，挡住红外线的时候，VD_7 电阻急剧上升，R_2 两端分压小于 2V，IC 输出高电平，LED_2 点亮，VS 的控制极 G 被触发，灯 L 被点亮报警。

7.3.3　任务实现

元件按电路选取即可，只要原件合格，一般不需调试。VD_6 和 VD_7 按成对的红外线发射/接收管购买。IC 可以用μA741 代替。晶闸管用 1A 的单向晶闸管，型号是 100-6。由于元件较少，直接安装在一块万用电路板即可。因为 LM741 运放本身故有的特性以及一些不确定因素的存在，在运放输出低电平时，实际输出不是理想的零伏，而是有一个 1～1.3V 的零漂电压，所以 LED_2 在此一并起到触发管和触发指示的作用。C_3 的作用是和 D_3 一起构成简单的直流电压源，在交变电压的另外半个周期时继续给灯提供后续能量，这样 VS 就可以维持导通。如果在装好后发现 VS 一直处于在导通状态下，可检查一下运放的零漂电压是否超过 2V 或者是红外线发射管性能是否良好。本装置装在楼道口作为警戒器能起到良好的警戒作用。

此电路板可以装在墙内，VD_6 和 VD_7 分别安装在通道两边，并注意将两者对正。灯 L 和 AN 可引入至室内，当有人走过时，灯会亮起来，直到按下 AN。安装的时候注意在 VD_7 的外面套上 $\phi 6\text{mm}\times 10\text{mm}$ 的金属管，这样可以排除漫反射的红外线的干扰，使电路灵敏度和可靠性能提高。若要警戒的范围比较大，可通过增加 VD_6 的数量以及给 VD_6 和 VD_7 加上聚光镜。

7.4　知识链接

7.4.1　占空比可调电路

通过对矩形波发生电路的分析可知，欲改变输出电压的占空比，就必须使电容正向和反向充电时间常数不相等。利用二极管的单向导电性可以引导电流流经不同的通路，占空比可调的矩形波发生电路如图 7-13（a）所示，电容上电压和输出波形如图 7-13（b）所示。

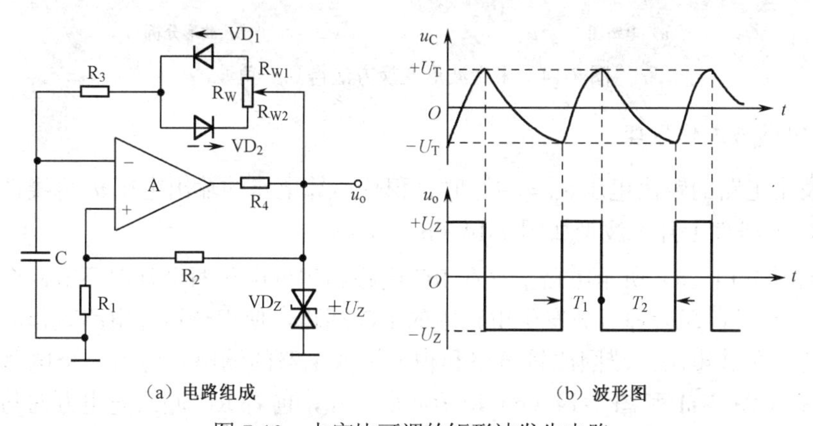

（a）电路组成　　（b）波形图

图 7-13　占空比可调的矩形波发生电路

当 $u_o=+U_Z$ 时，u_o 通过 R_{W1}、VD_1 和 R_3 对电容 C 正向充电，若忽略二极管导通时的等效电阻，则时间常数 $\tau_1\approx(R_{W1}+R_3)C$，充电时间为

$$T_1 \approx (R_{W1} + R_3)C\ln\left(1+\frac{2R_1}{R_2}\right) \tag{7-7}$$

当$u_o = -U_Z$时，u_o通过R_{W2}、VD_2和R_3对电容C反向充电，若忽略二极管导通时的等效电阻，则时间常数$\tau_2 \approx (R_{W2} + R_3)C$，放电时间为

$$T_2 \approx (R_{W2} + R_3)C\ln\left(1+\frac{2R_1}{R_2}\right) \tag{7-8}$$

当$R_{W1} \neq R_{W2}$时，$T_1 \neq T_2$，输出的就是矩形波。可以证明，其周期为

$$T = T_1 + T_2 \approx (R_W + 2R_3)C\ln\left(1+\frac{2R_1}{R_2}\right) \tag{7-9}$$

占空比为

$$D = \frac{T_1}{T} \approx \frac{R_{W1} + R_3}{R_W + 2R_3} \tag{7-10}$$

改变电位器的滑动触头的位置可改变占空比，但周期不变。

7.4.2 三角波发生电路

在方波发生电路中，当滞回比较电路的阈值电压数值较小时，可以将电容两端的电压看成为近似三角波。但是，一方面这个三角波的线性度较差，另一方面带负载后将使电路的性能产生变化。实际上，只要将方波电压作为积分运算电路的输入，其输出就得到三角波电压，如图 7-14（a）所示。

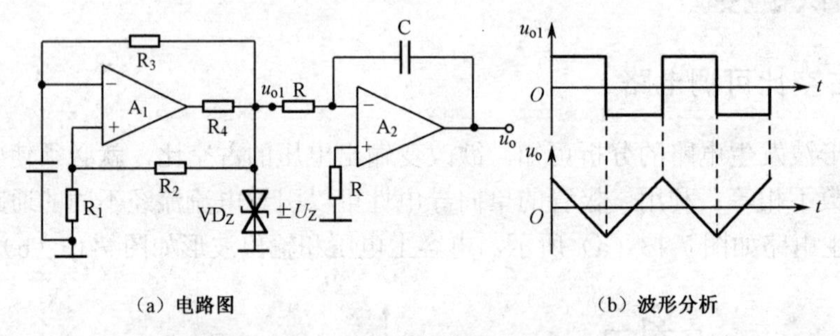

图 7-14　采用波形变换方法得到三角波

1. 电路组成与工作原理

当方波发生电路的输出电压$u_{o1} = +U_Z$时，积分运算电路的输出电压u_o将线性下降；而当$u_{o1} = -U_Z$时，u_o线性上升；波形如图 7-14（b）所示。

由于图如图 7-14（a）所示电路中存在 RC 电路和积分电路两个延迟环节，在实际电路中将它们“合二为一”，即去掉方波发生电路中的 RC 回路，使积分运算电路既作为延迟环节，又作为方波变三角波电路，滞回比较电路和积分运算电路的输出互为另一个电路的输入，如图 7-15 所示。由图 7-11 和图 7-14（b）所示波形可知，前者 RC 回路充电方向与后者积分电路的积分方向相反，所以为了满足极性的需求，滞回比较电路改为同相输入。

在图 7-15 所示三角波发生电路中，虚线左边为同相输入滞回比较电路，右边为积分运算电路。对于由多个集成运放组成的应用电路，一般应首先分析每个集成运放所组成电路输出

与输入的函数关系，然后分析各电路间的相互联系，在此基础上得出电路的功能。

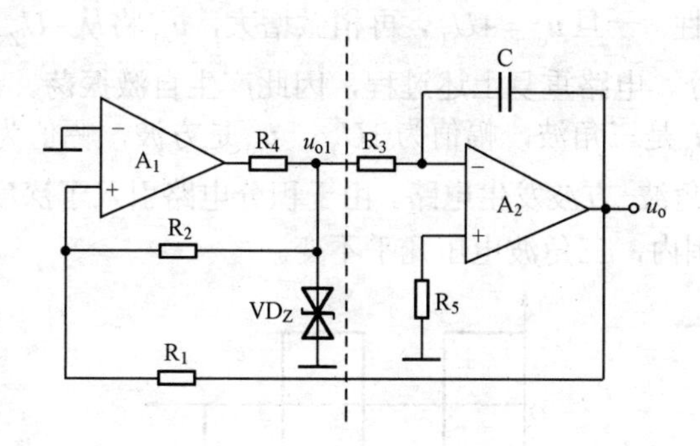

图 7-15　三角波发生电路

图 7-15 中滞回比较电路的输出电压 $u_{o1}=\pm U_Z$，它的输入电压是积分电路的输出电压 u_o，根据叠加原理，集成运放 A_1 同相输入端的电位为

$$u_{P1}=\frac{R_2}{R_1+R_2}u_o+\frac{R_1}{R_1+R_2}u_{o1}=\frac{R_2}{R_1+R_2}u_o\pm\frac{R_1}{R_1+R_2}U_Z$$

令 $u_{P1}=u_{N1}=0$，则阈值电压为

$$\pm U_T=\pm\frac{R_1}{R_2}U_Z \tag{7-11}$$

因此，滞回比较电路的电压传输特性如图 7-16 所示。

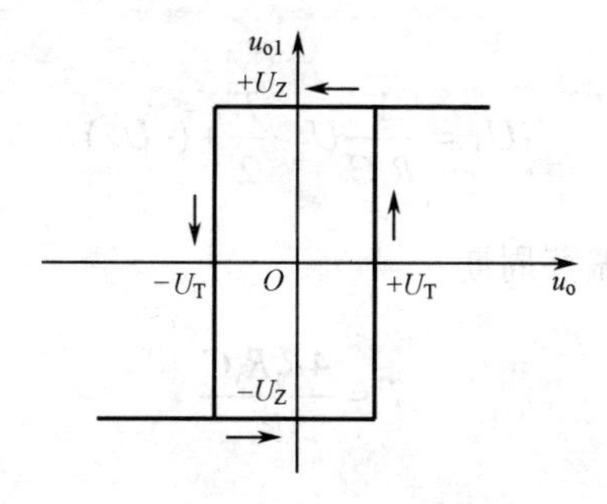

图 7-16　三角波发生电路中滞回比较电路的电压传输特性

积分电路的输入电压是滞回比较电路的输出电压 u_{o1}，而且 u_{o1} 不是 $+U_Z$ 就是 $-U_Z$，故输出电压的表达式为

$$u_o=-\frac{1}{R_3C}u_{o1}(t_1-t_0)+u_o(t_0) \tag{7-12}$$

上式中 $u_o(t_0)$ 为初态时的输出电压。设初态时 u_{o1} 正好从 $-U_Z$ 跳变为 $+U_Z$，则式（7-12）应写成

$$u_o=-\frac{1}{R_3C}U_Z(t_1-t_0)+u_o(t_0) \tag{7-13}$$

积分电路反向积分，u_o 随时间的增长线性下降，根据图 7-16 所示电压传输特性，一旦 $u_o=-U_T$，再稍微减小，u_{o1} 将从 $+U_Z$ 跳变为 $-U_Z$，这样式（7-12）变为

$$u_o=\frac{1}{R_3C}U_Z(t_2-t_1)+u_o(t_1) \tag{7-14}$$

$u_o(t_1)$ 为 u_{o1} 产生跳变时的输出电压。积分电路正向积分，u_o 随时间的增长线性增大，根据图图 7-16 所示电压传输特性，一旦 $u_o = +U_T$，再稍微增大，u_{o1} 将从 $-U_Z$ 跳变为 $+U_Z$，回到初态，积分电路又开始反向积分。电路重复上述过程，因此产生自激振荡。

由以上分析可知，u_o 是三角波，幅值为 $\pm U_T$；u_{o1} 是方波，幅值为 $\pm U_Z$，如图 7-17 所示，因此也可称图 7-15 为三角波-方波发生电路。由于积分电路引入了深度电压负反馈，所以在负载电阻相当大的变化范围内，三角波电压几乎不变。

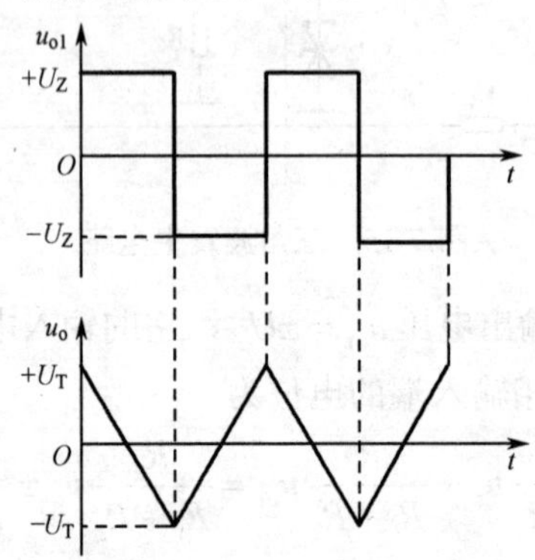

图 7-17　三角波-方波发生电路的波形图

2. 振荡频率的计算

根据图 7-17 所示波形可知，正向积分的起始值为 $-U_T$，积分时间为 1/2 周期，将它们代入式（7-14）可得

$$+U_T = \frac{1}{R_3C}U_Z \cdot \frac{T}{2} + (-U_T)$$

式中 $U_T = \dfrac{R_1}{R_2}U_Z$，经整理得出振荡周期

$$T = \frac{4R_1R_3C}{R_2} \tag{7-15}$$

因此，振荡频率为

$$f = \frac{R_2}{4R_1R_3C} \tag{7-16}$$

调节电路中 R_1、R_2、R_3 的阻值和 C 容量，可以改变振荡频率；而调节 R_1 和 R_2 的阻值，可以改变三角波的幅值。

7.5 阶段小结

电压比较电路能够将模拟信号转换为具有数字信号特点的电平信号，即输出不是高电平就是低电平。因此，集成运放工作在非线性区。它既可用于信号转换，又可作为非正弦波发生电路的重要组成部分。

通常用电压传输特性来描述电压比较电路输出电压与输入电压的函数关系。电压传输特性具有三要素：一是输出高、低电平，它决定于集成运放输出电压的最大幅度或输出端的限幅电路；二是阈值电压，它是使集成运放同相输入端和反相输入端电位相等的输入电压；三是输入电压超过阈值电压时输出电压的跳变方向，它决定于输入电压是作用于集成运放的反相输入端，还是同相输入端。

单限比较电路只有一个阈值电压；窗口比较电路有两个阈值电压，当输入电压向单一方向变化时，输出电压跳变两次；滞回电压比较电路具有滞回特性，虽有两个阈值电压，但当输入电压向单一方向变化时输出电压仅跳变一次。

模拟电路中的非正弦发生电路由滞回比较电路和 RC 延时电路组成，主要参数是振荡幅值和振荡频率。由于滞回比较电路引入了正反馈，从而加速了输出电压的变化；延时电路使比较器输出电压周期性地从高电平跳变为低电平，再从低电平跳变为高电平，而不停留在某一稳态，从而使电路产生振荡。

7.6　边学边议

1. 判断下列说法是否正确，用“√”或“×”表示判断结果并填入空内。

（1）为使电压比较电路的输出电压不是高电平就是低电平，就应在其电路中使集成运放不是工作在开环状态就是仅仅引入正反馈。（　）

（2）如果一个滞回比较电路的两个阈值电压和一个窗口比较电路的相同，那么当它们的输入电压相同时，它们的输出电压波形也相同。（　）

（3）输入电压在单调变化的过程中，单限比较电路和滞回比较电路的输出电压均只可能跳变一次。（　）

（4）单限比较电路比滞回比较电路抗干扰能力强，而滞回比较电路比单限比较电路灵敏度高。（　）

2. 试分别求出图 7-18 所示各电路的电压传输特性。

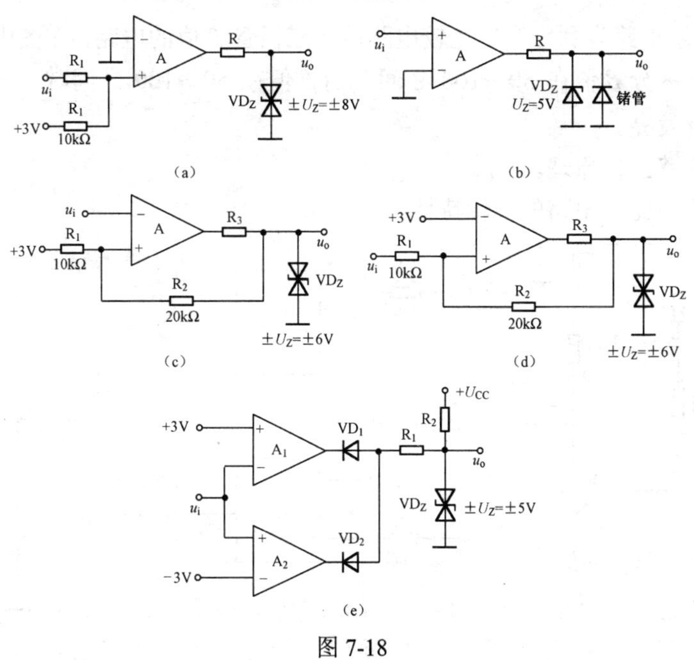

图 7-18

3. 图 7-19 所示为光控电路的一部分，它将连续变化的光电信号转换成离散信号（即不是高电平就是低电平），电流 i_1 随光照的强弱而变化。

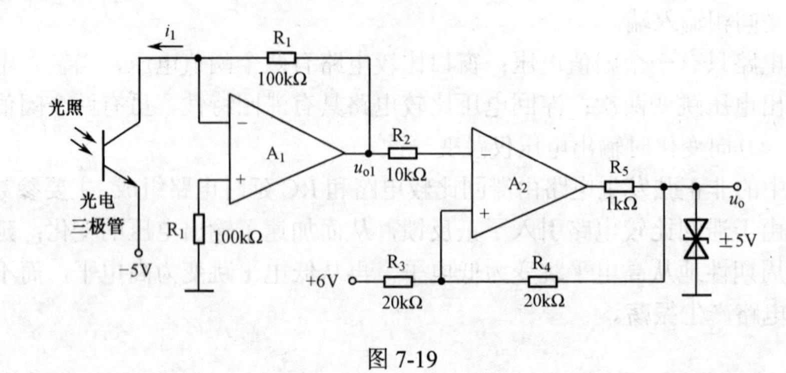

图 7-19

（1）在 A_1 和 A_2 中，哪个工作在线性区？哪个工作在非线性区？请说明原因。

（2）试求出表示 u_o 与 i_1 关系的传输特性。

4. 图 7-20 所示电路为某同学所接的方波发生电路，试找出图中的三处错误并改正。

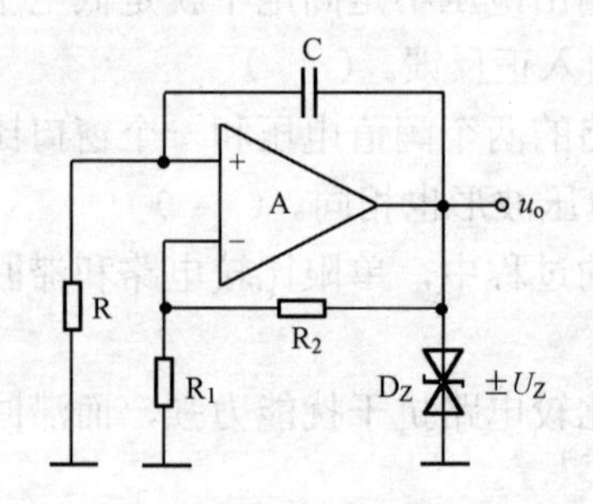

图 7-20

5. 图 7-21 所示电路为利用窗口比较电路检测三极管 β 值的电路，在图中所选取的参数情况下，该电路能否区分 β 值在 50～100 之间？当 β 值在 50～100 之间时，发光二极管不亮；此外，发光二极管发亮。

（1）分析该电路工作原理。

（2）画出该窗口比较电路的传输特性。

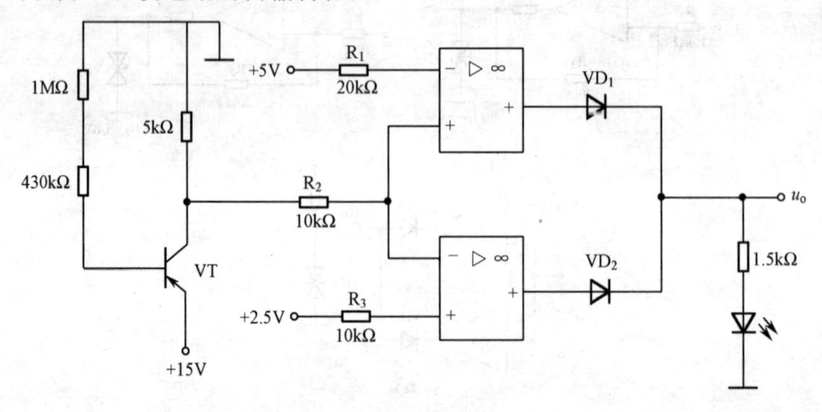

图 7-21

7.7　知识阅读

晶体振荡器

薄薄圆圆的晶振片，来源于多面体石英棒，先被切成闪闪发光的六面体棒，再经过反复的切割和研磨，石英棒最终被做成一堆薄薄的（厚 0.23mm，直径 13.98mm）圆片，每个圆片经切边、抛光和清洗，最后镀上金属电极（正面全镀，背面镀上钥匙孔形），经过检测、包装就可以出厂使用。

科学家最早发现一些晶体材料，如石英，经挤压就像电池可产生电流（俗称压电效应），相反，如果一个电池接到压电晶体上，晶体就会压缩或伸展，如果将电流连续不断的快速开关，晶体就会振动。

在 1950 年，德国科学家 George Sauerbrey 研究发现，如果在晶体的表面上镀一层薄膜，则晶体的振动就会减弱，而且还发现这种振动或频率的减少，是由薄膜的厚度和密度决定的，利用非常精密的电子设备，每秒钟多次测试振动，从而实现对晶体镀膜厚度和邻近基体薄膜厚度的实时监控。从此，膜厚控制仪就诞生了。

晶振一般叫做晶体谐振器，是一种机电器件，是用电损耗很小的石英晶体经精密切割磨削并镀上电极焊上引线做成。他们有一个很重要的特点，其振荡频率与他们的形状，材料，切割方向等密切相关。由于石英晶体化学性能非常稳定，热膨胀系数非常小，其振荡频率也非常稳定，由于控制几何尺寸可以做到很精密，因此，其谐振频率也很准确。根据石英晶体的机电效应，我们可以把它等效为一个电磁振荡回路，即谐振回路。他们的机电效应是机-电的不断转换，由电感和电容组成的谐振回路是电场-磁场的不断转换。在电路中的应用实际上是把它当作一个高 Q 值的电磁谐振回路。由于石英晶体的损耗非常小，即 Q 值非常高，做振荡器用时，可以产生非常稳定的振荡，作滤波器用，可以获得非常稳定和陡峭的带通或带阻曲线。

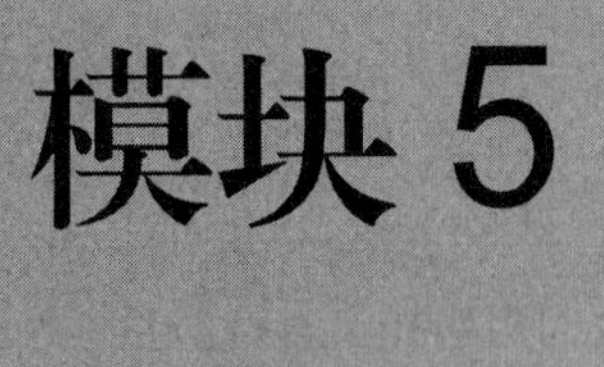

模块 5

集成稳压器

课题 1　集成稳压电路的应用

任务 8　直流稳压电源的设计

8.1　任务目标

- 知道直流稳压电源电路组成及工作过程。
- 能使用集成稳压器设计稳压电源电路。
- 会选用电感电容滤波器件。
- 能组装和调试直流稳压电源电路。

8.2　知识积累

8.2.1　单相整流滤波电路

小功率直流电源通常采用单相整流获得。它主要是利用二极管的单向导电特性，将交流电变为直流电。常用的形式有单相半波整流和单相全波整流。

1. 单相整流电路

（1）半波整流电路

单相半波整流电路图如图 8-1（a）所示。整流变压器 T_r 可将 220V 的市电变为所需的交流低压，另外还具有良好的高低压之间的隔离作用。

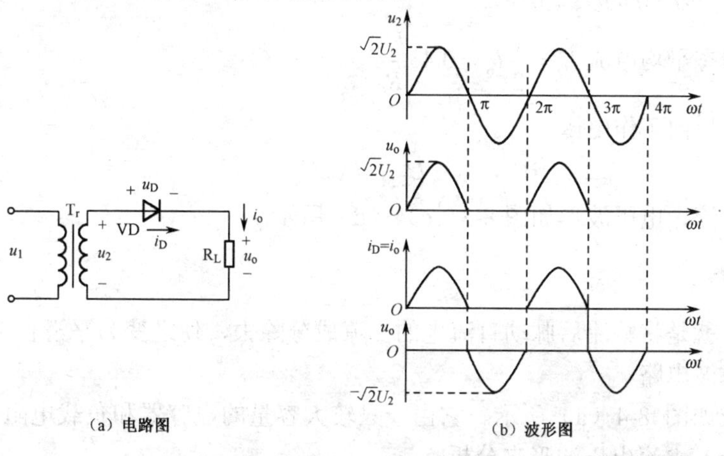

图 8-1　半波整流电路及其波形

原理分析：u_2正半周时，二极管导通，电流的流通途径为$u_{2+} \rightarrow u_D \rightarrow R_L \rightarrow u_{2-}$。

此时二极管两端电压只有很小的一点正向压降，即 u_D=0。负载的电流与二极管的电流相等 i_o=i_D，电压等于电源电压 u_o≈u_2。u_2 负半周时，二极管截止，电流为零（有很小的反向漏电流），负载电压为零。二极管两端电压为电源电压 u_o≈u_2。其电流电压波形如图 8-1（b）。计算关系：输出直流电压应等于 U_o在一个周期内的平均值，即

$$U_{(AV)} = \frac{1}{2\pi}\int_0^{2\pi} U_{m2}\sin\omega t \mathrm{d}\omega t = \frac{U_{m2}}{\pi} = \frac{\sqrt{2}}{\pi}U_2 = 0.45U_2 \tag{8-1}$$

流过二极管的平均电流为$I_D = I_o = \dfrac{U_o}{R_L} = 0.45\dfrac{U_2}{R_L}$ (8-2)

二极管所承受的最高反向工作电压$U_{RM} = U_{2m} = \sqrt{2}U_2$ (8-3)

特点：简单、所用元件少、效率低、输出电压波动大，适用于要求不高的场合。

（2）全波（桥式）整流电路

电路原理如图 8-2 所示。由 4 只二极管 VD_1、VD_2、VD_3、VD_4构成全波（桥式）电路。原理分析：u_2正半周时，其导通途径为：

$$u_{2+} \longrightarrow a \longrightarrow VD_1 \longrightarrow c \longrightarrow R_L \longrightarrow d \longrightarrow VD_3 \longrightarrow b \longrightarrow u_{2-}$$

其 VD_2、VD_4截止。忽略管压降则输出电压为 u_o≈u_2。

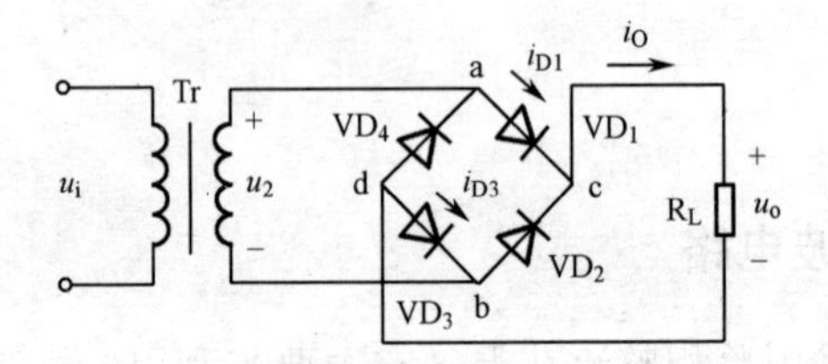

图 8-2 全波（桥式）整流电路原理图

u_2负半周时，其导通途径为

$$u_{2-} \longrightarrow b \longrightarrow VD_2 \longrightarrow c \longrightarrow R_L \longrightarrow d \longrightarrow VD_4 \longrightarrow a \longrightarrow u_{2+}$$

其 VD_1、VD_3截止。输出电压 u_o=−u_2。其电流电压波形如图 8-3 所示。

其计算关系为：

输出电压$U_o = 2 \times 0.45U_2 = 0.9U_2$ (8-4)

二极管的通态平均电流$I_D = \dfrac{1}{2}I_o = 0.45\dfrac{U_2}{R_L}$ (8-5)

二极管最高反向工作电压

$$U_{RM} = \sqrt{2}U_2 \tag{8-6}$$

二极管的电流、电压波形如图 8-3（c）、（d）所示。

2. 滤波电路

所谓滤波，就是将整流后脉动直流电的交流成分除去，使之变为平滑直流电的过程。

（1）电容滤波电路

其电路组成如图 8-4（a）所示。它由一只较大容量的电容器和负载电阻构成。工作原理可根据图 8-4（b）电流电压波形来分析：

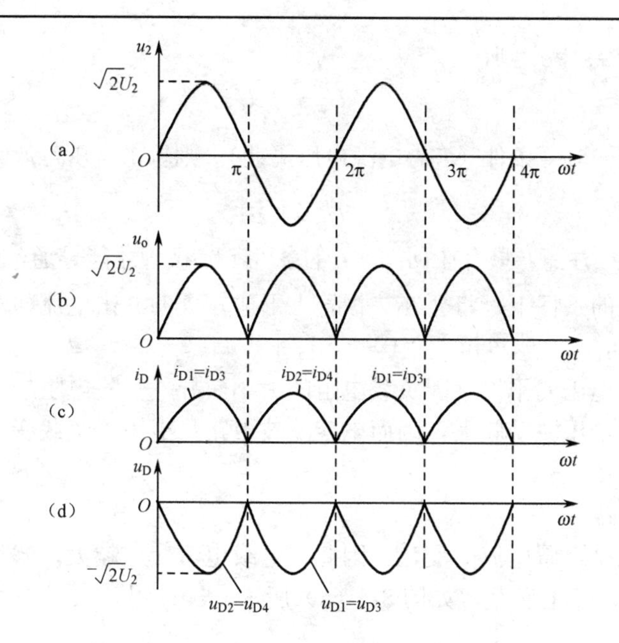

图 8-3　桥式整流电路的电流电压波形

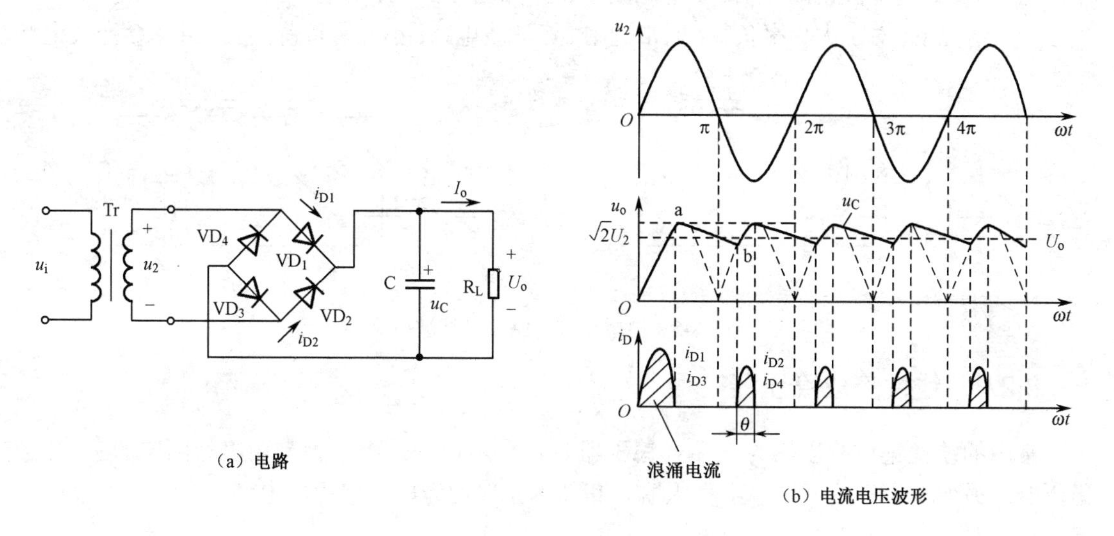

图 8-4　桥式整流电路及其电流电压波形

设电容初始电压为零，并在 t=0 时接通电源。u_2 在上升的过程中对电容进行充电，其充电电压为 $u_c = u_o \approx u_2$（电压波形的 0、a 段）。当 u_2 达到最大时 u_c 亦最大，即在电压波形的 a 点处，充电结束。此后因 $u_c > u_2$，则整流输出结束，电容器经负载电阻 R_L 放电，即此时的负载电流由电容器放电获得。放电的快慢由时间常数 $\tau = R_L C$ 决定；放电的过程按指数规律下降（电压波形的 a、b 段）。

由于电容两端电压的变化速度较电源电压变化的速度慢。因此，在 u_2 的负半周，当满足 $|u_2| > u_c$ 时，二极管 VD_2、VD_4 导通，电容器 C 将再次被充电，直至 u_2 的峰值，充电结束。

如此往复，在负载端就得到一纹波系数较小的锯齿波，其输出电压的平均值也增大了。计算关系：在电源电压一定时，输出电压的高低将取决于时间常数 τ。

当 R_L 开路时，$\tau \to \infty$，则

$$U_o \approx \sqrt{2}U_2 \tag{8-7}$$

若满足 $R_LC \geqslant (3\sim5)\dfrac{T}{2}$ 条件（T 为电源电压周期），则输出电压可取

$$U_o \approx 1.2U_2 \tag{8-8}$$

在选择二极管时须注意：只有在 $|u_2| > u_c$ 的条件下二极管才能导通，因此其导通时间缩短了。在负载功率不变的条件下，将会在二极管上形成较大的冲击电流即浪涌电流，这是在二极管选择时必须考虑的。一般可按 $I_D = (2\sim3)I_o$ 来考滤。

适用场合：输出电压的平滑度因负载电阻的大小而异，负载电阻越大滤波效果越好，输出越稳定；反之输出电压波动就大。因而电容滤波电路只能用于负载变化不大的小电流整流场合。

（2）电感滤波电路

由于电感的特点是阻碍电流的变化。因此，负载电流变化越大，滤波的效果就越好。一般适用于低电压、大功率的负载，如图 8-5（a）所示。

（3）π 型滤波电路

它有 RC π 型滤波电路和 LC π 型滤波电路，如图 8-5（b）所示。

一般情况下，对于大功率负载，通常选用 LC 滤波电路；小容量负荷一般选用 RC 滤波电路。

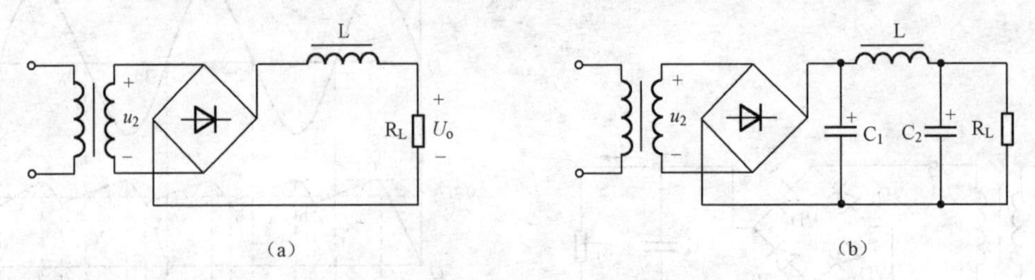

图 8-5　电感滤波、LC π型滤波电路

8.2.2　线性集成稳压器

常用的线性集成稳压器为三端式稳压器。它有两种形式：一种是输出为固定的三端固定稳压器；另一种为三端可调输出稳压器。其基本原理均为串联型稳压电路。

1. 串联型稳压电路的工作原理

串联型稳压电路由取样电路、基准电路、比较放大电路和调整管组成。因调整元件与负载是串联关系，故称之为串联型稳压电路。

如图 8-6 所示，VT_1 为调整管，它工作在线性放大区；R_3 和稳压管 VD_2 构成基准电压源电路，为放大器 A 提供比较用的基准电压；R_1、R_2、R_p 组成取样电路；放大器 A 对取样电压和基准电压的差值进行放大。

稳压原理分析：若负载变化使输出电路 $U_o\downarrow\to$ 放大器的净输入电压 $\Delta U\downarrow\to$ 调整管的基极电压 $U_{B1}\uparrow\to I_{B1}\uparrow\to I_{C1}\uparrow\to$ 管压降 $U_{CE}\downarrow\to U_o$。若负载变化使输出电压增大，其调整的过程与之相反。

电源变化的调整过程读者可自行分析。

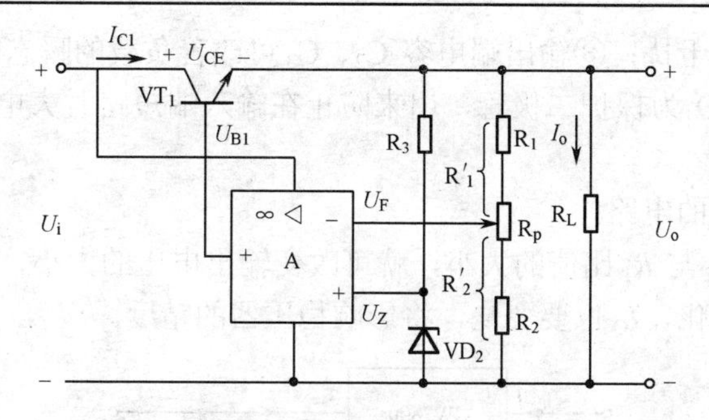

图 8-6　串联型稳压电路

2. 三端固定输出集成稳压器

三端固定输出集成稳压器通用产品有 CW7800 系列（正电源）和 CW7900 系列（负电源）。型号的意义为：

①“78”或“79”后面所加的字母表示额定输出电流，如 L 表示 0.1A，M 表示 0.5A，无字母表示 1.5A；

② 最后的两位数字表示额定电压。如 CW7805 表示输出电压为+5V，额定电流为 1.5A。其外形、封装形式和引脚排列如图 8-7 所示。

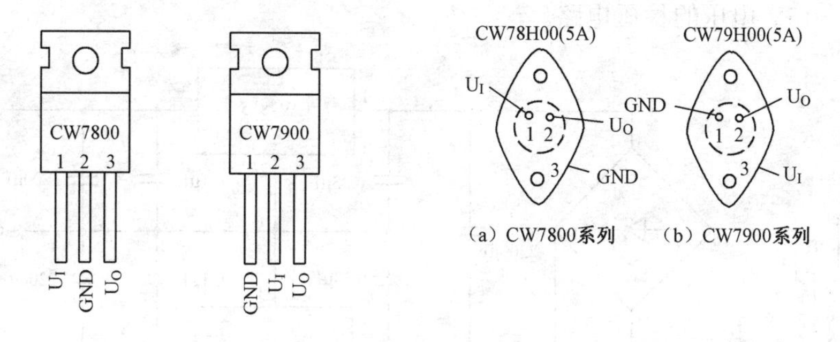

图 8-7　三端固定输出集成稳压器外形及引脚排列

（1）基本应用电路

7800 系列的基本应用电路如图 8-8 所示。该电路的输出电压为 12V，最大输出电流为 1.5A。

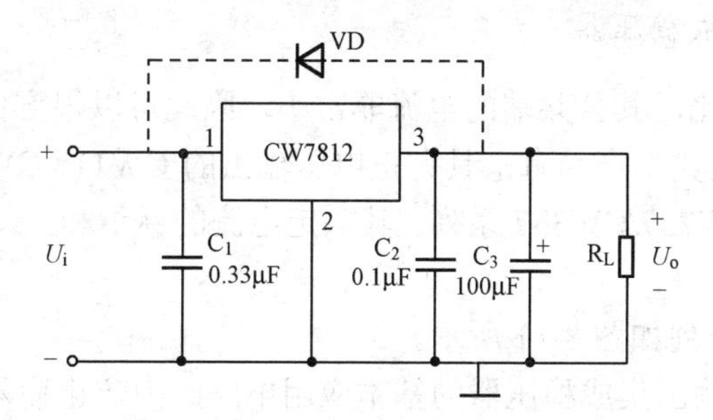

图 8-8　CW7800 基本应用电路

为使电路能正常工作，对各元器件有如下要求：①输入端电压 U_i 应比输出端电压至少大 2.5～3V；②电容器 C_1 一般取 0.1～1μF。其作用是抵消长接线时的电感效应，防止自激振荡，抑制电源侧的高频脉冲干扰；③输出端电容 C_2、C_3 可改善负载的瞬态响应，具有消除高频噪声及振荡的作用；④VD 为保护二极管，用来防止在输入端短路时大电容 C_3 通过稳压器放电而损坏。

（2）提高输出电压的电路

由此可见，改变 R_2 与 R_1 比值的大小，就可改变输出电压的大小，如图 8-9 所示。其缺点是：若输入电压发生变化，I_Q 也要变化，将影响稳压器的精度。

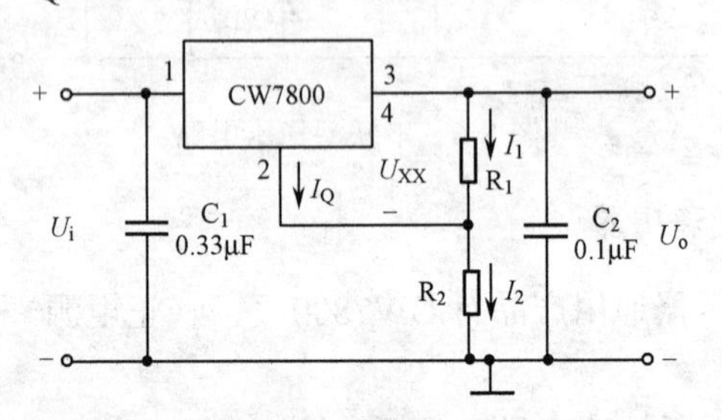

图 8-9　提高输出电压的电路

（3）输出正负电压的电路

如图 8-10 所示为采用 CW7815 和 CW7915 两块三端稳压器所组成的稳压电源电路，可同时输出+15V、−15V 电压的稳压电路。

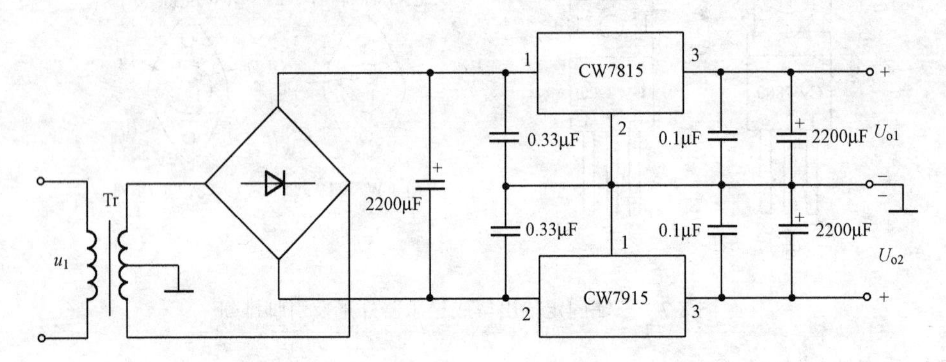

图 8-10　正负同时输出的稳压电源电路

3. 三端可调输出集成稳压器

与 78 和 79 系列相比，其公共端的电流非常小，因此可以很方便地组成精密可调的稳压电源，应用更为灵活。其典型产品有：具有正电压输出的 CW117/CW217/CW317 系列和具有负电压输出的 CW137/CW237/CW337 系列。其额定电流的标示和 78、79 系列一样，也是在序列号后用字母标注。

其直插式塑封引脚排列如图 8-11 所示。

图 8-12 为三端可调输出集成稳压器的基本应用电路。为防止输入端发生短路时，C_4 向稳压器反向放电而损坏，故在稳压器两端反向并联一只二极管 VD_1。VD_2 则是为防止因输出端发生短路 C_2 向调整端放电可能损坏稳压器而设置的。C_2 可减小输出电压的纹波。R_1 、R_p 构成取样电路，可通过调节 R_p 来改变输出电压的大小。

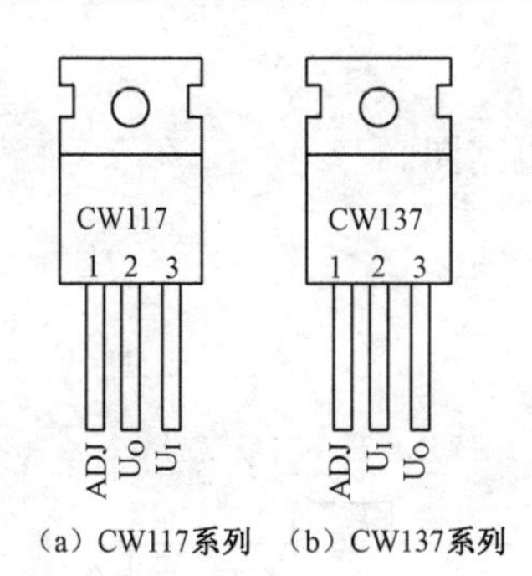

（a）CW117系列　（b）CW137系列

图 8-11　三端可调输出集成稳压器外形及引脚排列

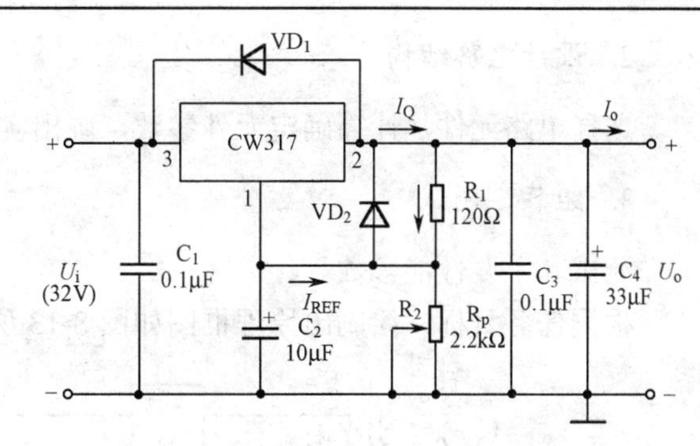

图 8-12　三端可调输出集成稳压器的基本应用电路

其输出电压的大小可表示为：

$$U_o = \frac{U_{REF}}{R_1}(R_1 + R_2) + I_{REF}R_2 \tag{8-9}$$

由于基准电流 $I_{REF} \approx 50\mu A$，可以忽略，基准电压 $U_{REF} = 1.25V$，所以

$$U_o \approx 1.25 \times \left(1 + \frac{R_2}{R_1}\right) \tag{8-10}$$

可见，当 R_2=0 时，U_0=1.25V，当 R_2=2.2kΩ时，U_0≈24V。

为保证电路在负载开路时能正常工作，R_1 的选取很重要。由于元件参数具有一定的分散性，实际运用中可选取静态工作电流 I_Q=10mA，于是 R_1 可确定为

$$R_1 = \frac{U_{REF}}{I_Q} = \frac{1.25}{10 \times 10^{-3}} = 125\Omega \tag{8-11}$$

取标称值 120Ω。若 R_1 的取值太大，会使输出电压偏高。

8.3　任务实施过程

8.3.1　任务分析

直流稳压电源输入交流 220V，能输出稳定的、可调的直流电压。广泛应用于实验、电子产品供电。单相小功率直流稳压电源一般由电源变压器、整流、滤波和稳压电路 4 部分组成，其工作过程一般为：首先由电源变压器将 220V 的交流电压变换为所需要的交流电压值；其次利用二极管整流为单向脉动的直流电压；再通过电容或电感等储能元件组成的滤波电路减小其脉动成分，从而得到比较平滑的直流电压；由于经过整流、滤波后得到的直流电压易受电网电压波动及负载变化的影响，必须加稳定电路，可利用负反馈等措施维持输出直流电压的稳定。

1. 主要技术指标要求

（1）输出电压可调：U_o=3～9V。

（2）最大输出电流：I_{omax}=800mA。

（3）输出电压变化量：ΔU_o≤15mV。

（4）稳压系数：S_U≤0.003。

2. 设计电路结构

选择电路元件，计算确定元件参数，画出实用原理电路图。

3. 组装、调试

测试其主要性能参数。

根据任务目标，绘制出原理框图如图 8-13 所示。

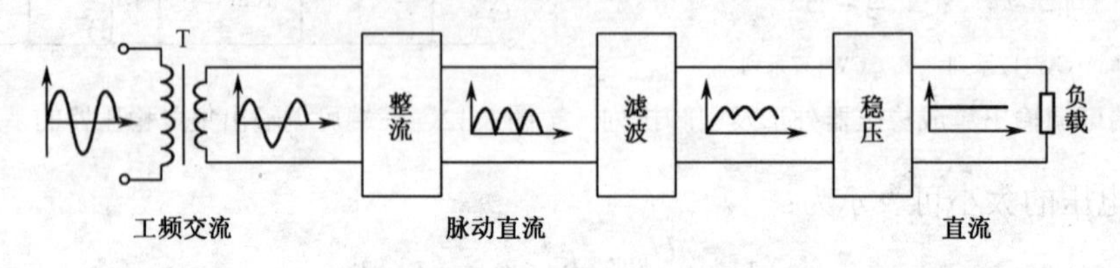

图 8-13 直流稳压电源方框图

其中：

（1）电源变压器：是降压变压器，它将电网 220V 交流电压变换成符合需要的交流电压，并送给整流电路，变压器的变比由变压器的副边电压确定。

（2）整流电路：利用单向导电元件，把 50Hz 的正弦交流电变换成脉动的直流电。

（3）滤波电路：可以滤除整流电路输出电压中大部分的交流成分，从而得到比较平滑的直流电压。

（4）稳压电路：稳压电路的功能是使输出的直流电压稳定，不随交流电网电压和负载的变化而变化。

8.3.2 任务设计

直流稳压电源电路设计图如图 8-14 所示。

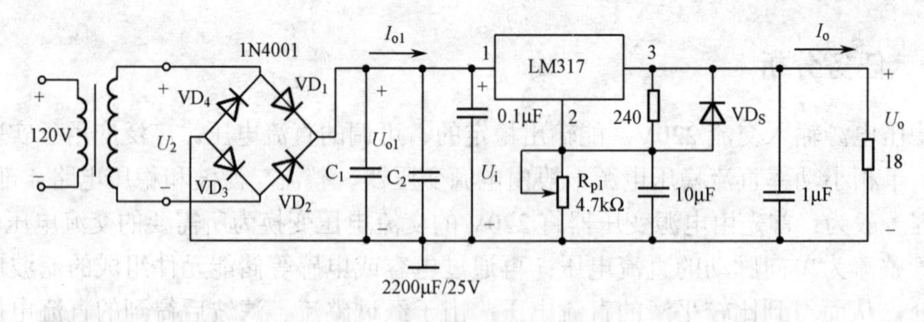

图 8-14 稳压电路原理图

图 8-14 所示电路主要是由 LM317 为主构成的。因为要求输出电压可调，所以选择三端可调式集成稳压器。可调式集成稳压器，常见主要有 CW317、CW337、LM317、LM337。317 系列稳压器输出连续可调的正电压，337 系列稳压器输出连续可调的负电压，可调范围为 1.2～37V，最大输出电流 I_{omax} 为 1.5A。稳压器内部含有过流、过热保护电路，具有安全可靠，性能优良、不易损坏、使用方便等优点。其电压调整率和电流调整率均优于固定式集成稳压构成的可调电压稳压电源。

8.3.3　任务实现

市电交流220V经变压器T降低为U_2，再经VD_1～VD_2桥式整流为脉动直流电压，再经C_1、C_2滤波平滑，再由集成稳压块LM317稳定和调节电压，输出所需的电压值。调节RP_1可改变其输出电压值。

根据任务要求选择元器件。

1．稳压集成块的选择

LM317其特性参数：

输出电压可调范围：1.2～37V。

输出负载电流：1.5A。

输入与输出工作压差$\Delta U=U_i-U_o$：3～40V。

能满足设计要求，故选用LM317组成稳压电路。

2．选择电源变压器

（1）确定副边电压U_2

根据性能指标要求：U_{omin}=3V，U_{omax}=9V。

又因为$U_i-U_{omax}\geqslant(U_i-U_o)_{min}$　　$U_i-U_{omin}\leqslant(U_i-U_o)_{max}$

其中：$(U_i-U_{oin})_{min}$=3V，$(U_i-U_o)_{max}$=40V

所以　12V$\leqslant U_i\leqslant$43V

此范围中可任选 ：U_i=14V=U_{o1}

根据　U_{o1}=（1.1～1.2）U_2

可得变压的副边电压：$U_2=\dfrac{U_{o1}}{1.15}\approx 12\text{V}$

（2）确定变压器副边电流I_2

因为　$I_{o1}=I_o$

又副边电流I_2=（1.5～2）I_{o1}　取$I_o=I_{omax}$=800mA

则　I_2=1.5×0.8A=1.2A

（3）选择变压器的功率

变压器的输出功率：$P_o>I_2U_2$=14.4W。

3．选择整流电路中的二极管

因为变压器的副边电压U_2=12V，所以桥式整流电路中的二极管承受的最高反向电压为：$\sqrt{2}U_2\approx 17\text{V}$。

桥式整流电路中二极管承受的最高平均电流为：$\dfrac{I_o}{2}=\dfrac{0.8}{2}=0.4\text{A}$。

查手册选整流二极管1N4001，其参数为：反向击穿电压U_{BR}=50V>17V。

最大整流电流I_F=1A＞0.4A

4. 滤波电路中滤波电容的选择

滤波电容的大小可用式$C=\dfrac{I_{o}t}{\Delta U_{i}}$求得。

（1）求ΔU_{i}

根据稳压电路的的稳压系数的定义：$S_{U}=\dfrac{\dfrac{\Delta U_{o}}{U_{o}}}{\dfrac{\Delta U_{i}}{U_{i}}}$

设计要求ΔU_{o}≤15mV，S_{U}≤0.003

U_{o}=+3V～+9V

U_{i}=14V

代入上式，则可求得ΔU_{i}。

（2）滤波电容C

设定$I_{o}=I_{omax}$=0.8A，t取交流电源半周期即t=0.01s，则可求得C。

电路中滤波电容承受的最高电压为$\sqrt{2}U_{2}\approx 17\text{V}$，所以所选电容器的耐压应大于17V。

注意：因为大容量电解电容有一定的绕制分布电感，易引起自激振荡，形成高频干扰，所以稳压器的输入、输出端常并入瓷介质小容量电容用来抵消电感效应，抑制高频干扰。

8.4 知识链接

8.4.1 三端集成稳压电路简介

为了正确使用集成稳压电路，必须对其基本特性、参数有所了解。

1. 78/79系列固定三端稳压集成电路简介

电子产品中常见到的三端稳压集成电路有正电压输出的78××系列和负电压输出的79××系列。故名思义，三端IC是指这种稳压用的集成电路只有三条引脚输出，分别是输入端、接地端和输出端。它的样子像是普通的三极管，TO-220的标准封装，也有9013样子的TO-92封装。

用78/79系列三端稳压IC来组成稳压电源所需的外围元件极少，电路内部还有过流、过热及调整管的保护电路，使用起来可靠、方便，而且价格便宜。该系列集成稳压IC型号中的78或79后面的数字代表该三端集成稳压电路的输出电压，如7806表示输出电压为正6V，7909表示输出电压为负9V。

78/79系列三端稳压IC有很多电子厂家生产，80年代就有了，通常前缀为生产厂家的代号，如TA7805是东芝的产品，AN7909是松下的产品。

有时在数字78或79后面还有一个M或L，如78M12或79L24， 用来区别输出电流和封装形式等， 其中78L调系列的最大输出电流为100mA，78M系列最大输出电流为1A，78系列最大输出电流为1.5A。它的封装也有多种（图8-15）。塑料封装的稳压电路具有安装容易、价格低廉等优点，因此用得比较多。79系列除了输出电压为负，引出脚排列不同以外，命名方法、外形等均与78系列的相同。

因为三端固定集成稳压电路的使用方便，电子制作中经常采用，可以用来改装分立元件的稳压电源，也经常用做电子设备的工作电源。电路图如图 8-15 所示。

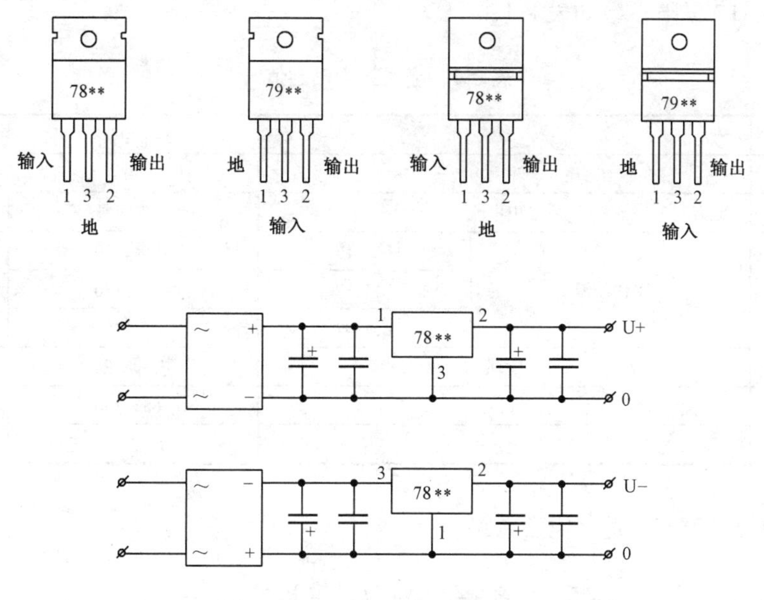

图 8-15　三端固定集成稳压电路

在 78、79 系列三端稳压器中最常应用的是 TO-220 和 TO-202 两种塑料封装。这两种封装的图形以及引脚序号、引脚功能如图 8-15 所示。图中的引脚号标注方法是按照引脚电位从高到底的顺序标注的。这样标注便于记忆。1 脚为最高电位，3 脚为最低电位，2 脚居中。从图中可以看出，不论正压还是负压，2 脚均为输出端。对于 78 正压系列，输入是最高电位，自然是 1 脚，地端为最低电位，即 3 脚。对与 79 负压系列，输入为最低电位，自然是 3 脚，而地端为最高电位，即 1 脚。此外，还应注意，散热片总是和最低电位的第 3 脚相连。这样在 78 系列中，散热片和地端相连接，而在 79 系列中，散热片却和输入端相连接。

2. LM117/LM317 三端可调稳压集成电路简介

LM117/LM317 是美国国家半导体公司的三端可调正稳压器集成电路。LM117/LM317 常用的封装形式有 TO-220 塑料封装、TO-3 铝壳封装和 D^2PAK 贴片封装，如图 8-16 所示。

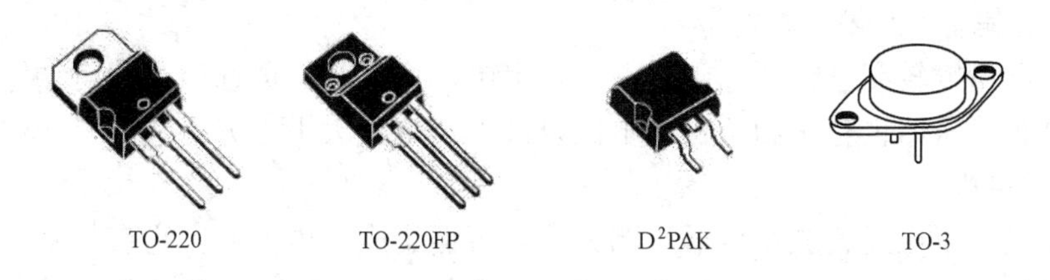

图 8-16　LM117/LM317 封装外形

（1）LM117/LM317 特性参数

LM117/LM317 的输出电压范围是 1.2V 至 37V，负载电流最大为 1.5A，典型线性调整率 0.01%，典型负载调整率 0.1%，80dB 纹波抑制比。LM117/LM317 内置有过载保护、输出短路保护、过流、过热保护。调整管安全工作区保护。等多种保护电路。

（2）LM117/LM317 极限参数

LM117/LM317 极限参数如表 8-1。

表 8-1　绝对最大额定值

<table>
<tr><th>符号</th><th colspan="2">参数</th><th>值</th><th>单位</th></tr>
<tr><td>U_I–U_o</td><td colspan="2">输入－输出电压差</td><td>40</td><td>V</td></tr>
<tr><td>I_O</td><td colspan="2">输出电流</td><td>内部限制</td><td></td></tr>
<tr><td rowspan="3">T_{op}</td><td rowspan="3">工作结温</td><td>LM117</td><td>–55～150</td><td rowspan="3">℃</td></tr>
<tr><td>LM217</td><td>–25～150</td></tr>
<tr><td>LM317</td><td>0～125</td></tr>
<tr><td>P_{tot}</td><td colspan="2">功耗</td><td>内部限制</td><td></td></tr>
<tr><td>T_{stg}</td><td colspan="2">储存温度</td><td>–65～150</td><td>℃</td></tr>
<tr><td></td><td colspan="2">静电级别</td><td>2</td><td>kV</td></tr>
</table>

表 8-2 给出了 LM317 完全代换电路。

表 8-2　LM317 代换电路

国家半导体	摩托罗拉	仙童	日电	东芝	日立	上无七厂	北京半导体五厂
LM317	MC317	MC317	μPC317	TA317	HA317	SW317	CW317

8.4.2　集成稳压器的选择及注意事项

1. 集成稳压器的选择

在选择集成稳压器时应该兼顾性能、使用和价格几个方面，目前市场上的集成稳压器有三端固定输出电压式、三端可调输出电压式、多端可调输出电压式和开关式 4 种类型。

在要求输出电压是固定的标准系列值，且技术性能要求不是很高的情况下，可选择三端固定输出电压式集成稳压器。比如选择 CW7800 系列可获得正输出电压，选择 CW7900 系列可获得负输出电压。由于三端固定输出电压式集成稳压器使用简单，不需要做任何调整，价格较低，应用范围非常广泛。

在要求稳压精度较高且输出电压能在一定范围内调节时，可选用三端可调输出电压式集成稳压器，这种稳压器也有正和负输出电压以及输出电流大小之分，选用时应注意各系列集成稳压器的电参数特性。

多端可调输出电压式集成稳压器，例如五端可调集成稳压器，因它有特殊的限流功能，可利用它组成具有控制功能的稳压源和稳流源，它是一种性能较高而价格又较便宜的集成稳压器。

单片开关式集成稳压器的一个重要优点是具有较高的电源利用率，目前国内生产的 CW1524、CW2524、CW3524 系列是集成脉宽调制型，用它可以装成开关型稳压电源。

2. 使用集成稳压器的注意事项

（1）不要接错引脚线。对于多端稳压器，接错引线会造成永久性损坏，对于三端稳压器输入和输出接反，当两端电压差超过 7V 时，有可能使稳压器损坏。

（2）输入电压不能过低。输入电压 U_i 不能低于输出电压 U_o 和调整管的最小压差（U_i-U_o）$_{min}$ 以及输入端交流分量峰值电压 U_p 三者之和，即 $U_i>U_o+(U_i-U_o)_{min}+U_p$，否则稳压器的性能将降低，纹波增大。

（3）输入电压也不可过高，不要超过 U_{imax}，防止集成稳压器损坏。

（4）功耗不要超过额定值。对于多端可调稳压器，若输出电压调到较低电压时，防止调整管上压降过大而超过额定功耗，为此在输出低电压时最好同时降低输入电压。

（5）防止瞬时过电压。对于三端稳压器，如果瞬时过电压超过输入电压的最大值且具有足够的能量时，将会损坏稳压器。当输入端离整流滤波电容较远时，可在输入端与公共端之间加 1 个电容器（如 0.33μF）。

（6）防止输入端短路。如果输出电容 C_o 较大，又有一定的输出电压，一旦输入端短路，由于输出端的电容存储电荷较多，将通过调整管泄放，有可能损坏调整管，所以要在输入与输出端之间连接 1 个保护二极管，正极连输出端，负极连输入端。

（7）防止负载短路，尤其对未加保护措施的稳压器而言更要注意。

（8）大电流稳压器要注意缩短连接线和安装足够的散热器。

8.4.3　稳压电源主要指标

直流稳压电源的指标有两类：一类是特性指标；另一类是技术指标或质量指标。

1. 特性指标

（1）最大输出电流

它主要取决于主调整管的最大允许耗散功率和最大允许工作电流。

（2）输出电压和电压调节范围

按照负载的要求来决定。如果需要的是固定电源的设备，其稳压电源的调节范围最好是小些，电压值一旦调定就不可改变。对于商用电源，其输出范围都从零伏起调，调压范围要宽些，且连续可调。

（3）效率

稳压电源本身是个换能器，在能量转换时有能量损耗，这就存在转换的效率问题。要提高效率主要是要降低调整管的功耗，这样既节能，又提高了电源的工作可靠性。

（4）保护特性

在直流稳压电源中，当负载出现过载或短路时，会使调整管损坏，因此，电源中必须有快速响应的过流、短路保护电路。另外，当稳压电源出现故障时，输出电压过高，就有可能损坏负载。因此，还要求有过压保护电路。

2. 技术指标

（1）电压调整率（S_v）

当市电电网变化时（±10%的变化是在规定允许范围内），输出直流电压也相应变化，而稳压电源就应尽量减小这种变化。电压稳定度表征电源对市电电网变化的抑制能力。

表征电源对市电电网变化的抑制能力也用电压调整率 S_U 表示。电压调整率 S_U 为当电网变化 10%时输出电压相对变化量的百分比。

$$S_U=\left|\frac{\Delta U_o}{U_o}\right|_{\Delta I_i=0}\times 100\% \tag{8-12}$$

式（8-12）中 S_U 值越小，表示稳压性能越好。

（2）内阻（r_n）

当负载电流变化时，电源的输出电压也会发生变化，变化数值越小越好。内阻正是表征电源对负载电流变化的抑制能力。

电源内阻 r_n 为当市电电网电压不变情况下，电源输出电压变化量ΔU_o与输出电流变化量ΔI_o之比，即

$$r_n=\left|\frac{\Delta U_o}{\Delta I_o}\right|_{\Delta U_i=0} \tag{8-13}$$

显然，r_n 越小，抑制能力越强。

（3）电流调整率（S_I）

电流调整率 S_I 是指在输入电压 U_i 恒定的情况下，负载电流 I_L 从零变到最大时，输出电压 U_o 的相对变化量的百分数，即

$$S_I=\left|\frac{\Delta U_o}{U_o}\right|_{\Delta U_i=0}\times 100\% \tag{8-14}$$

从式（8-14）可以看出，S_I 越小，说明电流的调整率越好。电流调整率的大小在一定程度上也反映了内阻 r_n 的大小，它们都是表示在负载电流变化时输出电压保持稳定的能力。因此，在一般情况下，两者只用其一，在较多的场合均用内阻 r_n 这个指标。

（4）纹波系数（S_o）

电源输出电压中，存在着纹波电压，它是输出电压中包含的交流分量。如果纹波电压太大，对音响设备就可能产生杂音，对电视就可能产生图像扭动、滚动干扰等。

输出电压中的交流分量的大小，常用纹波系数 S_o 表示，即

$$S_o=\frac{U_{mn}}{U_o} \tag{8-15}$$

式（8-15）中 U_{mn} 为输出电压中交流分量基波最大值；U_0 为输出电压中的直流分量。由式（8-15）可知，S_o 越小说明纹波干扰越小。

（5）温度系数（S_T）

温度系数 S_T 是用来表示输出电压温度的稳定性。在输入电压 U_i 和输出电流 I_o 不变的情况下，由于环境温度 T 变化引起输出电压 U_o 的漂移量 ΔU_o，称为温度系数 S_T，即

$$S_T=\left|\frac{\Delta U_o}{\Delta T}\right|_{\substack{\Delta I_o=0\\ \Delta U_i=0}} \tag{8-16}$$

S_T 越小，说明电源输出电压随温度变化而产生的漂移量越小，电源工作就越稳定。

8.5　阶段小结

直流电能往往是从交流电网通过整流而来的，整流电路分单相和三相，其中桥式整流因其脉动小、效率高而得到广泛的应用。分析整流电路时，应分别判断在变压器副边电压正、负半周两种情况下二极管的工作状态，从而得到负载两端电压、二极管端电压及其电流波形，并由此得到输出电压和电流的平均值，以及二极管的最大整流平均电流和所能承受的最高反向电压。

滤波电路是为了更好地平滑整流输出电压。滤波电路有多种，电容滤波因外特性软而多用于小电流场合，而电感滤波则因其外特性硬而多用于大电流场合。在电容滤波电路里，充电时间常数应远小于其放电时间常数，只有如此，才能起到平滑、抑制纹波的作用。

在串联型稳压电源中，调整管、基准电压电路、输出电压取样电路和比较放大电路是基本组成部分。串联线性稳压电源是在后级引入了深度负反馈技术，使输出电压纹波、稳定度等指标大大提高，根据不同的实际情况应选择不同的稳压电路。

集成线性稳压器具有体积小、成本低、使用方便等优点，所以获得普遍应用。集成稳压器可以灵活接成固定电压输出、可调电压输出、对称电压输出及扩展电流输出等方式，满足电路的需要。

8.6　边学边议

1. 判断下列说法是否正确，用“√”或“×”表示判断结果并填入空内。

（1）整流电路可将正弦电压变为脉动的直流电压。（　　）

（2）电容滤波电路适用于小负载电流，而电感滤波电路适用于大负载电流。（　　）

（3）在单相桥式整流电容滤波电路中，若有一只整流管断开，输出电压平均值变为原来的一半。（　　）

（4）对于理想的稳压电路，$\Delta U_o/\Delta U_i=0$，$R_o=0$。（　　）

（5）线性直流电源中的调整管工作在放大状态，开关型直流电源中的调整管工作在开关状态。（　　）

（6）因为串联型稳压电路中引入了深度负反馈，因此也可能产生自激振荡。（　　）

（7）在稳压管稳压电路中，稳压管的最大稳定电流必须大于最大负载电流；（　　）而且，其最大稳定电流与最小稳定电流之差应大于负载电流的变化范围。（　　）

2. 选择合适答案填入空内。

（1）整流的目的是 _____ 。

A. 将交流变为直流　　B. 将高频变为低频　　C. 将正弦波变为方波

（2）在单相桥式整流电路中，若有一只整流管接反，则 _____ 。

A. 输出电压约为 $2U_D$　　B. 变为半波直流

C. 整流管将因电流过大而烧坏

（3）直流稳压电源中滤波电路的目的是 _____ 。

A. 将交流变为直流　　B. 将高频变为低频

C. 将交、直流混合量中的交流成分滤掉

（4）滤波电路应选用 _____ 。

A. 高通滤波电路　　B. 低通滤波电路　　C. 带通滤波电路

（5）若要组成输出电压可调、最大输出电流为 3A 的直流稳压电源，则应采用 _____ 。

A. 电容滤波稳压管稳压电路　　B. 电感滤波稳压管稳压电路

C. 电容滤波串联型稳压电路　　D. 电感滤波串联型稳压电路

（6）串联型稳压电路中的放大环节所放大的对象是 _____。

A. 基准电压　　B. 采样电压　　C. 基准电压与采样电压之差

（7）开关型直流电源比线性直流电源效率高的原因是 _____ 。

A. 调整管工作在开关状态　　B. 输出端有 LC 滤波电路

C. 可以不用电源变压器

3. 如图 8-17 所示单相桥式整流电容滤波电路，已知交流电源频率 f=50Hz，u_2 的有效值 U_2=15V，R_L=50Ω。试估算

（1）输出电压 U_o 的平均值；

（2）流过二极管的平均电流；

（3）二极管承受的最高反向电压；

（4）滤波电容 C 容量的大小。

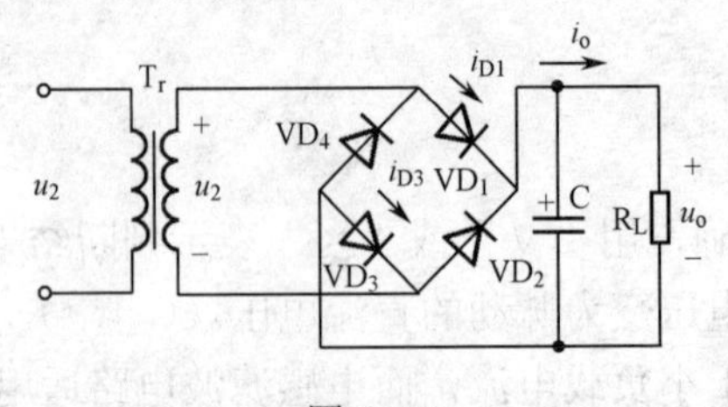

图 8-17

4. 电路如图 8-18 所示，已知 I_Q=5mA，试求输出电压 U_o。

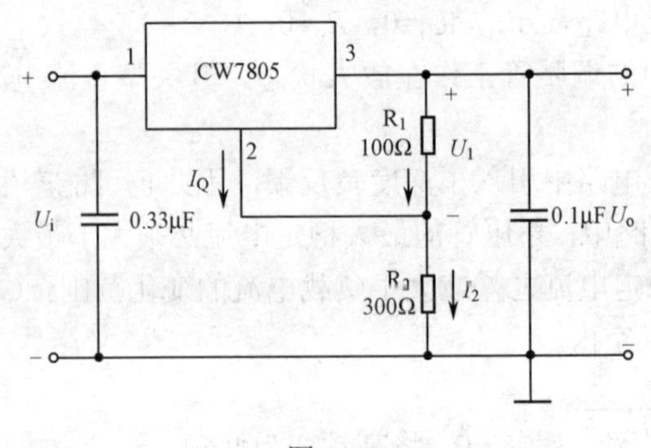

图 8-18

5. 直流稳压电路如图 8-19 所示，试求输出电压 U_o 的大小。

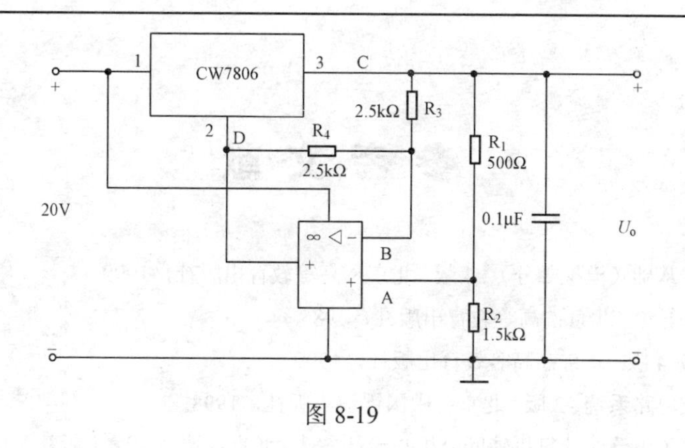

图 8-19

8.7 知识阅读

绿色电源

直流电源通常能使大多数电气设备工作得更好。托马斯·爱迪生主张直流配电，但是我们采用威斯汀豪斯主张的交流配电系统，因为正如尼古拉·特斯拉所指出的，电压较高而电流较低的交流电能实现更有效地长距离输送。不过，一旦电能输送到你所需要的地方，绝大多数除照明和空调外的设备还是要用直流供电。

因此，直流电源的工作就是将交流电转换为设备所需的任何电压的直流电。正如“线性调节电源”所介绍的那样，一个直流电源在工作时，将转换分为两个阶段进行：整流和调节。

整流阶段把定期转换电流方向的交流电流转换为始终单向的直流电流。正如全波桥式整流器可以将交流电转换成夹杂大量交流电残余的脉冲式直流电流，一般情况，低通滤波器就可以清除大部分残留的交流电流。直流电源由整流器和调节器组成，整流器产生未经调节的直流电流，调节器使输出稳定。最后输出的就是适合最终电子设备使用的稳定纯粹的直流电。

调节就能实现控制。线性调节器通过由输出反馈控制的可变电阻器群来调节输出电压或电流。

但线性调节器也有它自己的问题，晶体管会将电能以热量的形式发散出去。线性电源在传输的同时也浪费了相同数量的电能。这可不太好！

“开关电源”和线性电源的根本区别在于调节电流的方式。开关电源不会始终保持直流电流的存在，或使用晶体管调节电流，而是通过将晶体管在“全开”、“全闭”之间切换，根据输出情况反馈调节每个周期的开/关时间比来达到目的。

开关式电源通过快速地切换调节晶体管的全开全闭方式，比线性电源更有效地获得了直流电。它根据输出反馈，调节每个开关周期的开/关时间比来实现控制要求。

当晶体管完全打开时，其电阻处于最小值，基本可以认为是零。因此功耗也可认为是零，因为任何电流 I^2 乘以 0 电阻都等于 0。

当晶体管完全关闭时，其电阻非常大，但是通过的电流实际上为 0。这种情况下，功耗实际也为零，因为任何有限的高阻值乘以电流 I=0 的平方仍等于 0。

因此，开关电源的电能损失比线性电源的要少很多。由于调节器能量耗损的降低，整体效率因此提高，热量的产生也更少。既然热量的发散被减少了，电源就能使用更小的外壳包装，同时也能节约电源的内部接线，因此，降压转换器就能变得更小，也更经济。电源线路的减少更意味着生产工厂的环境污染更少，实现了电源与环境的协调。

参考文献

[1] 康华光. 电子技术基础（模拟部分）. 4 版. 北京：高等教育出版社，1999.
[2] 沈尚贤. 电子技术导论. 北京：高等教育出版社，1985.
[3] 谢嘉奎. 电子线路. 4 版. 北京：高等教育出版社，1999.
[4] 冯民昌. 模拟集成电路系统. 2 版. 北京：中国铁道出版社，1998.
[5] 汪惠，王志华. 电子电路的计算机辅助分析与设计方法. 北京：清华大学出版社，1996.
[6] 吴运昌. 模拟集成电路原理与应用. 广州：华南理工大学出版社，1995.
[7] 沈尚贤. 电子技术导论. 北京：高等教育出版社，1986.
[8] 王汝君，钱秀珍. 模拟集成电子电路. 南京：东南大学出版社，1993.
[9] 陈大钦. 模拟电子技术基础. 北京：高等教育出版社，2000.
[10] 杨素行. 模拟电子电路. 北京：中央广播电视大学出版社，1994.
[11] 杨素行. 模拟电子技术简明教程. 2 版. 北京：高等教育出版社，1998.
[12] 童诗白. 模拟电子技术基础. 2 版. 北京：高等教育出版社，1988.
[13] 童诗白. 模拟电子技术基础. 北京：人民教育出版社，1983.
[14] 华成英. 电子技术. 北京：中央广播电视大学出版社，1996.
[15] 张畴先. 模拟电子技术常见题型解析及模拟题. 西安：西北工业大学出版社，1998.
[16] A.J.Peyton V. Walsh: Analogue eletronics with Op Amps：a source book of practical, Cambridge university press，New York，1993.
[17] Jacob Millman and Arvin Grabel .Microelectronics.2nd ed.New York:Mcgraw-Hill book Company，1987.